暨南大学『211工程』三期建设项目——华侨华人与中外关系项目资助

鲍彦邦 著

明清侨乡
农田水利研究
——基于广东考察

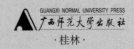

GUANGXI NORMAL UNIVERSITY PRESS
广西师范大学出版社
·桂林·

图书在版编目（CIP）数据

明清侨乡农田水利研究：基于广东考察 / 鲍彦邦著.
桂林：广西师范大学出版社，2012.3
ISBN 978-7-5495-1320-8

Ⅰ．明… Ⅱ．鲍… Ⅲ．农田水利—研究—广东
省—明清时代 Ⅳ．S279.265

中国版本图书馆 CIP 数据核字（2012）第 009320 号

广西师范大学出版社出版发行

（广西桂林市中华路 22 号　邮政编码：541001）
（网址：http://www.bbtpress.com）

出版人：何林夏
全国新华书店经销
衡阳顺地印务有限公司印刷

（湖南省衡阳市雁峰区园艺村 9 号　邮政编码：421008）
开本：787 mm × 1 092 mm　1/16
印张：21.75　字数：330 千字
2012 年 3 月第 1 版　2012 年 3 月第 1 次印刷
定价：46.00 元

如发现印装质量问题，影响阅读，请与印刷厂联系调换。

鲍彦邦

鲍彦邦（第二排左二）与导师梁方仲合照

鲍彦邦（第一排右一）与导师梁方仲合照

鲍彦邦（右一）和导师梁方仲合照

鲍彦邦（右一）与暨南大学历史系同事合影

鲍彦邦（左边最后）与梁方仲、杨荣国合影

鲍彦邦(右二）1997年硕士论文答辩会合照

鲍彦邦（第三排右三）1980年10月王光美（前排右二）接见参加中美史学交流会代表

鲍彦邦（右一）与研究生同学叶显恩

鲍彦邦（中）和他的研究生

斯人已逝 思想犹存(代序)

刘正刚

　　鲍彦邦教授,广东珠海市人,1937 年 2 月生于香港,1945 年由香港返回家乡,完成中学阶段的学习。1962 年从武汉大学历史系毕业,1965 年中山大学历史系明清社会经济史硕士研究生毕业,导师为中国社会经济史学派的创始者之一梁方仲先生。1968 年至 1974 年先后在广东省揭西县灰寨中学和县师范学校任教,1975 年至 1978 年借调至中山大学历史系和中共广东省委理论组历史组工作。1978 年 11 月,调入复办后的暨南大学历史系,从事中国古代史的教学与研究工作,1980 年评为副教授,指导培养明清社会经济史硕士研究生,1996 年晋升教授。作为中国古代史硕士点负责人之一,参与筹备中国古代史博士点的建设工作。曾任中共暨南大学历史系党总支书记。1999 年 3 月退休。2010 年 9 月 13 日在广州病逝。

　　鲍彦邦教授长期从事明清经济史研究,先后发表了《明代漕粮制度》、《明代漕运研究》等高水平、有影响的学术论著,获得学术界较高的评价。改革开放以后,史学研究走上正轨,鲍彦邦教授的学术研究得以显现。1980 年 10 月,应中国社会科学院邀请,以"中国历史学者代表团正式代表"的身份出席了在北京举行的中美历史学者学术交流会。他发表的论文《明代漕粮折色的派征方式》(《中国史研究》1992 年第 1 期),荣获 1994 年"广东省优秀社会科学研究成果奖";学术专著《明代漕运研究》(暨南大学出版社,1995 年),荣获 1998 年第二届"广东高校人文社会科学研究成果奖"。

　　鲍彦邦教授的遗著《明清广东农田水利研究》,30 多万字,是其生前长期研究明清社会经济史又一呕心力作。其学术价值已经不限于过往学界单一的制度史研究，而是着重于对制度在基层社会的落实进行深入考察。从学术发展史的角度来看，学术界有关中国水利史研究早在1930年代即已受到学者关注，郑肇经先生的《中国水利史》[①]即是经典著作，成为日后研究中国水利史的重要参考文献。1940年代曾兼任暨南大学商学院教授的冀朝鼎先生早在1936年就用英文发表了有关中国古代水利事业的著作，1979年由朱诗鳌翻译为《中国历史上的基本经济区与水利事业的发展》。[②] 1957年，德国裔美国历史学家魏特夫（Karl Wittfogel）发表《东方专制主义——对于集权力量的比较研究》（*Oriental Despotism：A Comparative Study of Total Power*），这是一部重点讨论中国问题的著作。该书的主要论点是"治水社会"与中国专制集权的关系。[③] 这部书的出版，引起了海内外学界的广泛关注。中国学者林甘泉先生对此有深刻的解读。[④] 日本学者对中国水利史研究也相当投入，森田明[⑤]是其中的代表人物之一。1998年至2002年，法国远东学院和北京师范大学联合开展"华北水资源与社会组织"之国际合作项目，完成了《陕山地区水资源与民间社会调查资料》等4部专集。[⑥] 这一举措再次激起了中国学者研究农田水利史的热情。1990年代以来，一些学者从各自的特定研究对象出发，将水利史研究纳入了不同学科领域进行研究，[⑦]越来越多的学者开始关注区域性水

---

① 郑肇经：《中国水利史》，商务印书馆，1939。

② 冀朝鼎：《中国历史上的基本经济区与水利事业的发展》，朱诗鳌译，中国社会科学出版社，1981。

③ ［美］卡尔·A.魏特夫：《东方专制主义——对于极权力量的比较研究》，徐式谷等译，中国社会科学出版社，1989。

④ 林甘泉：《怎样看待魏特夫的〈东方专制主义〉》，《中国经济史研究》2003年第3期。

⑤ 森田明：《清代水利与区域社会》，雷国山译，山东画报出版社，2008。

⑥ 《陕山地区水资源与民间社会调查资料》4集，均由中华书局2003年出版，分别为白尔恒：《沟洫佚闻杂录》，董晓萍、（法）蓝克利《不灌而治：山西四社五村水利文献与民俗》，秦建明、（法）吕敏编著：《尧山圣母庙与神社》，董竹三、冯俊杰《洪洞介休水利碑刻辑录》。

⑦ 张芳编纂：《二十五史水利资料综汇》，中国三峡出版社，2007；张芳：《中国古代灌溉工程技术史》，山西教育出版社，2009；陈绍金《中国水利史》，中国水利水电出版社，2007；姚汉源：《中国水利发展史》，上海人民出版社，2005；中国水利水电科学研究院水利史研究室编：《历史的探索与研究——水利史研究文集》，黄河水利出版社，2006。

利建设与社会经济发展的关系，①更有学者在研究中提出了"水利社会史"研究的框架。② 就政府部门而言，改革开放以来兴起的官修地方志热潮，除了编纂了专门的大江大河专志外，各地地方志几乎均设立了"水利志"的栏目，介绍各地的水利建设与社会经济之关系。目前在中国大陆，从水利社会研究的区域分布来看，北方，特别是山陕地区，是当前的热门区域，而江南地区、长江中游的两湖地区也积累了不少成果。相对而言，华南地区的农田水利社会史研究显得有些单薄，鲍彦邦教授所著的《明清侨乡农田水利研究：基于广东考察》，无疑是第一部研究华南地区农田水利社会史的学术专著。鲍教授的这一学术著作在已有的同类学术研究中，不仅弥补了该类选题的区域研究之不足，而且他的研究与海内外学术前沿同步，显示了鲍教授学术眼光的独特之处。

　　鲍彦邦教授的这一专著不仅重视王朝制度的宏观分析，而且选取广东为个案，将制度在地方的落实加以显现，展示了王朝国家与地方社会在农田水利建设中的互动关系。他指出，广东明清以来对水利兴修影响越来越大的是地方官员，各级官府根据中央政府的政策方针精神，加强对农田水利建设的领导和督修，建立和健全各级管理机构，明确分工和职责，从管理制度上加强了广东农田水利事业的建设。地方官员对农田水利建设的重要性有了日益深刻的认识并付诸实施，这是明清时期广东农田水利建设持续发展并促进农业经济迅速发展的一个重要原因。鲍彦邦教授还分析了明清五百多年间，广东农田水利建设所使用的材料大致经历了三个阶段。从石、灰建材的推广使用，到钢筋、水泥新建材的应用，既显示了本省农田水利建设的进步和发展，又为修筑工程技术的提高与创新提供了物质条件。他悉心梳理出明清时期有关广东农田水利建设的史料，从八个方面对明清广东农田水利进行了讨论，即该书稿的八章：

---

　　① 谭徐明：《都江堰史》，中国水利水电出版社，2009；冯利华、陈雄：《钱塘江流域水利开发史研究》，中国社会科学出版社，2009；王培华：《元明清华北西北水利三论》，商务印书馆，2009；李令福：《关中水利开发与环境》，人民出版社，2004；彭雨新、张建民：《明清长江流域农业水利研究》，武汉大学出版社，1993；缪启愉：《太湖塘浦圩田史研究》，农业出版社，1985。

　　② 王铭铭：《"水利社会"的类型》，《读书》2004 年第 11 期；行龙：《从"治水社会"到"水利社会"》，《读书》2005 年第 8 期；行龙：《水利社会史探源》，《山西大学学报》（哲社版）2008 年第 1 期。

第一章　农田水利建设的政策及其管理机构

第二章　农田水利的修建形式与集资方式

第三章　堤围工程建设的迅速扩展与修筑技术的提高

第四章　陂塘工程建设的蓬勃发展与修筑技术的改进

第五章　农田水利设施的管理方式及其措施

第六章　各式提水工具的利用与推广

第七章　农田水利建设的成效及其对社会经济发展的意义

第八章　农田水利建设中存在的问题及其影响

从上述八章的内容来看,作者继承了中国社会经济史学派十分关注的国家与社会的动态层面,重视国家制度与地方社会的互动关系,深入分析了明清广东地方社会农田水利的动态画卷。作者动态地把握了明清时期长达数百年的广东农田水利发展脉络,对广东沿海、沿江、山区、海岛等不同区域的农田水利进行了较全面的研究,尤其对农田水利修筑的经费来源、技术改进与提高,官府和民间社会对农田水利管理的方式与措施,以及改进和发明各式提水工具等均进行了系统研究。他认为,明清时期广东沿海堤围灌溉系统、山区陂塘灌溉系统以及山区因地制宜推广的水力或人力等提水工具,大大提高了广东防洪涝、抗旱涝、防咸潮等自然灾害的能力,广东社会经济因此呈现不同的发展路径,一方面沿海地区的养鱼、养蚕等养殖业兴盛,另一方面山区的经济与粮食作物等种植业得到发展。同时,因为水利的修建,广东内河与海洋之间的航运网络愈益便利。所有这些,都刺激了广东农业的商业化发展步伐。书稿还冷静而客观地分析了明清广东农田水利建设所产生的诸多问题,如滥垦滥筑带来的水土流失等现象。

鲍彦邦教授在书中还对明清广东农田水利建设存在的问题及其后果进行了深入阐述,比如他在分析地方水资源控制的争夺以及因此酿成的水利纠纷时指出,明清时期广东的争水纠纷主要有乡村之间、乡民或族群之间及豪强大族与乡民之间的三种形式。小规模的争水纠纷通过乡绅、父老、族长等出面调解大致可以了结,大规模的争水纠纷则是争斗双方诉讼于公堂,由司法部门裁决,或是由官府出面弹压,平息争斗。[①] 争水纠纷的出现就是当地可资灌溉的水源有限,或引灌的条件相当困难。这也从一个侧面反映了广东山区兴修农田水利工程的不平衡性及本省农田水利建设中存在的问题。

值得关注的是,鲍教授全书主要是根据明清时期广东各级地方官府纂修的各类地方志书进行研究的,这与其导师梁方仲先生的教导不无关系。梁方仲先生作为中国社会经济史学派理论和方法的开创者之一,尤重视地方文献的挖掘与分析,并借鉴其他人文社会学科的方法研究社会经济史,他于1936年在《中国近代经济史研究集刊》发表的《一条鞭法》和1957年出版的《明代粮长制度》[②]等论著中,均利用了大量的地方志文献。对此,美国华人学者黄仁宇先生评价说:"迄今为止,粮长研究之方家当为梁方仲。他通过对地方志的研究,揭示出粮长制度在南直隶、浙江、江西、湖广和福建比较健全,而山东、山西、河南也很可能设立过粮长。在边远的省份,例如四川,虽然没有粮长名称,但亦设有督管税粮的'大户'。"[③]于此可见,梁方仲先生利用地方志资料分析的问题意识是全局性的。鲍教授在这一专著中大量利用地方志文献,无疑具有其师治学的风格。

唐代之前的广东社会开发,晚于中原和长江流域地区。但唐宋以来,中原战乱频仍,北方人口不断向南迁移入粤,广东社会经济开始进入发展期,到明清时,广东社会经济发展已跃居全国前列,广东社会经济的商业化倾向引起世人瞩目。但传统的商业发展又始终与农业经济密不可分,而农业发展又与农田水利建设紧密相关。广东地形既多丘陵、山地,又多河流、江海,随着明清广东人口的不断增加,农田水利建设就显得十分紧迫。广东的农田水利建设既有山地丘陵的坝、塘、陂、渠等兴修,又有河海地区的堤围、涵窦闸的建设,同时还有适合于不同地域环境的各式提水工具的利用与推广。可以说,正是由于明清时期各项水利工程在广东的兴筑,才使得广东的垦荒、围沙等面积不断增多,进而为广东商业化的发展提供了重要的保障。

---

① 对此问题,鲍彦邦教授的学生乔素玲博士从司法审判的角度分析了广东水田水利纠纷案,参见乔素玲:《从地方志看土地争讼案件的审判——以广东旧志为例》,《中国地方志》2004年第7期。

② 有关梁方仲先生的各种著作,参见《梁方仲文集》,中华书局,2008。

③ 黄仁宇:《十六世纪明代中国之财政税收》,40页,阿风等译,三联书店,2001。

改革开放以来,我国面临的"三农"问题引起了全社会的关注,鲍彦邦教授以一个学人的敏锐性,在长期关注广东区域史的教学与科研基础上,将自己的学术视野投向了广东的乡村社会,他没有人云亦云,而是重新开辟新的学术研究领域,将学术界几乎无人问津的广东农田水利史这一高难度的选题纳入自己晚年的研究领域,充分展示了他深厚的学术素养。这一学术选题兼具前瞻性和务实性于一体,对完善明清广东地方史研究具有重大的学术价值,对当今农村社会农田水利建设也不无现实意义。

鲍彦邦教授系中国社会经济史学派的开创者之一梁方仲先生的弟子,毕生从事明清社会经济史的教学与科研工作,尤其关注与"水"相关的学术选题。他早年的学术研究兴趣主要集中在明代漕运领域,他自己说:"明代漕运是梁方仲教授交给我研究的课题。"[①]从某意义上讲,鲍教授关于明清广东农田水利史的研究,其实是他早年对明代漕运史研究的一种延续,毕竟这两者之间均与"水"分不开。他在完成明代漕运研究后,开始将学术眼光转向区域乡村社会史研究领域,代表作有《明清广东铁农具的生产》(《暨南学报》(哲社版)1997年第4期)、《明清广东劳动力资源的开发》(《暨南学报》(哲社版)1996年第3期)等。退休以后,他仍笔耕不辍,另辟蹊径,选取了学术界关注较少的农田水利建设这一课题,以他娴熟的社会经济史的理论与方法,揭示了明清时期广东成为全国经济发达区域与农田水利建设之间的关联,反映出在传统农业社会,农田水利建设是社会经济发展不可或缺的重要环节。作者通过资料,精心制作了19幅图表。而利用文献制作图表,不仅彰显了他具有深厚的社会经济史研究的功底,而且再次表明他师承梁方仲先生的治学风格。梁方仲先生的代表作之一《中国历代户口、田地、田赋统计》,就是利用包括地方志在内的历史文献编著而成的图表专著。

鲍彦邦教授生前已经完成了本书稿的工作,暂定名为《明清广东农田水利研究》,编排好了章节目录,但因为病魔的缘故,"前言"虽出现在章目之中,但尚未来得及撰写,这对读者了解其学术研究的思路,

---

① 鲍彦邦:《明代漕运研究》,前言,暨南大学出版社,1995。

无疑是永远的、最大的遗憾。现在的书名是我在整理过程中,与中山大学教授黄国信博士商量后所改,也得到了暨南大学纪宗安教授的认同。我的简单想法是:历史上的广东一直是我国对外交流的前沿,除了大量的外国人入居广东外,广东人也漂洋过海向海外移民垦殖。这一现象始于何时?已经难以判断,有学者认为,至少可以追溯到唐末。[1] 宋代以后,随着中国社会经济重心向南转移的完成,海洋已经成为沿海区域社会经济发展的重要场域。尤其是明清时期,随着东西方海洋交流的日益频繁,广东成为海洋经济发展的前沿阵地。广东人通过海洋开发获取了更多的社会经济资源,随之而定居海外的人口愈益增加,广东因此成为我国最主要的侨乡。正因为如此,明清时期的广东农田水利建设总是有不少借鉴海外同类建设的印记。也正因为如此,我把鲍彦邦教授原定的《明清广东农田水利研究》改名为《明清侨乡农田水利研究:基于广东考察》。我个人认为,这个更名丝毫没有影响鲍彦邦教授原著的"学术思想",相信鲍彦邦教授的在天之灵会允诺我们这个意见的。

从某种意义上说,该书的出版是众学人努力的结果。鲍教授与我的硕士生导师黄启臣先生同时受教于梁方仲先生,我因此也可以列作鲍教授的学生。我自 1993 年从厦门大学博士毕业后,不久进入暨南大学历史系工作,直接受教于鲍教授,共同培养硕士研究生。因此,对鲍教授遗著进行整理,其实也是系统的学习过程。与此同时,我的在读博士生和硕士生也参与了书稿的校对工作,借此也从中领略了中国社会经济史研究的门径。从这个意义上说,梁方仲先生开创的中国社会经济史学派得以代代传承,这无疑是史学界的骄傲。

鲍彦邦教授的书稿原为手写稿本,他在临终之际,嘱托我进行整理,并希望能公开出版,以飨学界同仁。我十分感谢鲍教授对我的信任,作为晚辈,能为前辈学者整理遗著,也是我义不容辞的责任和义务。我随即和时任暨南大学副校长的纪宗安教授联络,她获知有这部手稿后,立即决定将其列入"暨南大学 211 工程建设"的华侨华人基地出版计划,并指示有关人员找寻从事勤工俭学的研究生进行文字输

---

① 梅伟强、张国雄主编:《五邑华侨华人史》,28 页,广东高等教育出版社,2001。

入。谨此对纪宗安教授表示衷心的感谢！文稿输入完毕后，我又找了我的部分硕士、博士多次进行书稿核对工作，对一些难以辨认的史料，尽可能寻找原著进行修正。最后由我统稿。在统稿中，我基本上遵循和忠实于鲍教授原著，原则上不作任何改动，以保留鲍教授生前对这一问题思考的历史原貌，但对其中极个别的字句或段落，根据鲍教授上下文的原意进行了适当的调整。另外，鲍教授原来编排的目录，与正文也有些微的出入，我在整理时也进行了统一。

最后需要说明的是，在书稿整理过程中，鲍彦邦教授的夫人邹巧仙女士及其子女给予了大力支持，找出了鲍教授生前各时期的照片，从中精选了数幅珍贵的镜头，作为本书配图，以反映鲍教授生前之生活、工作。对此，我向他们表示深深的谢意！

以上是我统稿之后所获的一点心得，聊以充作鲍教授大作的"代序"，也可以算作鲍教授大作的"前言"吧！

刘正刚

识于暨南大学古籍所 315 室

2011 年 9 月 13 日

明清侨乡农田水利研究——基于广东考察

目　录

第四章 陂塘工程建设的蓬勃发展与修筑技术的改进

第五章 农田水利设施的管理方式及其措施

明清侨乡农田水利研究——基于广东考察

第一章 | 农田水利建设的政策及其管理机构

明清时期广东的社会经济进入全面开发和发展的阶段,而农田水利工程建设在农业经济的开发中一马当先,在宋元基础上加大了人力物力的投入,加快了建设的步伐,并取得了长足的发展和进步。应当指出,这个时期广东农田水利工程建设之所以获得迅速发展,是同明清政府重视农业发展与重视农田水利建设分不开的。换言之,中央政府奉行以农为本的方针政策,进一步加强了对广东农田水利建设的领导,并采取了相应的富有成效的政策措施。而广东各级政府亦遵照上级的方针政策及指示精神,结合本地区的实际情况与条件,切实加强对农田水利建设的领导和督修,同时建立和健全官方与民间的相关的管理机构,充分发挥其职能和作用,从而推动了本省农田水利建设的深入发展。

第一节 农田水利建设的政策

明初,由于元朝的腐朽统治及经过元末二十多年战争的破坏,国内各地的社会经济一片凋零残破,而农业生产首当其冲,人口锐减,土地荒芜,村落稀少。广东的情况也不例外。明朝政府建立后,为了恢复和发展农业生产,增加财政收入,稳定王朝统治秩序,巩固专制政权的统治,于是奉行传统的"重农务本"的方针政策,将恢复和发展农业生产作为当务之急,摆在政府施政之首位。而大力推进农田水利建设的步伐,则成为恢复和发展农业生产的重要环节。为此,明政府采取了一系列鼓励和发展农田水利建设的政策和措施。

一、明清政府的农田水利建设政策

明初政府为了迅速恢复和发展农业生产,增加赋税的收入,巩固王朝统治的经济基础,十分重视各地的农田水利建设,采取了相应的务实政策和鼓励措施,其内容主要是:(1)注意及时了解和掌握各地的水旱灾情。农业生产与水旱灾情有密切联系,政府为了解各地水旱情况,责令各地州县官员逐月上奏"雨泽"的报告,以供皇帝"亲阅"决断。[①] (2)及时搜集民间有关农田水利的意见或建议,规定各地"所在有司,民以水利条上者即陈奏越"[②],以供政府决策参政。(3)规定农田水利工程兴建的原则。这些原则大致是:各地农田水利工程通常限于"农隙之时兴工,毋妨农业",即于秋后农闲时动工,不影响农耕;倘遇洪涝紧急情况,则可"随时修筑,以御其患";强调修筑工程要从实际出发,"因其地势修治",以免工程铺得过大,劳民伤财;加强对农田水利设施的管理和维修,规定各地"闸坝陂池"等"务要时常整理疏浚",[③]以发挥其正常排灌的功能,有效防御洪涝旱潮灾患。(4)委派专职官员到各地领导和督修农田水利工程。如洪武二十七年(1394)"遣国子监生分行天下,督吏民修水利"[④]。顾炎武《论水利》亦云:"洪武末,遣国子生人才分诣天下郡县,集吏民,乘农隙修治水利。"[⑤]地方官府积极响应中央的号召,如广东吴川县,洪武二十八年(1395)"奉工部勘合,知县曹定始令民间修筑塘堰,兴水利。"[⑥](5)将修治农田水利的业绩作为主管或经办官员考核之内容。如洪武五年(1372)"诏以农桑……课有司"[⑦],农业生产依靠水利,兴修水利,发展生产便成为地方官员考绩的主要依据。正统二年(1437)明政府重申:"令有司秋成时修筑圩岸,疏浚陂塘,以便农作,仍具疏缴报,俟考满以凭黜陟。"[⑧]即将修筑农田水利、发展农业生产作为各级主管官员考核升降之依据。正统五年(1440)明英宗采纳工部尚书杨士奇之建议,令"浚陂筑堤以备旱涝,皆

---

① 参阅顾炎武《日知录》卷一二《雨泽》。
② 《明史》卷八八《河渠水利·直省水利》。
③ 《明会典》卷一九九《工部十九·河渠四·水利》。
④ 《明史》卷三《太祖三》。
⑤ 载《清经世文编》(下册)卷一〇六《工政十二·水利通论》,中华书局,1992。
⑥ 光绪《吴川县志》卷十《事略》。
⑦ 《明史》卷二《太祖二》。
⑧ 《明会典》卷一九九《工部十九·河渠四·水利》。

有成法,自后有司不能修举",应由该部移文诸司,"其有隳废者听风宪官纠举",并"命布按二司正官理之"。① 亦即责成布按二司长官及时处置各该省有司修筑水利之失职者。此外,洪武二年(1369)明政府亦宣布免除"田器税"②,即农具税,以减轻人民购置农具的负担,这也有利于促进农田水利和农业生产的发展。

以上明初实行的农田水利的政策措施体现了重农务本的精神,显示了王朝国家对迅速恢复和发展农业生产的重视与迫切要求。清代政府基本上仍继续沿用这些政策措施,特别是康雍乾年间更是大力加强农田水利建设,推进农业经济的进一步发展。

二、中央加强对广东农田水利建设的领导

自明初以来,广东社会经济的开发和发展逐步加快了步伐,珠江三角洲和韩江三角洲等沿海地区的堤围建设便成为广东农田水利建设的重点。对此,中央采取了积极的态度和重要措施,以加强其对广东农田水利建设的领导和督修。主要有两个方面。

1. 由中央"工部差官"督修水利工程。

明初由工部差官至广东督修农田水利建设似乎多是规模较大或重要的工程,其中主要是堤围工程。如洪武二十七年(1394)工部奉命差官督修新会县古劳大围。是时,广东新会县遭受"两潦"之患,为了防御西江洪潦泛滥为害,该县坡山村人梁文善等向明政府奏请修建坡亭大水围,即古劳大围,经中央批准后即由"工部差官"刘永旋前往现场指挥督修,该围竣工后可"灌田二百二十三顷"③,是明初广东珠江三角洲兴建的一项大型堤围工程。洪武三十年(1397)新会县古劳都越塘圆洲围的兴建,也是经"工部差员"督修而成的,其灌溉面为五十三顷。永乐二年(1404)鹤山县麦村修建小水围,亦为"工部差员筑,溉田六顷"④,是小型的堤围工程。宣德二年(1427)广东高要县崇化乡为抵御西江水患,向中央奏请修建堤堰、水窦一千七十六丈,经中央准许后即令"行在工部遣官覆视,就令受利之家用工修砌"⑤,即由受益农户派

① 《明英宗实录》卷六九,正统五年七月辛丑。
② 《明史》卷二《太祖二》。
③ 光绪《肇庆府志》卷四《舆地一三·水利》。
④ 光绪《肇庆府志》卷四《舆地一三·水利》。
⑤ 《明宣宗实录》卷二五,宣德二年二月戊子。

工修筑。

以上由工部差官督修的堤围工程都是在珠江三角洲方面。在韩江三角洲也有类似之例,如正统十年(1445)广东海阳县(今潮州)隆津等都,为了灌溉附近"旱田",奏请"开沟"引韩江之水溉田,经中央同意后命工部派员至潮州府"核实",并下令"(潮州)府县各委官率得力之人开挑,戒其勿概执于民"①,亦即除中央工部差官督修外,还规定各级官府必须委官率领,而修筑工程由受益户承担,非受益户则免。

总之,由工部差官督修的农田水利工程多属于比较大型或重要的项目,由此可见中央政府对广东农田水利建设的重视。值得指出的是,由"工部差官"广东各地督修的形式比较流行于明初,明中叶以后似乎就很少有这方面的记载了。

2. 由中央发给"勘合"修建水利工程。

由广东各地奏报、经中央政府批准发给"勘合"兴建的农田水利工程,通常也多为大中型或比较重要的堤围工程与陂塘堰闸工程,分布本省南北各地。如洪武八年(1375)广东程乡县(今梅县)苦竹乡"疏请"开筑大塘。是时,程乡县大户陈才用利用"解粮入(京)都(即南京)"之便,"疏请于程之苦竹乡开筑大塘一口,塘面皆山围,阔约五里,溉田租三百余石"②。这是明初粤北山区奏准兴建的一项颇具规模而又重要的山塘工程,解决了该乡山田苦旱的灌溉问题,有利于山区农业生产的发展。洪武十八年(1385)粤西雷州半岛之徐闻县奏准开筑清水堰闸。该县"地原高亢,水易涸竭",为解决高亢田地灌溉困难,海康人黄惟一御史向中央工部奏准修筑此项堰闸工程,使"讨网等处田"得到灌溉,促进了农业生产的发展。③洪武二十六年(1393),东莞县三村"奉勘合"兴建圩岸。该县三村地处东江下游,常遭洪水冲击,为"抵捍东江"免受洪涝祸患,该村老人黄良佐向工部奏请,并"奉勘合建筑圩岸七千余丈","保护田地三百余顷",④这是明初东江下游一大堤岸工程。洪武二十八年(1395)粤西吴川县知县曹定"奉工部勘合","令

---

① 《明英宗实录》卷一三四,正统十年十月丙辰。
② 光绪《嘉应州志》卷二三《人物·新辑人物志》。
③ 参阅宣统《徐闻县志》卷一《舆地志·水利》和卷一五《艺文志》。
④ 民国《东莞县志》卷二一《堤渠》。

民间修筑塘堰,兴水利"①,大力发展农业生产,也取得了明显的效果。

值得指出的是,洪武二十八年(1395)海南琼山县奏准修筑滨壅圩岸工程。该县邑潭都父老为修筑元末被冲毁的滨壅圩岸,向中央奏报了此项工程规划。明太祖朱元璋批准了这个报告,并就修筑圩岸工程提出了修筑的原则及优惠办法,史称"诏许修复,谕民之食其土者,赴工则通力合作,木石则计户均收,宽其役而复其家"②。这里至少说明:(1)由受益户承担修筑工役,按户派工;(2)应役者需通力合作,进行修筑;(3)工程所需木石物料价,计户征收;(4)以宽松原则安排工役,一人服役可优免本户当年杂役。由此可见,明初有关广东民户参加修筑农田水利工程的政策精神,它既规定了民户必须承担修筑工程的义务及修筑原则,同时又相应采取了一些优惠措施,反映了明初王朝国家为恢复发展农业生产而采取"休养生息"与"轻徭薄赋"政策的时代要求。

明初中央政府批准广东兴建的著名大型水利工程主要集中在珠江三角洲。其中最著名的是洪武二十九年(1396)修筑新会县天河、横江两大堤围(在桑园围内)。是时,为捍卫天河、横江等广阔农田免遭西北江洪涝之患,九江陈博文亲赴京师南京奏请修筑此项堤围工程,经明太祖批准,"命有司修治,即以博文董其役",自甘竹滩筑堤越天河、抵横江,绵亘数十里。由陈博文奉命领导修筑的堤围工程顺利竣工,分别捍卫天河村240顷和横江村120顷农田③,促进了当地农业生产的发展。另一项是永乐四年(1406)高明县大沙堤的修筑工程。为了捍御西江洪水冲击,免遭洪涝之患,该县向中央奏请修筑大沙堤,经中央批准并"奉工部福字290号勘合"④,由受益人户承担筑塞堤基,竣工后该堤围可捍卫税田600余顷。这是明初广东修筑的受益面积最大的一项堤围工程。

明中叶中央批准广东韩江三角洲修筑的最大堤防工程,是粤东海阳县(今潮州市)南门堤和北门堤两大工程,亦即潮州府城南北门大堤工程。宋元以来,南北门大堤捍卫韩江下游府城及其附近广大农田,

---

① 光绪《吴川县志》卷一〇《事略》。

② 符铭(洪武三十年进士):《滨壅圩岸记》,载咸丰《琼山县志》卷二五《艺文·记》。

③ 参阅道光《新会县志》卷二《舆地·水利》。

④ 参阅光绪《高明县志》卷一〇《水利志》。

曾多次遭受韩江洪水冲击而被损毁,明中叶韩江下游及支流日益淤浅,韩江洪水泛滥冲决南北堤日甚一日。正德(1506—1521)中年,为全面修复和加固府城南北门大堤,郡人御史杨琠向中央"疏请"以"榷金"(即"盐饷")重修南北门大堤,得到了批准。此次动用库存盐饷作为修筑经费,一改以往的修筑方式,采用大量石料砌筑堤基,增高加厚,十分巩固,史称其堤"甃以石,增拓加倍","而堤始完固"[①],在相当一段时期内起到了抗御韩江洪涝水患、确保农业生产丰收的积极作用。这是明代韩江三角洲修筑的最具规模和影响的堤防工程。

清代的农田水利政策基本上沿袭明朝的政策。清政府对广东农田水利建设亦十分重视。清初中央批准广东修筑的大型水利工程,主要是康熙年间(1662—1722)两次大规模修筑粤西雷州东洋大堤。历史上东洋堤以捍卫雷州"万顷洋田"而著称。始筑于宋代,明中叶后曾多次遭受大风潮的破坏而坍决,清初由于长期失修决堤情况更为严重。康熙三十五年(1696)郡人福建巡抚陈璸以东洋堤"岁久崩陷"为由,向中央"奏请修筑",康熙皇帝批准了这项号称"千里长堤"的宏大修筑工程,并拨出巨资作为修筑经费。这项规模宏大的修堤工程由广东省各级官员领导督修,动用大笔公帑购买木石物料,雇用大批工匠,对长堤进行了全面的维修与砌筑,使其加固。据方志称,此次工程共"动支帑项五千三百二十四两,购料鸠工,大加补筑"[②],由是"万顷洋田"免遭咸潮之患,确保了农业生产的发展。康熙五十五年(1716),为进一步加固东洋堤,陈璸再次向中央奏请修筑并"奉旨准奏",他本人亦慷慨解囊,大力捐助修堤费用,成为明清以来捐资最多的粤籍高官之一。据称此次陈璸"将己廉银五千两交粤省督臣,添采木料砖石,以求永固"[③]。即在上一次修筑的基础上,采用大量木石物料,对千里长堤进行了全面的加工砌筑,使其更加坚固。

以上颇具代表性的堤围、堤岸修筑工程,主要分布在经济迅速发展的珠江三角洲,其次是韩江三角洲及粤西沿海地区。可以认为,明清政府通过直接委派专门官员赴广东各地巡视督修,或经批准后发给"勘合"责成广东各级官府督修的方式,充分显示了中央政府对广东农

---

① 光绪《海阳县志》卷二一《建置略五·堤防》。
② 道光《遂溪县志》卷二《水利》。
③ 道光《遂溪县志》卷二《水利》。

田水利建设的重视,并进一步加强其领导和督修,这对广东各级官府的督促和推动,对各地农田水利和农业的迅速开发及促进社会经济的发展与繁荣,都具有积极的意义。

第二节　广东农田水利建设的领导与管理机构

明清时期除了中央政府直接派员巡视、督修或由工部发给"勘合"以加强对广东农田水利建设的领导外,广东省府亦高度重视并切实加强对各地农田水利建设的领导和督修,尤其是经济增长迅速的珠江三角洲及韩江三角洲等沿海地区,其措施是由巡抚、总督亲赴现场领导督修,或委派巡道(道员)等官亲自主持督修,或由府州县官员负责规划和督修。

一、农田水利建设的领导与督修

明初以来,广东的农田水利建设在宋元基础上逐渐加快了开发和发展的步伐。随着广东最大的冲积平原珠江三角洲的发育和全面开发,位于西、北、东三江下游及其支流两岸的堤围建设,正从三角洲的西北部和东北部向其腹地纵深地区和滨海迅速推进;韩江三角洲与粤西沿海地区也加快了开发的进度,从而形成了明清时期本省农田水利建设的中心和重点。广东省府遵照中央政府的政策指示精神,为促进本省农业和社会经济的发展,采取了一系列措施大力加强本省的农田水利建设,尤其是沿海地区的农田水利建设。

1.由巡抚、总督或巡道等亲赴各地规划督修。

由巡抚、总督领导督修的农田水利工程大抵有以下几种形式:一是奉中央政府之命在辖区内负责督修指定的工程项目;二是巡抚、总督亲赴各地现场查勘督修;三是由巡抚、总督责成属下官员负责巡查督修。此外,自正统年间,明政府便规定"布按二司正官"亦负责监督辖内各级官员督修水利工程。[①] 嘉靖七年(1528)又"令各处抚按守巡官严督所属以时修浚圩岸、坝堰、陂塘、清渠之在境内者"[②]。可见,明中叶起,中央政府便进一步责成省一级正官加强对辖区农田水利建设

---

① 参阅《明会典》卷一九九《工部十九·河渠四·水利》。
② 参阅《明会典》卷一九九《工部十九·河渠四·水利》。

的监督。

广东省府根据中央政府的政策与指示精神,从实际出发,积极加强对各地农田水利建设的领导和督修。如嘉靖年间,粤西沿海两项大型水利工程,就是获得省府批准,并拨出一定经费,责成巡道亲赴现场督修的。其中嘉靖二十年(1541)海康县修筑那奇桥闸工程,是获得广东"抚按"批准,并"给银市石,修砌建闸"的。该闸竣工后可"灌田数十顷"①,扩大了灌溉的效益。次年,海康县又大修护城堤工程,巡抚都御史蔡京亲赴现场查勘,并"命分巡道翁博亲督成堤"②,这是巡抚责成巡道督修的一大水利工程。万历年间,珠江三角洲有多项特大的决堤工程急需抢修,都是由总督亲自过问,向中央政府奏准"减租",并发帑银资助,责成府级主管官员督修而成的。如万历十四年(1586)珠江三角洲最大的堤围桑园围基堤"大决",抢修工程艰巨,总督吴文华"疏清减租"以助筑堤,亦即减免灾区当年的税粮以利灾民赴役修筑,此举获得了中央政府的准许,由是大修工程得以顺利竣工③。万历四十四年(1616)高要县发生特大洪灾,"诸堤多溃",抢修工程异常繁重,总督周嘉谟、巡按田生金等闻讯后,即作出抢修的规划,"命通判摄景、许学贤等督修之,工之责官六民四"④。换言之,此次大修基堤工程,省府责成该府通判督修,规定修筑工费采用"官六民四"的办法承担,"官六"部分则"发帑"资助,由库银支助工费之六成,其"民四"部分则由各该堤围的乡民分摊。这是由总督责成通判的又一形式,并采取官民合作出资的办法,据称这是明代广东最具规模的一次宏大修筑工程,共修复堤围 39 条,补筑决堤 38000 余丈。⑤

清代广东仍沿袭明代的策略。是时珠江三角洲及沿海的堤围与围垦业正加速发展的步伐,由是省府更加重视加强各地的督修工作。通常多委派巡道分赴各地巡视,并会同各府县官员商议、规划修筑事宜。如康熙十二年(1673)省府委派巡道江德中赴海阳县(今潮州市)督修被淤塞的南门堤堤涵,他与知府及郡绅商定采用石料砌筑,"一如

---

① 康熙《海康县志》上卷《星候志·陂塘》。
② 康熙《海康县志》上卷《星候志·陂塘》。
③ 参阅光绪《桑园围志》卷一五《艺文》、《通修桑园围各堤碑记》。
④ 参阅道光《高要县志》卷六《水利略·堤工》。
⑤ 参阅道光《高要县志》卷六《水利略·堤工》。

旧制"①。康熙四十年(1701)又委派巡道孙明忠会同知府梁文煊规划、督修规模宏大的北门堤。北门堤为粤东一大堤围,它捍卫海阳、潮阳、揭阳和普宁四县农田,近因屡遭韩江洪水冲击,堤岸坍溃严重,必须抢筑并加固堤基。因工程浩大,巡道与知府等商议决定"仍委公正能员同乡绅士里老分段督理",即由府县能干官员率领乡绅里老等分段督理,以保证工程质量,竣工后北门堤"堤岸坚牢"②,确保了海阳四县大片农田免遭洪水之患,农业生产得以正常发展。康熙五十一年(1712)海南琼山县修筑林都苍茂圩岸工程,则是由雷琼道道员钟大成会同知府林文英、知县王赟亲自规划督修的,竣工后可溉田80余顷,是清初海南修筑的规模较大、效益颇佳的一项圩岸工程。③

值得指出的是,雍正年间(1723—1735)清政府十分重视农田水利建设及农业生产的发展,采取相关政策措施进一步加强了这方面的领导。广东督抚也相应加大了对农田水利工程兴建和整治的力度,取得了显著的成效。如雍正二年(1724)海阳县江东堤西陇堤被洪水冲决500余丈,修筑堤岸工程浩大,省巡道方愿瑛奉命督修,他会同知府李濂、同知傅楷、知县张士连及总兵尚滢亲自在现场领导修筑工程,"凿山石,运海蟆,置陶烧灰,派丁夫运土填筑",竣工后"又增筑共灰堤四百六十一丈",④使堤防更为巩固,发挥了抗洪与灌溉的显著作用。

雍正四年(1726),清政府为加强对省直地区农田水利工程的领导和管理,下令"以道员督修田亩围基"⑤。广东总督根据中央指示精神,特将珠江三角洲围基的管辖范围及其职责重新划分,并奏报中央审核,史称总督孔毓珣"疏请以广州(府)所承围基责之广南韶道,肇庆(府)所承围基责之肇高廉罗道,农隙时修,务坚固"⑥。换言之,珠江三角洲的堤围和堤岸归由两个省道管辖,其职责主要是负责堤围和堤岸工程的督修。雍正五年(1727),总督孔毓珣"奏请基围之务,责成于官,或动帑修高,或督率培补"⑦,进一步明确了管理堤围和堤岸的职责

① 光绪《海阳县志》卷五《舆地略五·水利》。
② 光绪《海阳县志》卷二一《建置略五·堤防》。
③ 参阅咸丰《琼山县志》卷三《舆地略六·水利》。
④ 光绪《海阳县志》卷二一《建置略五·堤防》。
⑤ 道光《肇庆府志》卷二二《事纪》。
⑥ 道光《肇庆府志》卷二二《事纪》。
⑦ 陈大文:《通修桑园围各堤碑记》,光绪《桑园围志》卷一五《艺文》。

及方式。雍正八年(1730),清政府又规定县丞兼管农田水利,"铸给县丞水利关防,南海、三水、新会、高要四县县丞俱兼治水利"①,这里指明珠江三角洲堤围最集中的南海等 4 县的县丞,皆兼管农田水利工程。

省道规定督修农田水利,对处理和解决州县堤围修筑工程问题,都起了积极的推动作用。如乾隆二年(1737),省都院委派道员妥善解决新会县天河围长期存在修筑经费的难题,顺利完成了修筑工程任务,就是其中一例。以往新会天河围修筑经费的来源问题一直争论不休,无法取得共识,严重影响了修筑工程。为此省都院鄂弥达委派"广南道冯元方亲诣查勘"解决。道员冯元方会同新会官员征询各方意见,最后采纳知县王植提出的解决方案,即根据天河围广阔、围内乡民有远近的实际情况,建议按"远基乡民"和"近基乡民"分别承担修堤经费轻重的办法,比较合理地解决了围内远近乡民的经费负担问题,从而促进了天河围工程的修筑,有利于农业生产的发展。②

以上可见,中央与省政府通过委派"道员"督修辖区水利工程,以及规定县丞兼治农田水利的措施,大大推动了广东各地农田水利工程的建设,促进了农业的迅速发展。

2. 由府州县官员亲临现场领导督修。

明清时期广东各地兴修规模较大或较重要的水利工程,特别是遇到重大灾情急需抢修堤围、堤岸等工程时,府州县各级长官一般都会亲临现场指挥、抢修或率吏民修筑。府一级通常是由知府、同知、通判等主要官员在工地现场领导督修,或由知府委派推官前往指挥督工。如洪武初年南雄府大兴陂塘水利工程,知府叶景龙在现场规划,率官民修筑,工程进展顺利,且取得了显著成效。史称知府叶景龙率众"于城西河塘村地筑陂,引凌水灌田五千余亩,民号叶公陂"③。这是明初粤北山区由知府督修的一大水利工程。文献表明,明清时期广东各地像这种由府一级官员在现场督修水利工程的例子不胜枚举,前面已略提及这方面的情形,后面还要论述,故这里从略。

在州县则由知州、知县、县丞等官员直接领导修筑,或委派典史、巡检等官吏指挥督修。州县基层每逢有重大水利工程兴工或遇有险

---

① 宣统《高要县志》卷二五《旧闻编·纪事》。
② 参阅道光《新会县志》卷一三《事略上》。
③ 万历《广东通志》卷三三《郡县志·南雄府·名宦》。

情或灾情抢修工程时,州县主要官员或则陪同省、道、府各级长官亲赴工地现场视察、规划、领导修筑,或则带领属下官吏亲临现场勘查,指挥乡绅、里甲老人等,并组织各乡民工修筑。如洪武年间,粤北山区为恢复和发展农业生产,各州县都大力组织乡民兴修水利,修复被破坏废弃的水利设施.其中洪武中年保昌县令岑仁忠率领乡绅里老及乡民"筑陂塘灌溉",使农业生产迅速恢复。洪武二十七年(1394)始兴县令王起则带领乡绅、里甲与乡民大力"兴水利,筑陂塘"①,推进农业的发展。这是适应山区村落分散、山坡河谷地带灌溉需要,由县府主要官员率领乡绅、里老及乡民修筑陂塘水利工程的一种形式,也是山区修筑农田水利事业的特色。

二、农田水利的管理机构及其职责

在古代社会里,农业是国民经济的基础,而农田水利则是农业发展的命脉,故从中央到地方政府,都极其重视农田水利建设,由各级主管官员亲自领导和督修。

1. 中央与地方各级管理机构。

中央工部是主管全国水利包括农田水利工作的领导机构,明清政府仍沿用唐宋以来这一传统制度。明初,工部尚书下设郎中、主事或都御史等主管全国水利包括农田水利工作。如弘治年间(1488—1505)中央工部"或设郎中一员,或设主事一员,专职水利"。万历年间(1573—1620)又"命苍水使视堤岸"②,即增设苍水使负责堤围、堤岸等工作。清承明制,大体上亦采用了这一套管理机构。

在中央工部的领导和统管下,广东各级政府都设置了专门管理农田水利的机构,并定出了相关的职责。

省级的管理机构,除巡抚、总督以外,主要是由布政司、按察司、佥事及省巡道负责、督理。如前所述,自明清以来,为迅速恢复和发展农业生产,中央政府往往责成广东巡抚、总督或布政司等负责本省农田水利的领导督修事宜。按规定,布政司和按察司则主管各地农田水利工作,包括对属下各级主管官员的督理和考察。大约在万历年间,又

---

① 万历《广东通志》卷三三《郡县志二〇·南雄府·名宦》。

② 参阅《明会典》卷一九九《工部一九·河渠四·水利》和《清经世文编》卷一一三《工政一九》。

规定广东佥事"专管"农田水利工作,^①可见省一级主管农田水利工作的层面也有所扩大了。

为加强对广东各地区农田水利建设的领导和管理,省府规定委任巡道或道员具体负责各地区的巡视与督修工作。如上述嘉靖年间广东巡抚命分巡道督修海康护城堤便是一例。大约自明中叶后至清初,由省督抚、抚按、都院委派巡道赴各地与府县官府商议督修农田水利工程的日益增多,这显然与此时期本省洪涝灾患日趋剧烈不无关系。从雍正四年(1726)起,清政府便规定"以道员督修田亩围基"^②,正式由巡道管理和督修各地区的农田水利工程。广东总督因应这一决策,亦奏准了将本省划分巡道管辖的范围,如广南韶道管辖广州府承地区,肇高廉罗道管辖肇庆府等地区,其他分巡道也相应管辖各该府属地区的农田水利建设。^③换言之,本省各地区的农田水利工程由各分巡道专门管理与督修,从而进一步加强了省府对各地区的领导和管理。

府级的管理机构,是由知府、同知、通判等领导属下各州县的农田水利建设,并对省府负责。若有重大的水利工程的兴修或遇险抢修,通常是由分巡道会同府级官员进行勘察、规划和督修,或由府级官员亲赴现场领导督修,或由知府委派推官督修。如明初雷州府修筑东洋大堤时,知府、同知等曾多次率领属下知县和县丞,前往现场督修海康南北大堤和遂溪堤,顺利完成了修筑工程的任务。及至万历年间,由于大堤遭受风涛冲击,损毁严重,急需抢修,雷州知府则委派推官前往"督工",大修东洋大堤。^④综观明清两代,像上述由知府、同知等主要官员领导督修各地的农田水利工程,或委派通判、推官等相关官员前往各地督修,都是相当普遍的。下面还要论及,这里从略。

州县的管理机构,主要由知州、知县、县丞等领导督修,或委派典史、巡检等官吏赴现场督修。文献资料表明,明清时期,广东各地每有新的重大堤围或陂塘工程兴修,或遭遇洪涝破坏必须应急抢筑的险要工程,州县主管官员往往要陪同省巡道、知府等上级官员前往勘察、商讨修筑事宜,或亲赴现场指挥修筑,或委派典史、巡检等官吏率领乡

---

① 参阅《明神宗实录》卷三〇六,万历二十五年正月癸丑。
② 参阅道光《肇庆府志》卷二二《事纪》。
③ 参阅道光《肇庆府志》卷二二《事纪》。
④ 参阅道光《遂溪县志》卷二《水利》。

明清侨乡农田水利研究——基于广东考察

绅、老人、里甲人役等督修。为加强农田水利建设和管理,有些州县还专门设置了相应机构,如万历年间雷州遂溪县设立"水利厅属"管理东洋大堤的"修堤"工程(清代裁撤)。① 雍正八年(1730)清政府规定广东珠江三角洲由"县丞"兼管农田水利工作,下令"铸给县丞水利关防,南海、三水、新会、高要四县县丞俱兼治水利"②。如南海县委"署水利县丞"管治本县堤围工程。③ 三水县则由县丞率巡检司、典史分管围基工作。乾嘉年间,该县有围基34道,其中由"县丞分管围基十二道""胥江司分管围基六道","典史分管围基七道"。④ 这是加强作为本省经济重心地区珠江三角洲农业与农田水利建设的重要措施之一,具有积极的意义。

2. 县以下基层管理机构及其职责。

明清时期广东州县以下的基层亦根据其实际情况,相应设置管理机构与专职员役,以具体负责所承农田水利的修筑及防洪涝潮旱等事宜。一般来说,珠江三角洲等沿海的堤围、堤岸工程规模较大,护田面积较多,故其所设的管理机构较为完备,专职员役较多,管理措施也相应周密。而粤北等山区、丘陵地带所修筑的陂塘工程则规模相对较小,灌田面积不多,故唯有官陂或供乡村灌溉的较大的陂塘才设有一定的管理机构,供职夫役较少,管理措施也简单。兹就本省堤围和陂塘两大农田水利系统的情况略作论述。

(1)堤围系统的管理机构及其职责。明清时期,珠江三角洲等沿海的堤围、堤岸一般都设置管理机构,编制员役,并确定其职责,尤其是特大型的堤围、堤岸,不仅管理机构相当健全,还制定了周详的管理章程,有一套规范的运作模式。其中,珠江三角洲的桑园围最具代表性。桑园围始建于宋代,跨越南海、顺德两县,"东西堤长一万四千余丈,赋税二千余顷"⑤,是珠江三角洲最大的堤围。该围很早便设立了管理机构,制定了章程条例。大抵明代以来,桑园围的管理机构常称为"基局",统管通围修筑等事务。基局设总理一人,首事、协理多人。

---

① 参阅道光《遂溪县志》卷三《建置》。
② 宣统《高要县志》卷二五《旧闻编·纪事》。
③ 参阅光绪《桑园围志》卷八《起科》。
④ 嘉庆《三水县志》卷八《水利》。
⑤ 光绪《桑园围志》卷八《起料》和卷一五《艺文》。

如乾隆年间基局设总理一人,首事、协理四十六人,共四十七人。总理或称"围总",由南海、顺德"两邑公推",即由两县乡绅共同推举。首事、协理则由各堡或各乡公推,通常由该堡或段之绅士推举,其人数"或三四人不等"。通围东西堤共十四堡,或称十四段,其中南海九江等十一堡,顺德龙山等三堡。① 另外,各堡"议定""帮查绅士"两人,由"晓事者"之绅士充任,帮差基段之事。② 按规定基局之人每三年改选一次。总理主管基局的全面工作,接受县府的领导和监督,凡修筑工程等重大事宜必须由基局开会"商议"决定。概括而言,总理的职责主要有以下方面:

①召集和主持基局会议,与首事、协理们商议道围"一切兴动"相关事宜,作出决议后即以"传帖"发至各堡(段)贯彻执行。③

②主持制定或修订桑园围章程,即各项规章制度与措施。这些章程包括岁修章程、救基章程、善后章程、石工章程、椿工章程、采石章程、购石章程及驭工人章程等。值得注意的是,桑园围章程亦时有府、县行政长官主持制定的。如嘉庆二年(1797)广州府知府朱栋参与制定桑园围章程,即所谓"祥定章程"。嘉庆二十三年(1818)南海县知县仲振履参与制定桑园围章程,称"明定章程",④其重要性显而易见。此外,各堡绅士也常有呈请基局修订本围的章程,如道光十四年(1834)各堡绅士因应基段的建设向总理"呈请核定章程"。以上修订的桑园围章程,其内容大概包括兴修、维修、抢修、抗洪涝、防潮、排灌及派征修筑经费、佥发工役与基堤附近田庐安全保障等事宜,亦即与桑园围建设有关的规章制度与措施等问题。

③商定岁修经费和佥派工役的原则与办法。这是基局或总理的一项重要职责。由于文献记载所限,明以前的岁修经费的派征无可稽考,明代的记载也很简略。大抵洪武以前桑园围每遇基堤坍决,"多由基主修筑"⑤。永乐以后仍由"各堡助工"修筑。大约从成化至清初实行"按粮助筑"的办法,即按税粮派费出夫修筑。直到乾隆年间才确定

---

① 参阅光绪《桑园围志》卷一〇《工程》和卷一一《章程》。

② 参阅光绪《桑园围志》卷一一《章程》。

③ 参阅光绪《桑园围志》卷一一《章程》。

④ 参阅光绪《桑园围志》卷一一《章程》。

⑤ 参阅光绪《桑园围志》卷八《起料》。

"按粮科银"或"计亩科银",由基局"定议",其派征数目多寡不一,由总理会议决定,并责成各基段如法执行。①

④定期向县府汇报当年修筑情况。桑园围东西堤护田二千余顷,围内有众多子围,为保障各堤围之安全,总理责成首事或协理,定期率领各堡帮查绅士对本堡的基堤进行查勘,确定应修基段及费用,及时上报基局。按规定,总理务于每年正月十五日前将桑园围勘明应修基段与"估需修费"的情况,上报县府"查核",以便如期修筑。②

⑤督修通围修筑工程。按"修筑章程"规定,凡"岁修"或"小修"通常由"附堤之堡分段专管",即由该堡绅士负责修筑,而"通围大修"则由总理率首事、协理负责督修,以确保"通修围基"的工程质量并按期竣工。③

⑥加强防洪预警工作。这也是总理的一项经常性和重要的职责。珠江三角洲等沿海地区每逢夏季洪水盛发时,往往对堤围、堤岸造成一定的破坏。为此,基局责成各堡(段)"基总"围绅督领民夫在汛期加紧巡查基堤,务必昼夜"时刻察看",倘遇险情即传锣帮救,若决堤、危堤严重者则上报总理,及时组织附近各堡力量抢修,以保护围内田庐的安全。④

⑦查禁勒索陋规及不法之举。在堤围岁修尤其大修或抢修中,由于种种原因,管理夫役趁机勒索陋规与赴役民聚众赌博、怠工生事等层出不穷,这直接影响到修筑工程的质量与进度,对此桑园围章程亦因应这种陋规恶习定下相关禁规条例,即查禁管理夫役之勒索浮收,规定在役民工不得"酗酒逞凶,聚众赌博",或"懒惰生事",如有违者应由各堡首事、围绅上报基局,听总理处置,其不法之徒由"总理逐除",其违抗者则由"总理禀完",⑤即呈报官府惩治。

此外,总理还有一些其他的职责。总的来说,珠江三角洲桑园围的管理机构是相当健全的,其分工、职责是明确的,管理章程、制度和措施也是严密周全的。它为明清时期广东沿海的堤围管理树立了一

---

① 参阅光绪《桑园围志》卷八《起料》。
② 参阅光绪《桑园围志》卷一一《章程》。
③ 参阅光绪《桑园围志》卷一一《章程》。
④ 参阅光绪《桑园围志》卷一一《章程》。
⑤ 参阅光绪《桑园围志》卷一〇《工程》。

个榜样,值得借鉴。除桑园围外,如跨越高要、四会两县的丰乐围,高要金西围、大湾围,高鹤古劳围,新会天河围等,这些大型或特大型的堤围、堤岸似乎都设立了相应的管理机构,并制定了管理章程条例。由于文献记载所限,故其情况尚不清楚。至于一般的中小堤围,其管理机构及夫役编制无疑较为简略,管理人役也相应较少。为进一步了解广东沿海堤围、堤岸的管理机构制度和措施,兹将珠江、韩江三角洲及粤西沿海的一般情况综述于下。

大致而言,明清以来一般规模较大的堤围、堤岸,都专门设置了围总(或"总理")、圩长(或"圩总")、堤长、统管等职务,负责本堤围或堤岸的管理工作。由于各地习俗之不同与时间之变迁,其称谓也有别。如南海、顺德、高明等地多称"总理"、"围总",高要、三水、海阳(今潮州市)等地多称"圩长",海康、遂溪等地则称"堤长"、"统管"等。这些堤围、堤岸的负责人大多是从耆老、生员、乡绅、豪族等推举而来的,有一定的任期与职责,综合而言有以下方面:

①商议本围(堤)之重大事宜,制定管理章程。如高要、四会县有"丰乐围章程"、"隆伏围章程"等。①

②按期完成岁修科派任务。如嘉靖年间高明县各堤围总理或圩总规定,岁修"照田起夫",即按田亩多寡派夫役多少。道光年间则"按田科银"②,即计亩征银,认为修筑之经费。

③做好修筑工程前的准备工作。按规定,每遇大的修筑工程时,围总、圩长或堤长通常都要查勘基堤,定出修筑方案,购置物料等。他们必须"亲临查核各甲"基堤,或各段基堤,拟定修筑工程及所需物料的方案,由"圩长掌数","会同里排、圩甲"人等购置修筑物料,以保证大修工程如期开展。③

④负责堤围、堤岸的督修工作。每遇堤围、堤岸大修或应急抢修,围总、圩长、堤长等务必公同首事、协理或围绅人等统率基堤人户或招募而来的民工进行修筑。如明中叶后,海阳县(今潮州市)规定"圩长按田据金筑堤"④,即由圩长"按田据金(出资)"督率修堤。海康县规定

---

① 参阅光绪《四会县志》编四《水利志·围基》。
② 参阅光绪《高明县志》卷一〇《水利志》。
③ 参阅光绪《高明县志》卷一〇《水利志》。
④ 参阅光绪《潮州府志》卷四〇《艺文·论》。

统管(即堤长)负责东洋堤的修筑工程。所谓"堤岸主之统管",即堤岸如有损坏应率附近农户"修筑"。① 而一般的"岁修"或小修,围总等则"催修基围",责成围绅、里老、圩甲人等率赴役民工修筑。

⑤加强基堤的巡查预警工作。为维护基堤闸、窦的正常运作及防范洪涝潮的危害,通常围总、堤长等责成围绅督促圩甲、基总、窦总人等率夫役巡查基堤,如发现问题或险情即时上报处置与救助。

⑥查禁陋规及各式违法之事宜。为确保修筑工程之质量及进度,管理员役必须做好对赴役民工之管理工作,劝其安分守己,遵守规章制度,用心力作,不得胡作非为,并查禁监工员役借故勒索陋规等。

值得指出的是,特大的堤围管理层通常都设立首事、协理或约正等,以协助围总的工作,他们都有专门的分工与职责。

首事。通常在各堡、乡之绅士中"公举",一般任期三年。主管岁修费用之收支、节日贺诞仪式等事宜。史称其职责是"办理(本围)收租(即修费)、贺诞(海神诞)等事","请领"并"赴领"帑息以为岁修之用(嘉庆年间起桑园围准许向官府借帑息修筑)。定期将"所有是年修费等项银两"的开支列款标贴庙前,② 即公布本围财务收支账目。其次,协助总理率"帮助绅士"勘估各堡段应修基堤的情况,"量明丈尺,估值开报"。此外,每逢"通围大修"时还须参与督修。③

协理与首事一样,亦在各堡、乡之绅士中公推,三年一任。其职责是协助总理或围总管理堤围或基段的专项修筑工程,率帮查绅士前往现场查勘基堤,评估所需修筑费用,监督工程的施工等。④

约正。据称广东沿海堤围地区之约正始设于清初,雍正八年(1730)十一月清政府"命各州县设约正","于举贡生员内选择老成有学行者充(任)"。⑤ 肇庆府承高要、四会、高明等县规定在各围绅耆中推选"围内殷实诚谨数人作为约正",任期"以八年为满"。⑥ 其职责是协助围总管理岁修费用之征收和工役之佥派。每年八月起"设簿分头写捐",或"按亩捐资",或"按丁出力","其(修筑)用费一切均令约正等

① 参阅康熙《海康县志》下卷《艺文志》。
② 参阅光绪《桑园围志》卷一一《工程》。
③ 参阅光绪《桑园围志》卷一一《工程》。
④ 参阅光绪《桑园围志》卷一一《工程》。
⑤ 光绪《四会县志》编一〇《杂事志·前事》。
⑥ 光绪《四会县志》编四《水利志·围基》。

分司管理"。① 可见,就其主要职能而言,这里的约正与首事,有其相类似之处。

帮查绅士。是在各堡、乡的绅士中推选"晓事"者二人充任,其职责是协助总理、首事、协理查勘本地基堤,务于每年正月十五日以前,"勘明基段"丈尺,"估需修费若干",一同上报县府"查核",并参与基堤工程之督修等。② 帮查绅士似乎多见于南海、顺德等特大堤围地区。除上述管理机构的员役外,还有执役于基堤、窦闸的夫役,如基总、窦总、圩甲、铺长、铺夫、闸夫等。这些夫役都有其一定的职责,兹略述之。

基总。在西北江下游及其支流的堤围上,通常在冲要的基堤上设置基总,以加强基堤的管理与维修。其职责是时常"稽查"基堤,做好防洪抢修及日常管理的工作。如南海、顺德等县的基总,每遇"西潦涨发"即时刻在堤上稽查,"遇有危急,立时抢修,并即传锣通知各堡帮救"③。这是维护基堤安全的重要举措。

窦总。位于江河两岸的基堤通常都凿窦排灌,并置窦总管理。其职责是专司"启闭","雨则分浅内潦,旱则引潮溉浸",如遇洪潦基堤"窦裂",则及时组织抢修。如万历九年(1581)高要县兴建跃龙窦(可灌溉数万亩),并置窦总管理之,就是代表性之例。④

圩甲。通常圩长之下设置圩甲,管理本甲基堤的修筑事宜等。其职责是协助圩长查勘应修的基段,购买物料。在施工时常领本甲人户修筑基堤,如"结砌陷基","打桩、整窦"等。⑤

铺长。为巡防基堤而设,大抵堤长一里分三铺,每铺设三夫(即铺夫),每十铺设铺长一名。其职责是按其划分之信地,巡防基堤,每遇洪潦或涨,基堤出险,铺长鸣金报警,并率"左右铺夫"即时抢修,以保基堤安全。⑥

铺夫。铺长之下设立铺夫,沿海基堤设铺巡防,铺以号编夫,每铺三人。其职责是在铺长带领下,平时在其信地巡防,倘遇汛基堤出险

① 光绪《四会县志》编四《水利志·围基》。
② 参阅光绪《桑园围志》卷一一《章程》。
③ 光绪《桑园围志》卷一一《章程》。
④ 参阅道光《高要县志》卷六《水利略·堤工》。
⑤ 参阅光绪《四会县志》编四《水利志·围基》。
⑥ 参阅光绪《桑园围志》卷一六《杂录上》。

则全力抢修。①

闸夫。一般堤围、堤岸都设闸排灌，闸置闸夫看守，闸夫的编派视闸之大小定其人数多少。其职责是"看守"水闸，"专司启闭"，预防旱涝，合理排灌。若汛期堤闸出险，则及时上报基总或围总组织民夫抢修。②

以上初步论述了明清时期以珠江三角洲为中心的广东沿海堤围和堤岸的管理机构及其职责的一般情况。总的来说，规模较大或特大的堤围和堤岸，其管理机构相当健全，员役职责的分工明确，所定的管理章程、制度措施也较为完善，充分发挥其在堤围和堤岸建设中的积极作用，桑园围就是其中一个榜样，这是珠江三角洲堤围建设与管理的一个特色。当然，由于各地的情况不尽相同，堤围或堤岸的条件亦有差异，故其所设的管理机构及其所定的制度措施也有一定的差别，这是值得注意的。

（2）陂塘系统的管理机构及其职责。明清时期广东的陂塘灌溉几乎遍布南北各地，如陂塘、湖、堰、潭、井及渠、圳、沟、涧、溪、坑等，但似乎多零星分散在山区、丘陵、盆地、谷地和高亢地带，与沿海的堤围、堤岸相比，其规模无疑都较小（除若干特大的塘渠外），故其所设的管理机构及夫役也相应较为简单，人数也不多。

综观本省陂塘管理机构所设的夫役，主要有陂长、陂首、塘长、首事等，各地称谓虽有所不同，但其职责大致一样。

陂长。明代以来陂长之称广泛流行于粤北、粤西和海南各地。其职责是管理陂圳之灌溉及修筑等事宜，防范旱涝，确保农业生产发展。大型的官陂，其陂长甚至由县府"择点"，陂长之下设陂甲管理都（或乡）之灌溉及维修。如洪武二年（1369）乐昌县兴修之官陂，位于县东北三十里，是一座"灌田百余顷"之大陂。康熙初年，知县李成栋"择点陂长"以管理该官陂，以"备旱潦"，属下各甲设"陂头"执役。③海南琼山县东南十五里之岩塘陂，始建于宋端平年间（1234—1236），也是一座溉田"数百余顷"之大型官陂。清初由县府择点陂长，属下各都立陂甲执役。史称"其陂录官职掌，各都立陂甲（共）三十二名以供其役，以

---

① 参阅光绪《桑园围志》卷一六《杂录上》。
② 参阅民国《顺德县志》卷四《建置略三·堤筑·水闸附》。
③ 参阅同治《乐昌县志》卷三《山川志·水利》。

陂长一名督之"①。可见,大型官陂多由官府择点陂长掌管,下设陂头或陂甲供役。此外,民间修筑的陂圳,亦设陂长管理,多由乡绅等推选。如乐昌县志张溪陂,为乡民所建,清中叶该陂"岁设陂长一人,董众修之,灌河南柏沙都田"②。其他各地所建的共乡民所用的较大的陂圳,似乎也多设立陂长管理。当然,还有更多的小陂圳,无论是由大户私人修理,抑或由数户合作修建,都不必设主陂长,而由民户管理之。

陂首。与陂长的职责大致相似,粤东地区的陂圳多设陂首掌管,如明成化年间(1465—1487)饶平县宣化都东里的陈白陂,是"灌田数千亩"的著名大陂,该陂设陂首管理,正德年间(1506—1521)共设陂首四人,轮流执役。其管理职责与方式是:①陂首由宣化都推选,任期四年,每年轮值一人,称"岁值陂首",掌管该陂之运作;②该陂置簿登记,轮流灌溉,史称陂首"置簿一本,次第轮流(灌溉)",即根据东里的农田分布及所属,由陂首安排灌溉,依次轮流;③当值陂首时常巡视陂沟,如有损坏即组织附近里甲人户"及时修理",以保证农田的正常灌溉。③粤东各地的陂圳也多设陂首管理之。

塘长。多流行于粤西雷州等地,其职责主要掌管"河渠陂塘"之修筑与管理事宜。特侣塘、渠是粤西最大的水利工程之一,此外还有无数的大中小水塘及河渠。明代以来这些塘渠多设塘长掌管。如弘治二年(1489)雷州府已"申设塘长、塘甲"等管理夫役,规定"塘长三年一替",即任期三年。④其职责是主管塘渠的修筑及农田的灌溉。史称"河渠主之塘长","河渠稍有湮塞,为塘长着能率用水户以开浚之",即塘长负责塘渠或河渠的修筑,如遇险情的须率附近受益农户进行补修和疏浚。另外,塘长还有"巡守灌田"的任务,⑤以维护当地农业的正常生产。

此外,还有首事,他和陂长的职责相类似,也是管理陂圳的修筑、收费与灌溉等事宜。清代粤北南雄直隶州设有首事一职。如嘉庆年间该州洋湖等五保为修筑陂圳而设立首事数人,由五保"各举首事数

① 咸丰《琼山县志》卷三《舆地六·水利》。
② 参阅同治《乐昌县志》卷三《山川志·水利》。
③ 参阅万历《东里志》(饶平县)卷一《疆域志·水利》。
④ 参阅宣统《徐闻县志》卷一《舆地志·水利》。
⑤ 参阅康熙《海康县志》下卷《艺文志》,嘉靖四年《薛直夫渠堤记》。

人"掌管,其职责一是规划修陂工程,率乡民赴役修筑,(竣工后称安丰陂)。二是征收修陂经费,规定在五保业户中按"亩各捐钱若干",以为修筑之费。三是实行"计亩分水"的原则和办法,按商议其分水灌溉五保农田的方式是,"分远近,别难易","计亩分水"以达到"均利泽"之目的,使各保农户皆受惠于陂水之灌溉。①

陂长、塘长等下设之夫役有陂甲、陂头、塘甲、田甲等,他们是乡村陂塘水利管理中最基层的夫役。明代以来,广东各地供乡村群体使用的陂塘大多设置这些夫役以管理水利灌溉及修筑等事宜。

陂甲。通常较大的陂塘都设陂甲执役,其职责是在陂长率领下,管理其分工陂圳地段之巡视、灌溉及修筑工作。如粤东普宁等县较大的陂圳便设立陂甲供役,其编派人数按其规模大小而定,谓"立甲巡视",专管农田灌溉及陂圳维修工作。② 嘉应州的情况亦然,该州南口堡郑仙宫圳是一条"灌田数千亩"之大圳,每年专设"巡圳十人"执役,管理该圳之日常灌溉与维修工作。③ 此外,上引琼山县大型官陂岩塘陂,在陂长之下设"陂甲三十二名",执役也是有代表性之例子。

陂头。与陂甲大致相似,其职责也是掌管陂圳的灌溉与维修工作。如康熙年间乐昌县的官陂,在陂长之下设陂头十七人,即每甲设陂头一人,轮流执役。其法是,"陂头轮修,遇有沙淤冲溃,即行修复","务使水利不断",以资灌溉。其执役方式,大抵每年编派陂头六人"轮管",即首年一至六甲陂头服役,次年七至十二甲服役,如下类推,周而复始。④ 可见,陂头与陂甲的职责基本相同,只不过在执役的方式上,各地在习惯上似乎有些差异罢了。

塘甲。塘长下设塘甲,其职责是管理塘堰之灌溉与修筑,雷州地区修建塘堰众多,自明代以来便设立塘长、塘甲或田甲执掌。如弘治初年徐闻县在县东南七里修建了清水官塘,并设立塘长、塘甲管理。塘甲负责其分管地段"巡守灌田",以资灌溉,每遇塘渠受损、淤塞,即进行"修整"。按规定,他们执役皆可"优免差役"⑤,以资鼓励。该县县

---

① 参阅道光《直隶南雄州志》卷二一《艺文·文纪》。
② 参阅乾隆《普宁县志》卷七《人物志》。
③ 参阅光绪《嘉应州志》卷五《水利》。
④ 参阅同治《乐昌县志》卷三《山川志·水利》。
⑤ 参阅宣统《徐闻县志》卷一《舆地志·水利》。

东七十里之李家塘,为明初官修,"灌田四百余顷,原设塘甲修整",正德五年(1510)知县重修,"灌溉如初"。① 明清时期海康县的塘渠也多设塘甲管理,其执役情况亦与徐闻县相类似。

田甲。明清以来雷州地区的塘堰也常设田甲管理,其职责与塘甲相若,主要承担乡村间的塘、渠巡守、灌田及维修等工作。如徐闻县东之颜家、现摄二塘,始筑于明初,时设田甲管理,"至今修整不废"②,可见,直到晚清时代,田甲一役仍在维系塘渠运作中发挥了积极的作用。

综上所述,明清王朝推行发展农业生产和农田水利建设的政策,加强对广东农田水利建设的领导,为广东各地农田水利建设的蓬勃发展提供了极为有利的条件与环境,而广东各级政府亦根据上级的方针政策和指示精神,结合本地区的实际情况与经济发展的需求,采取相关的政策措施,加强对农田水利建设的领导和督修,建立和健全各级管理机构,包括各地堤围与陂塘系统的管理机构,明确分工及其职责,从管理制度上加强了本省农田水利事业的建设,充分发挥其抗御洪涝旱潮的积极作用,这是明清时期广东农田水利建设持续发展并促进农业经济迅速发展的一个重要原因。

---

① 参阅宣统《徐闻县志》卷一《舆地志·水利》。
② 参阅宣统《徐闻县志》卷一《舆地志·水利》。

第二章 | 农田水利的修建形式 与集资方式

　　农业是我国古代社会国民经济的基础,也是古代政府财政的主要来源,而农田水利建设则是农业发展的命脉与基本保证。因此,历代政府尤其是明清政府十分重视农田水利建设,进一步加强对地方政府的领导和监管。而广东省府在贯彻执行中央的指示和政策时,亦大力加强对各地农田水利建设的规划和督修。概括而言,省府从本省自然条件与农田水利修建的实际需求,从防范日趋严重的洪涝旱潮灾患出发,采取官修、民修和官民协修等多种修建形式,积极修筑堤围、陂塘渠圳等水利工程,初步建成了以珠江三角洲为中心的沿海堤围灌溉系统及遍布全省各地的陂塘渠圳水利灌溉设施,为近代广东农田水利建设发展奠定了良好的基础。值得注意的是,广东在农田水利建设方面开创了多元化的集资方式,积极而成功地解决了工程建设所需的大量资金和劳力问题,亦即各地因地制宜,采取多种渠道,筹集经费,编派劳役,充分发挥各方面的积极性,推进了本省各项农田水利建设迅速蓬勃发展。这是明清时期广东农田水利建设取得空前成就的又一重要原因与特点。

第一节　农田水利工程的修建形式

　　明清时期广东各地农田水利工程建设,大多从实际出发,采取官修、民修和官民协修等多种修建形式,而以民修为其主要形式,取得了长足的发展与显著的成就。

一、官修形式

官修大致可分为官府督修和官府出资修筑两种形式。一般来说，官修的水利工程多是规模较大或急需修建的重要工程项目。这里着重论述官府督修和官府出资的形式。

1. 官府督修。

明清时期官府督修采取多种形式，由中央工部差官督修是其中一种重要的形式。如地方必须修筑的水利工程首先要呈报中央，经中央政府批准后，由"工部差官"至地方督修，或由工部发给"勘合"责成地方修建。这是明清时期较为流行的一种官府督修农田水利的形式。由地方官府督修的，有巡抚、总督督修，或委派省、府、县主管官员督修，通常由府县长官或委派其属下官吏前往各地督修的形式居多。值得指出的是，明初洪永宣时期和清初康雍乾时期，中央政府十分重视广东的农田水利建设，故此时期由官府督修的工程项目也比较多。

2. 官府出资修筑。

明清时期由中央政府和广东各级官府批准出资修筑的堤围和陂塘等水利工程很多，其中有官府出资并督修的工程项目，也有官府出资而责成民间修筑的工程项目。其形式有以下几种。

(1)官府"发帑"修筑。即由中央或地方财政专项拨款修筑，这些工程项目多属于规模较大或急需修筑的重要项目。如洪武年间南海县民陈博文上书请求抢筑被特大洪潦冲毁的诸围堤即是。明政府予以批准，并下令"发帑大修"①。万历四十四年(1616)高要县发生重大水患，"诸堤多溃"，广东省府立即"发帑"抢筑，并责成肇庆府督修。史称是役由"总督周嘉谟、巡抚田生金发帑，命通判摄景、许学贤等督修之"②。以上皆为发帑修筑典型之例。

(2)"官给物料"修筑。由各级官府给予物料资助修筑，是官府出资修筑的又一种修建形式。明清以来，广东各地获准"官给物料"修筑的堤围、堤岸及陂塘等水利工程为数不少，似乎是一种较常见的修建形式。如嘉庆四年(1799)清远县石角围被洪水冲决，县府即给予"物料"抢筑就是一例。据称此次石角围被"冲崩，河地基决口四段"，十分

---

① 光绪《四会县志》编四《水利志·围基》。
② 道光《高要县志》卷六《水利略·堤工》。

危急,县府采取"官给物料,民出丁夫"的办法,由县府承担全部工程所"需用桩木、石块以及木石工"等计银 1636 两,应役丁夫则由该围业户金派,①终于顺利修复了石角围的决口,保障了当地及下游广大人民的安全与农业生产。又如光绪十五年(1889)四会县马山铺墩头围被洪涝冲决,总督张树声即"发给桩木一百根"资助该围抢筑决口。② 可以认为,这种由官府发给物料资助修筑的形式,广东各地颇为常见,是这个时期广东官府出资修建的又一种较流行的形式。

此外,临时调拨专门款项资助修筑,也是官府出资修建的一种补充形式。如临时调拨"榷金"(盐税)、"赎锾银"等资助修筑,虽然这种形式多承于权宜之计,但对地方应急修筑或抢修起到了积极的作用。关于这一点,在下一节还要论述,这里从略。

二、民修形式

除以上官修的形式外,民修是广东农田水利建设的一种最基本和最普遍的形式。综观明清五百多年间,广东各地的农田水利建设大都是由地方或民间组织进行的,其特点是根据各地的自然条件,农田水利工程的规模与修筑难度大小,从实际出发,因地制宜,量力而为,采取多种切实可行的修建形式,从而掀起了可持续发展的兴修农田水利工程的热潮,并取得了巨大的成就与效益。

1. 由一县或数县修建。

一般特大的或跨县的堤围、堤岸工程,需要巨大的人力、物力和较长的时间,即要筹巨额的资金与金派众多的劳力,故必须集一县或数县之民力方能胜任,并确保所修筑的工程项目如期竣工,其收益面达一县至数县之广。如洪武二十九年(1396)新会县修筑的天河、横江大围是一项大型的重点水利工程,该工程规模浩大,"由甘竹滩筑堤,越天河抵横江,络绎数十里"③,是由该县人民出资、派工修筑而成的。明初以来,像这样由一县承担修建的大型堤围工程,在珠江三角洲地区是较为常见的。由数县联合修筑的特大堤围、堤防工程在珠江三角洲、韩江三角洲和雷州半岛也都有突出的事例。如海阳县(今潮州市)

---

① 光绪《清远县志》卷五《经政·水利》。
② 光绪《四会县志》编四《水利志·围基》。
③ 道光《新会县志》卷二《舆地·水利》。

之北门堤，是捍卫沿岸"海、潮、揭、普四县"农田与居民免遭韩江水患之特大堤防工程，自唐代修建以后，历代水患频仍，决堤不断发生，主要由海阳、潮阳、揭阳和普宁四县接壤之人民联合修筑的。如康熙四十年(1701)修筑海阳县北门堤工程就是其中一例。是年，韩江大水，冲毁北门堤，修筑工程浩大，为此，潮州府主管官员督领，责成沿堤岸海阳等四县官府率领乡民及时抢修、加固堤防。其法是按照富者出资，民户出力之原则，由所在四县"绅衿商民随力捐助钱"，以为"木石灰土之费"，而"各属"民户则"令照家甲均出工力赴役"，[1]由是修筑工程进展顺利，终于如期竣工。据载，清初以来，韩江下游其他大的堤防，特别是跨县的堤防，遭受洪水冲溃的情况日趋增加而又严重，大多是在府县主管官员督领下，采取上述的修筑方式，由相关县之乡民合力修筑而成的。至于跨县规模较小的堤防工程，同样也是由相关县之乡民共同修筑的，如乾隆十九年(1754)澄海鮀江都八斗乡堤溃决，是由附近澄海、揭阳两县乡民共同修筑的。该堤"东属澄(海)，西属揭(阳)"，由两县收益户之乡民"按田捐筑"[2]，即按田亩出资派工修筑竣工的。此外，在粤西雷州沿海的东洋长堤也是采取二县或三县联合修建的形式，号称"千里长堤"，工程浩大，自宋绍兴年间(1131—1136)胡簿和乾道五年(1169)戴之邵等先后率雷州人民督修而成后，历代修筑皆由雷州属县合力修成的。如洪武四年(1371)修堤工程，是由本府同知余麟孙领导，海康和遂溪知县"协议修堤"，[3]将长堤划分为海康南堤、海康北堤和遂溪堤三段，由两县民户共同修筑竣工的。又嘉靖三十年(1551)因"飓风大作，咸潮泛涨"而遭到空前破坏之长堤，抢修工程异常浩大，雷州"知府罗一鹗调三县人夫修筑"[4]。

2. 由一乡或数乡修建。

一般而言，由一乡(都)或数乡(都)修筑的堤围或陂塘等大多是中小型的水利工程，当然也有一些大型工程，其收益面为一乡至数乡之间。如洪武初年南雄府城西之"叶公陂"，是由知府叶景龙率河塘村乡

① 光绪《海阳县志》卷二一《建置略五·堤防》。
② 嘉庆《澄海县志》卷一二《堤涵》。
③ 道光《遂溪县志》卷二《水利》。
④ 道光《遂溪县志》卷二《水利》。

民修建,"引凌水灌田五千余亩"①,效益颇佳。大约洪武年间新会县新化都之落鞋陂,也是由该都"乡人共筑,灌田二十余顷"②。以上是由一乡(都)修建的中小型陂圳水利工程,其灌溉面积也较大。由数乡(都)修建的堤围或陂塘,以大中型工程项目为多。如康熙三十五年(1696)饶平县隆都上堡堤,长五千六百四十四丈,是由秋溪都和隆都"两都民合筑"③,在原土堤基础上修建成新堤防,是一项较大规模的堤防工程。清中叶以来,开平县城西的石涵陂,是由"上郭、平地等乡"联合修建的,该陂"灌田数十顷"④,是一项较大的涵陂工程。南雄州重修之元丰陂,则为沙洲村等"七村民通力合作,按亩出钱五百文",将"旧有陂圳"修建完好,可灌溉陂圳两旁"绵亘二十余里,田畴千余亩"⑤,是粤北山区一项颇大的陂圳工程。值得一提的是,此时期顺德县所修筑的大中小堤围相当多,皆为一乡(村)或数乡(村)修建而成的,史称"其围筑之法,有数村合筑者,有各自为筑者"⑥。可见,该县修筑堤围是从实际出发,因地制宜,根据防洪涝之需要及护田面之大小采取不同组合的修建形式,掀起了修筑堤围工程的热潮。

　　3.以宗族或族姓形式修建。

　　明清时期广东各地乡村继承以往传统,采取宗族或族姓出资派工的形式修建农田水利工程颇为普遍。这些水利设施大多供乡村族人灌溉使用,维护族人之利益。如康熙三十年(1691)南雄府城附近之凌陂右圳"日久湮塞",当地乡村董姓大族由族长董子晋"率众开复",即带领族人疏浚古圳,并于族产中"捐义租二百九十石,为历年修补之资"⑦,由是董姓乡人受惠其灌溉之利。康熙五十二年(1713)澄海县蓬洲都大牙富砂堤,由"乡中蔡、兰、王、沈四姓分界修筑",可灌溉堤内"田园二千余亩",⑧这是由同乡四族姓合作修建堤岸的形式。大约在康熙年间,海南琼山县万都二图南朝水闸,是由博泊村"吴、杜二姓"族

第二章 农田水利的修建形式与集资方式

---

①　道光《直隶南雄州志》卷六《名宦列传·明·叶景龙》。
②　道光《新会县志》卷二《舆地·水利》。
③　光绪重刊本《潮州府志》卷二〇《堤防》。
④　民国《开平县志》卷一二《建置略六·水利》。
⑤　道光《直隶南雄州志》卷二二《艺文·陂文》。
⑥　咸丰《顺德县志》卷五《建置略三·堤筑》。
⑦　道光《直隶南雄州志》卷二二《艺文·陂文》。
⑧　嘉庆《澄海县志》卷一二《堤涵》。

人共同修建的,可灌田百余顷。① 清中叶,顺德县由"族姓"修建的堤围不少。如嘉庆二十三年(1818)该县高赞村的长乐围,为"梁姓"族人修筑,护田三十六顷。道光十七年(1837)昌教堡之金安围,为"胡姓"族人修筑,围上"烟户六万",是一项颇具规模之堤围工程。② 茂名县南陀村之应螺塘,是由该村"梁江两姓"族人按比例出资派工修成的,并按此比例享有该塘之受益份数,即"梁(姓)居三之二,江(姓)居三之一"③。此外,也有以"祖堂"出资的形式修建农田水利工程。如恩平县崩坎村的崩坎陂,是由该村"冯平冈祖堂建筑,自灌堂田"④,亦即由祖堂出资兴建的陂圳给予承种堂田之族人使用,维护族人利益于此可见。

4.由乡绅、士人及富裕大户修建。

明清时期广东各地由乡绅士人或富裕大户修建的堤围和陂塘等工程亦较为常见。这些乡绅大户一般经济实力雄厚,且往往出其自身利益,或彰显其社会功德,似乎都乐于带头出资并率众兴修农田水利工程,文献上亦不乏这方面的例子。如洪武年间南海县(后为顺德县)甘竹左滩之鸡公围,是由"里老陈博文创筑"。至万历年间由乡人黄岐山出资改建,通围"易以石堤,费至巨万"⑤,这是由乡中大户出巨资、建筑石堤较早的例子。万历初年,平远县黄畲大户刘光套出资"筑河陂水路八十余丈"⑥,为山区农田灌溉提供了条件。值得一提的是,万历十五年(1587)新会县中乐都大田围,是由该都乡绅廖文炳出巨资修筑而成的,可"护大田十余乡,灌田六百余顷"⑦,是明代本省乡绅投资建设的一项富有效益的大型堤围工程。雍正三年(1725)澄海县程洋冈乡被淤塞的前溪涵,是由本乡监生蔡玉月出资捐地修复完好的。该涵因"堤岸崩,涵沟沙淤",成为废涵。蔡玉月出资修复涵堤后,又捐出其在涵外之"粮园",并"开为大沟,(使)水得畅流"。乾隆二十三年

---

① 咸丰《琼山县志》卷三《舆地六·水利》。
② 以上参阅咸丰《顺德县志》卷五《建置略二·堤筑》。
③ 光绪《茂名县志》卷二《建置·陂堤》。
④ 民国《恩平县志》卷三《舆地二·陂圳》。
⑤ 咸丰《顺德县志》卷五《建置略二·堤筑》。
⑥ 嘉庆《平远县志》卷三《人物》。
⑦ 道光《新会县志》卷二《舆地·水利》。

(1758)蔡玉月又"捐资,同廪生黄仕亮纠合乡众,将(前溪涵)涵开沟砌石"①,由是乡民受惠其灌溉之利。又雍正六年(1728)海阳县(今潮州市)秋溪堤,是由富绅陈廷光出资改筑灰堤的。据称该堤长二千六百四十七丈,原为土堤,常遭洪水冲溃,为此该县"饶绅陈廷光捐筑灰堤"②,有效地保障了附堤广大农田与居民的安全。

5. 由民间集资或合股修建。

至迟在清初及其后,广东各地逐渐出现"集资兴筑"或"合股"修筑堤围和陂塘工程之热潮。如康熙年间龙门县出现了集资修建渠圳引水工程。据称为解决山区引水灌溉之难题,该县民间集资凿山开圳,引水灌田。其中该县"牛遥罗漱六(乡民)集资开凿龙口山,以引陈禾峒之水,通灌路溪西角"③之农田。这是广东民间集资修筑水利的较早记录。道光二十四年(1844)顺德县羊额堡大晚村围,是由乡举人卢纶中倡议"集资兴筑"的,其法是由该围收益业户集资修筑,通围"周三千六百丈,(置)闸大小凡九(座)"④,这是出于防洪涝、护农田之共同利益,由村民自愿集资兴建的堤围工程。

按股出资也是民间集资修建的另一种形式。合股对象可以是邻近之村落,也可以是业户本人。前者如道光十四年(1834)高明县三洲围,是由附近各乡村合股("按股科收")修复的,换言之,工程费用由各乡村按股数承担,即按"伦埔十股,铁冈十股,孔堂七股,科收筑复"⑤。后者如道光年间东莞县"万顷沙基围",是由附近各县大户"分股围筑"的。其法是由顺德大户温植亭将其原来占有的坐落在东莞万顷沙的沙坦六十余顷,"批与"南海大户邓嘉善、番禺大户郭进祥、香山(今中山)大户王居荣等"分股圈筑"⑥,终于拍成一大基围。

顺便指出,大约清中后期,广东沿海特别是粤西沿海似乎兴起了集资或合股修筑水利工程,而且开始采用新的建筑材料如钢铁、水泥等。如光绪年间恩平县采用合股形式,购置钢筋、水泥,修建新型的陂圳。该县北面五十五里之下凯冈、鹏冈等乡村,以"合股改筑"之形式,

---

① 光绪重刊《潮州府志》卷一八《水利》。
② 光绪重刊《潮州府志》卷二〇《堤防》。
③ 民国《龙门县志》卷一七《县事志·大事》。
④ 咸丰《顺德县志》卷五《建置略二·堤筑》。
⑤ 光绪《高明县志》卷一〇《水利志》。
⑥ 民国《东莞县志》卷九九《沙田志》。

将原来"被潦水冲塌"之"长枧、万顺两木陂",重新"用钢筋、三合土(即水泥)改筑石陂,名为长顺(陂)",由于采用新材料建筑,工程质量大为提高,故是陂"筑后免水旱之患"①,取得甚佳之效益。开平县横山堡乡民采用集资办法修建横山陂,据称该陂是由"堡人集资筑塞,灌田千余亩"②,保障了受益农户的正常生产。

三、官民协修形式

明清时期广东的官民协修或官民合修,是指官民以某种合作形式修筑农田水利工程。这些合作形式可以是官民按一定比例承担修筑工费,如有"官六民四"或"官二民一"的办法;也可以是"官给物料,民出夫役"的形式和办法。

1. 官民按比例承担修建工费。

这种方式有"官六民四"或"官二民一"等办法,似乎流行于西江下游各县,大多是在遭受特大洪灾、堤围溃决异常的情况下,为及时抢修决堤而采取"官民协修"的应急办法。如万历四十四年(1616)高要县遭到西江洪潦破坏,"诸堤多溃",省府即采取"官六民四"的出资办法,及时抢修堤基。奉总督、巡按之命,通判许学贤等亲自督修,其"工之费官六民四"分担,亦即由官府发帑承担修筑费用之六成,高要诸堤业户分摊修筑费用之四成,③这便是明代广东"官六民四"修堤的由来。除高要县实行"官六民四"的办法外,四会县则有"官二民一"的办法。该县丰乐围先是定出了修建工费的"官二民一章程",后来该县其他堤围也照此办理。据光绪十一年(1885)四会县东南隆伏围围绅张锡荷等报告称,"本围自光绪五年(1879)至今,连决四次,被患最苦,恳准照丰乐围官二民一章程,通融办理"④,亦即是隆伏围因"连决四次,被患最苦",准照"官二民一章程",通融办理修筑堤围工程。其"官二民一"之办法,大抵是指所修筑堤围之费用,应由官府承担三分之二,民户分担三分之一。就民户负担而言,四会县似乎比高要县(官六民四)略为减轻一点。

---

① 民国《恩平县志》卷三《舆地二·陂圳》。
② 民国《开平县志》卷一二《建置略六·水利》。
③ 参阅道光《高要县志》卷六《水利略·堤工》。
④ 光绪《四会县志》编四《水利志·围基》。

2.官给工料,民出夫役。

"材出于官,役取于民",这是官民协修之另一形式。明代以来,广东各地不乏这种修建形式之例子。具体而言,雍正年间海阳县(今潮州市)正是采取官给工料,民出夫役的办法抢修被洪水冲溃之堤岸。如雍正四年(1726)抢修江东东厢堤就是其中一例。该堤遭韩江洪水冲击,"为患最剧",海阳知县张士连奉道宪方新之命亲自督修,"议就其地(堤基)筑灰墙以杜渗泄,砌石矶以障狂澜",由"圩长各董其役,材出于官,役取于民",[①]换言之,是项工程"所需茆桩、灰石、工匠出之官捐,运土人工出之通乡田地派拨"[②],亦即实际用"费二千余金(两)"由官帑支付,"工役四万九千一百(人)"[③]按通乡业户田地金派。雍正八年(1730)海阳县鲤鱼沟堤亦采取同样的修建形式。清初该堤屡遭洪水冲溃,是年知县"奉檄修筑",责成"绅耆圩长董理之",工程所需"木石灰匠料价皆办自官",即工料"费银三千一百八十两"由官府承担,而"负土力役"则计受益"田亩出工",竣工后可"保卫庐舍二十八乡,良田三万余亩",[④]效益甚佳。以上是韩江三角洲的例子。珠江三角洲亦有同样的情况。如嘉庆四年(1799)清远县采取官民合修之形式,即官给工费,民出人夫,修筑清平围决堤。据载,是年该县城南之清平围被北江洪水冲崩"决口四段",县府决定官民合修决堤,"官给桩石以及木石工费,民出挑运人夫",会计"需用桩木石块以及木石共银一千六百三十六两",由官帑拨给,"派拨人夫"按"上六下四"原则摊派。所谓"上六"是指清平围"上四村"(即塘头等四村)派拨人夫六成;"下四"则指清平围"下八村"(即田心等八村)派拨四成,其中包括该围邻近之南海、番禺、花县(今花都)接壤民户也派拨一成,即"帮出一分"。[⑤]文献资料显示,这种官给工料,民出夫役的修建形式和办法,在其他地方亦较为常见。

值得指出的是,明清时期广东采取"官民协修"或"合修"的形式,似乎大多在遭受特大洪涝、堤围溃决异常的场合下实行的,是政府对

---

① 光绪《潮州府志》卷四一《艺文·碑》。
② 光绪《海阳县志》卷二一《建置略五·堤防》。
③ 光绪《潮州府志》卷四一《艺文·碑》。
④ 光绪《海阳县志》卷二一《建置略五·堤防》。
⑤ 光绪《清远县志》卷五《经政·水利》。

重灾区抢修被破坏农田水利设施的一种临时救助或补助的应急措施，是有一定的条件的，就救灾抢修而言，无疑有其积极的意义。在通常情况下仍然是实行"民修"为主的办法，甚至许多地方在遭遇严重水患时还要民户承担全部修筑工费，官府并无救助。所以说，官民协修只不过是一种补充的修建形式而已。

第二节　农田水利建设的集资方式

历史上农田水利工程建设需要有充足的人力、物力资源，以保证水利工程建设持续不断地发展。明清时期广东各地兴起修筑堤围、堤岸和陂塘渠圳的热潮，是与其从实际出发，采取灵活多样的修建形式，特别是广开集资渠道，充分调动官民两方面的积极性，采取多元化集资方式分不开的。这是一个明显的特点。兹分官府出资与民间集资两方面略述于下：

一、官府出资

明清时期农业税或田赋依然是国家财政的主要来源，是维持国家政权机构运转的经济基础，因此各级政府都十分重视农田水利建设，不仅加强了对水利工程的督修，而且也大力资助民间兴修水利工程。这是官府出资修建的一个重要原因。值得注意的是，官府出资修建的水利工程，大多是选择与广东发展农业息息相关，或为防御江河泛滥而引发洪涝潮灾患，或为遭受特大灾害破坏而应急抢修的工程项目。这些水利工程往往规模巨大，耗资甚多，而民间无法独自承担，需要政府全部或一部分出资。官府出资修建的渠道主要有动支"帑银"，即库银、借调库银生息、调拨其他款项及官员捐资等，其中以发帑银和官员捐资为重要来源。

1. 动支"帑银"。

动支"帑银"（即国库银两），这是明清时期官府出资修建农田水利工程的主要来源。就广东而言，自明初以来由各级官府动支"帑银"资助民间修筑水利工程，尤其是沿海堤围、堤岸工程的为数不少。现就各地发"帑银"修筑情况略作说明。在珠江三角洲，如前面所提及，明初南海县诸堤基遭洪水冲决,明政府根据县民请求,即下令"发帑大修"[①],及时资助民间抢筑竣工。这是由中央政府批准发帑银修筑的例子。由省府批准发帑银修筑的,如万历四十四年(1616)高要县发生特大洪灾,诸堤多被冲溃,总督周嘉谟即责成肇庆府官员督修,并"发帑"资助抢筑工程,共计帑金八千九百两,完成修筑圩堤三十九围,堤基三万零八百余丈[②],确保了堤内农田与居民的安全,效益显著。据载,明清时期珠江三角洲各府县获得各级官府"发帑银"资助修筑的大小水利工程颇多,可见,官府对这个迅速兴盛的经济重心地区的发展相当重视。

在韩江三角洲,此时期由各级总管府发帑银资助民间修筑抢筑堤基等水利工程亦不少。特别是府城以下沿韩江及支流的堤岸,屡遭洪水冲溃,在大灾民贫情况下,县府往往发帑银或物料修筑。如万历二十六年(1598)海阳县修筑许陇子堤即动支本县"条鞭银"资助。条鞭银即田赋银,是太仓库银的主要来源。由于县属许陇子堤经常遭洪水冲溃,致使大鉴溪淤塞,为将该溪"挑浚深广",县府准将附近龙溪一都条鞭银捐助一部分,作为修筑工费。其法是在龙溪都"条鞭银一千三百余两内,每两捐助银五分",以为"募工包浚"之费[③],这是利用条鞭银内捐助银支应修堤浚溪之工费。潮州府城南门堤和北门堤屡被洪水冲溃,明中叶以来府县曾多次发"帑金"资助修筑,如乾隆十一年(1746)潮州府为加固南门堤而改筑"灰堤",此役工程浩大,耗资甚多,官府大笔"动帑修筑南关至龙湖市灰堤一千零四十丈五尺,庵埠许陇涵灰堤一千一百零四丈五尺"[④]。同年,又发帑金改筑北门堤为"灰堤","自竹篙山脚起至凤城驿署止,高厚一式,北堤乃稍臻完固"[⑤]。可以认为,潮汕地区也是广东经济迅速发展的地区之一,地方政府大笔发帑银支持改筑灰堤,目的在于巩固三角洲之堤防,保证农业生产之正常发展,从而增加政府的财赋收入。

在粤西雷州沿海,明代以来,州县政府亦多次动支帑银修筑东洋

---

① 参阅光绪《四会县志》编四《水利志·围基》。
② 参阅道光《高要县志》卷六《水利略·堤工》。
③ 参阅光绪《潮州府志》卷四〇《艺文·论》。
④ 光绪《海阳县志》卷二一《建置略五·堤防》。
⑤ 光绪《海阳县志》卷二一《建置略五·堤防》。

长堤。如万历中海康县为修筑"咸潮决堤",获准"申请官银三千余两",将决堤"修而完之",①即重新修筑完固。清初,由于种种原因,东洋堤溃决严重,康熙三十五年(1696)福建巡抚郡人陈瑸以"堤岸岁久崩陷"向中央"奏请"大修堤岸,并获得准许。此次修筑工程"购料、鸠工"共"动支帑项银五千三百二十四两"②,终于将长堤"大加补筑",修复完固,在相当一段时间内起到了抗御风潮、捍卫洋田民居之作用。

2.借帑生息。

"借帑生息"即由官府借出"帑本银"让民间生息,帑本银按时归还府库,而以"帑息银"或息银作为修筑堤围、堤岸之工费,这是政府出资的又一途径。一般而言,政府借出的帑银或库银,除帑银外还有盐运司库银(即盐饷)、藩库、粮道库及关税等。将库银"借商生息"以为修筑经费之办法大约始于清初,之后凡特大堤围、堤岸修筑工程,耗资巨大,民间无法支应时似乎时有向省府申请,借帑生息,作为修筑费用。如乾隆元年(1736),乾隆皇帝根据广东督抚鄂尔达有关广肇二府围基"改用石工"之奏请,决定广州、肇庆二府"官备岁修围基,拨盐运司库银四万两,借商生息备用"③,亦即广肇二府之堤围由土堤改用石工,其"岁修"之经费由库银承担,办法是在盐运司库银中拨出四万两,"借商生息",以其息银支应岁修之费。

值得指出的是,虽然"官备岁修"之诏令只执行了七年便取消了,广肇二府之围基"仍改民修",但"借帑生息"之法依然保留下来,成为本省各级官府临时解决地方岁修经费不足之应急办法。如嘉庆二十二年(1817)为筹集南海、顺德桑园围之岁修经费,逐步将低薄浮松之土堤改筑石堤,总督阮元向朝廷奏请准"借帑款生息,以资岁修",嘉庆皇帝"准其"在藩库和粮道库中各"借支银四万两,发南海、顺德两县当商生息,每年所得息银以五千两归还原款,以四千六百两为岁修之资"④。次年,桑园围所定之"善后章程"对此作了概括的说明,称"借帑本银八万两"当商生息,"以五千两归还帑本,以四千六百两给予修堤,

---

① 康熙《海康县志》中卷《名宦志》。
② 道光《遂溪县志》卷二《水利》。
③ 光绪《四会县志》编一〇《杂事志·前事》。
④ 光绪《桑园围志》卷一《奏议》。

递年将此项银两择险要处修筑土堤,漆落石块"①。

以上可见帑息银之由来、目的及其用途。顺便指出,"借帑生息"是官府出资修筑的一种形式,似乎限于像桑园围这样特大而具有重要经济意义的堤围方享有这种优待,一般堤围的岁修工程则仍照"田例",规定"随时自行修补","不得借有岁修帑息银两推卸争执"。② 可以认为,政府借帑生息之法是有条件的,而且其资助面也很有限。

3.调拨其他款项。

调拨其他款项主要指榷金(盐饷)、关税、罚锾银及埠租、鱼苗、官坦租等项,明清王朝国家调拨这些款项作为修筑经费,主要是堤围、堤岸,无疑是因地制宜解决地方日趋紧缺的修筑资金困难的应急办法,这也是政府出资修建的又一形式。以下依次略作说明。

榷金,即盐饷,是地方财税的一项重要收入。明中叶以来,广东省府每遇地方修筑经费紧缺时,往往调拨榷金作为资助修筑的应急办法。正德中叶,御史杨琠奏准调拨榷金重修"溃决无常"之海阳县堤防就是其中一例。早在弘治年间,海阳县南门堤和北门堤等屡遭洪水冲决达六七次之多,为巩固二堤堤防起见,御史杨琠向朝廷奏请调拨榷金重修堤基,获得批准。海阳县南北门二堤即利用郡城广济桥"盐榷三千金(两)"作为大修经费,二堤先后兴工,"甃以石,增拓加倍"③,相当完固,为确保当地农业生产与居民安全起了重要作用。

关税,这里是指地方在交通要道征收来往行商货物及车船之税项,也是地方财税的另一项重要收入。如同上述榷金情况一样,广东省府亦时有调拨关税银作为解决地方修筑经费困难之举措。清初以来,海阳县即动支关税银修筑沿海诸堤岸。乾隆十一年(1746),为加固海阳北堤(即海阳大堤)起见,潮州府奏准调拨本府"关税生息项下"银两,以解决修筑工费不足之困难。是年兴工,规模巨大,购灰雇工,"创用唇灰筑堤",④改土堤为灰堤,十分坚固,有效地捍卫了沿堤海阳、潮阳、揭阳、饶平、澄海、普宁六县农田居室及水上运输之安全。海阳其他河堤亦同样动支关税银修筑,直到乾隆十六年(1751)而止。史称

① 光绪《桑园围志》卷一一《章程》。
② 光绪《桑园围志》卷一一《章程》。
③ 光绪《海阳县志》卷三六《列传五·杨琠》。
④ 光绪《潮州府志》卷二〇《堤防》。

"海阳县东南北沿河三面堤工,向原酌拨岁修,在关税生息项下动支,(直至)乾隆十六年停止"①。

赎锾,又称"罚锾"或"罚赎",实际上是一种赎罪银或罚金,归府库所有。王朝国家调拨赎锾银或罚金,归府库所有。国家调拨赎锾银修筑亦是解决地方岁修经费困难的又一种权宜应急之措施。明中叶以来,广东省府常常拨出赎锾银作为资助地方修筑之费用。如嘉靖三十四年(1555)粤东惠来县即利用"罚赎"银修筑城河长堤,计"砌石筑堤"七千余丈。② 万历四十四年(1616)高要县洪水为患,诸堤多决,总督周嘉谟"疏诸蠲免田粮,复留罚锾(银)助筑,民赖少甦"③,即利用罚锾银帮助该县抢修被冲决之堤基,使当地生产和居民生活恢复正常。万历四十六年(1618),西、北江又发生特大洪灾,"南海、三水、高要、四会、高明等县"被洪涛"冲决堤围三万九千五百八十余丈",损失空前惨重。在灾重民困严峻形势下,总督周嘉谟再次向朝廷奏准调拨赎锾银紧急抢救珠江三角洲出险堤围。据称是时督抚"将抚按解留赎锾银两动交一万一千三百六十一两七钱七分零,筑完圩基一百七十五处"④。这是明代广东最大一笔政府拨款资助珠江三角洲抢修堤围的典型事例。清代亦时有拨出"罚锾"作为帮助地方修筑农田水利工程之应急办法。如雍正八年(1730)海阳县修筑水南鲤鱼沟堤就是其中一例。是年巡道刘运鼐和知府胡恂为解决该县鲤鱼沟堤修筑工费问题,向朝廷请准出库资修筑。据载,此项修堤工程"奉檄修筑",所用"木石灰匠料价皆办自官",力役则"按田亩出工",计费银三千一百八十余两,其中"出罚锾者一千三百二十(两)"⑤,亦即在官府拨款中有一千三百二十两为罚锾银。

埠租,是对沿海沿江鱼埠、鸭埠征收的税项。明初以来,广东珠江三角洲等沿海地带多以捕鱼、养鸭为业,称之为鱼埠、鸭埠,地方官府对其征税称为"埠租"。大约自明中叶以后,由于水患日趋增多,被冲毁的堤围、堤岸修筑工程也日益增多,被冲毁的堤围、堤岸修筑工程也

① 光绪《潮州府志》卷二〇《堤防》。
② 参阅雍正《惠来县志》卷一七《艺文上》。
③ 宣统《高要县志》卷二五《旧闻篇》。
④ 《明神宗实录》卷五六七,万历四十六年三月辛酉。
⑤ 光绪《海阳县志》卷二一《建置略五·堤防》。

日益繁剧,地方官府为解决民间岁修经费之困难,亦时有调拨埠租一项,以为临时应急之计。据乾隆元年(1736)"上谕"称,"广东山海舆区,贫民岁以捕鱼为业","在查粤东有埠租一项,亦民间自收之微利,前经地方官通查归公,为凑修围基之费"。① 这说明广东官府在以往曾调拨过埠租一项,作为解决地方修筑围基之经费。

"鱼苗",与鱼埠有密切联系,西江下游至三角洲沿岸,每逢春季盛产各种鱼花或鱼苗,地方官府按埠抽税,归财税收入。明代以来广东亦常常调拨"鱼苗"一项,作为资助地方岁修之权宜措施。如高明县就是其中一例。该县清溪、罗格、阮冲等各大堤围外咸产鱼苗,官府时常将"鱼苗之利"作为"整(筑)堤费用",即拨作修堤费用。②

高要县亦有将"鱼苗"一项当做修堤之费。如万历九年(1581)肇庆知府王伴为资助高要县开凿跃龙窦及修渠工程,调拨肇庆"港口上下鱼苗十一埠及梧州二渡输饷之羡,与窦坦铺租岁获二十金(两)",作为此项工程之修筑经费。③ 可见,除拨出"鱼苗"一项外,还有渡饷、窦坦铺租银等,这都是政府出资修筑堤围的又一种形式。

官坦,是指官坦租,是民户承耕新围垦而缴纳之地租。省府拨出官坦租也是解决地方岁修经费不足的办法。如道光年间,督抚为解决新会县天河围岁修经费困难问题,拨出县属黄布臀官坦租作为岁修工费。据载,嘉庆以来新会县天河等围遭洪水冲决,而修筑经费异常短缺,为此,道光元年(1821)天河围绅士"为筹久远计",即解决岁修经费问题,向省府联恳"拨给县属黄布臀官坦八顷二十五亩零,以为岁修基费"。及至道光七年(1827)天河围的请求终获批准,自始"蒙发给藩照得租,永作岁修基费"④。省府拨出这片官坦给天河围收租,是作为长期岁修经费之用。

此外,还有官租银、渡饷和基堤果树等。官租银是指对堤岸或窦坦上开设的商铺所征收的税银,地方官府亦时有调拨这些税银,以济民间岁修工程之急需。如乾隆二十四年(1759)海阳县向朝廷奏准调拨本县"官租银"作为河堤岁修之费用。规定自始将北濠等商铺征收

---

① 光绪《广州府志》卷三《训典三》。
② 参阅道光《肇庆府志》卷四《舆地一三·水利》。
③ 参阅道光《高要县志》卷六《水利略·堤工》。
④ 道光《新会县志》卷二《舆地·水利》。

之官租银,"递年积贮县库,以备堤工岁抢修之用"①。这是以堤岸上商铺缴纳的税银充当岁修之费用。至于利用窦坦铺租银及渡饷银作为修筑费用,上述高要县早在万历初年修筑跃龙窦及渠道工程就采用了这种办法,即拨出高要窦坦铺租银与梧州渡饷银支应修筑费用。值得一提的是,广东各级官府不仅鼓励民间栽种基堤果树,甚至将官种的基堤果树也作为"养基费",即修堤经费,以解决民间岁修费用之困难。如光绪六年(1880),肇庆知府招募为支持高要县抢筑"倾陷"严重之堤基,主动"捐廉修复,并栽植果树为养基之费"②。史称这位知府"捐(廉)修(筑)景福围,堤工竣,(亲自)植龙眼三千六百株,为养基费,至今赖之"③。时人林庆春亦称颂他捐廉植果树以"备岁修费"之义举。

4.官员捐资。

官员捐资修建农田水利,也是官府出资的重要渠道,因为官员的薪俸或养廉银是出自帑银(库银)的。历史上广东官员捐资修建水利工程十分踊跃,尤其是明清以来更为突出,文献上有关"总督以下各捐金有差"④或"道府而下,爱及同官,莫不捐俸以为之倡"⑤的记载,不胜枚举。官员捐资或倡捐,通常是规模较大而又比较重要的水利工程,或遭受水患损失惨重的水利工程,或灾重民困、民间无力修筑的水利工程等。综观各级官员捐资修建的形式,大体上有以下几种。

(1)大型水利工程项目捐出巨资。明代广东官员捐资修建情况,因资料所限尚不清楚。清代这一方面有不少例子,其中最典型的是上述康熙年间福建巡抚雷州人陈瑸一次捐出"己廉银五千两",作为重修自海康至遂溪之东洋堤的经费。先是康熙中年陈瑸奏准动支帑银修筑东洋堤,后来他又奏请"愿将己廉银五千两交粤省督臣,添采木料、砖石,以求(东洋堤修筑)永固",这项捐资终于康熙五十六年(1717)"奉旨准奏"。⑥ 雍正五年(1727)饶平县举人陈廷光捐银七千余两修筑隆都上堡堤。此项捐款是将全场五千六百四十四丈之"土堤"改筑成

---

① 光绪《潮州府志》卷二〇《堤防》。
② 宣统《高要县志》卷五《地理篇·水利·堤工》。
③ 宣统《高要县志》卷五《地理篇·水利·堤工》。
④ 道光《高要县志》卷六《水利略·堤工》。
⑤ 光绪《海阳县志》卷二一《建置略五·堤防》。
⑥ 道光《遂溪县志》卷二《水利》。

"灰堤",由是堤岸更为坚固。① 以上是清初官员捐巨资修筑粤西和粤东沿海大型堤防工程最具代表性之例子。

(2)较大型水利工程捐出部分资金。这在广东沿海堤围、堤防修建中是较为常见的。如清初海阳县东厢上游堤,长一千三百零七丈,乾隆八年(1743)知府宋介圭奏准"动帑"改筑土堤为灰堤九百七十八丈。乾隆十九年(1754)巡道金烈在此基础上"捐筑灰堤三百二十九丈"②,至此完成了该堤改筑灰堤的任务,其捐资金额约为全部工程费用之四分之一。道光十四年(1834)顺德县进士黄迪光、麦时麦等"倡捐"修筑龙潭村马营围,筑堤八百八十六丈,建闸工,"费银三千余两"③。道光十九年(1839)新会县知县林星章以天河围岁修费用不敷支,带头"捐廉银一千两倡修",并鼓励乡人尽力捐输,遂将堤围修复完好,"围民赖以安"。④ 像这一类由各级官员捐修部分较大型水利工程项目,在广东沿海各地是较为常见的。

(3)经常为本地某项大型水利工程捐资。由本地官员固定为某项大型工程捐资修建亦时有记载,其中有代表性的是高要县官吏经常为景福围捐资修筑。景福围绵亘五十余里,是一项"要且巨"之大堤围,由于基身低薄,屡遭洪水冲决,"必须于基堤内外密筑基柱",方保堤基安全。但修筑工程浩大,需费甚巨,为此肇庆知府"倡捐景福围基经费",该府"递年捐银一百两,黄江厂吏亦递年捐银一百两",共二百两作为岁修费用,如此"年复一年,捐无停止",由是该围"基柱愈筑愈密",堤基坚实,确保"田园无浸"。⑤ 这是肇庆府官吏为景福围经常捐资修建之情形,并有《官吏常捐景福围基经费碑记》留于世。

(4)经常为山区各项小型水利工程捐资。明清时期在广东粤北山区等地任职的府县官员,亦经常为本地兴修水利而捐资或倡捐,以推动或鼓励民间大力修筑水利工程。其中,最具代表性的是嘉庆年间(1796—1820)南雄直隶州知州罗含章。他在任期间,最突出的政绩就

---

① 参阅光绪《潮州府志》卷二〇《堤防》。

② 光绪《海阳县志》卷二一《建置略五·堤防》。

③ 咸丰《顺德县志》卷五《建置略·堤筑》。

④ 道光《新会县志》卷二《舆地·水利》。

⑤ 宣统《高要县志》卷五《地理篇·水利·堤工》。刘正刚按:所谓黄江厂,据宣统《高要县志》卷六《营建篇》记载为:"黄江厂在城西七里,明万历五年总督凌云翼以罗旁寇平,许民入山伐木,设厂验税,以充军饷。"

是督修农田水利，卓有成效。鉴于南雄州自然条件恶劣，人民生活贫困，他带领该州人民积极兴修水利，大力发展农业生产，改善人民生活环境。他亲自踏勘、规划并带头"捐廉、倡筑新旧陂塘四十六处"[①]，这是明清以来广东地方官员为山区建设，捐资或倡捐修筑陂塘工程项目最多的典型例子。兹将其捐资或倡捐修筑陂塘之名称、捐资数目及效益列表于下：

表1　知州罗含章捐资筑陂简表[②]

陂塘名	捐资数目	灌溉面积
同丰陂	捐廉钱百千	二千余亩
安丰陂	捐廉为倡	洋湖五堡数百亩
和丰陂	倡捐廉钱十千	千余亩
瑞丰陂	捐万钱为倡	六百余石之田
祥丰陂	捐廉为倡	长实头等四村田
茂丰陂	捐钱三万	七百余亩
益丰陂	捐钱二万	茅庄圩等七村田
成丰陂	捐廉钱助之	打铁排村田
庆丰陂	捐廉万钱	二百余亩
兆丰陂	捐廉五千为倡	塘村田
晋丰陂	倡捐廉钱五千	二百余石之田
咸丰陂	捐廉钱百千以助	二千余亩
汇丰陂	捐万钱	二千余石之田

以上就明清时期广东官府出资修建农田水利工程的形式做了概括说明，其中以官帑，特别是官员捐资为重要形式，调拨其他款项只是一种补充形式。由此可见，各级官府对修筑农田水利的重视，究其目的与原因，主要是确保赋税之收入。农业是国民经济的基础，田赋是财税的主要来源，而农田水利建设则是发展农业生产之前提条件，故

---

①　道光《直隶南雄州志》卷二一《艺文·文纪》和卷二二《艺文·陂文》。

②　本表列举有记载"捐廉"、"倡捐"之陂塘部分，参阅道光《直隶南雄州志》卷二一《艺文·文纪》和卷二二《艺文·陂文》。

各级官府及官员无不将兴修水利、发展农业生产作为当务之急。这无疑是官府出资或官员捐资修建水利工程之出发点与归宿。其次是稳定社会秩序,防止动乱。自明中叶尤其清中叶以来,广东水灾日益严重,各地堤围、堤防与陂塘渠圳遭到了极大的破坏,灾重民困情况下,人民无力抢修水利设施,甚至一些地方出现动乱。王朝统治者已意识到这一点,并设法防患于未然。正德年间监察御史杨琠在奏请拨帑银抢修韩江下游溃决堤岸时指出,今"见四方盗贼蜂起,贻宵旰忧,究其所自,皆由害将至而不为之备,患将作为不为之防,以致溃决而不可为也"。又云"夫水火盗贼为害一也",朝廷"以本官生长是邦,所见必修",①予以准奏。由此可见,杨琠奏请拨帑银修筑堤岸亦包含了稳定粤东社会秩序,防止动乱之目的,具有一定的代表性。当然,无论官府出资或官员倡捐修筑水利工程,客观上也有利于恢复和促进社会农业经济的发展。

二、民间集资渠道

明清时期广东各地农田水利工程建设,就总体而言是本着"民堤民修"或"民筑民修"②之原则,主要依靠民间集资方式进行修建,官府出资则是次要的,似乎是一种"助筑"或补充而已。关于这一点,万历十六年(1588)杨起元在《修复高要县堤岸记》中已作了概括的说明,所谓"近堤经费,田亩所受,醵其金为等,不足则公帑继之"③。其意是说,高要县的堤围工程乃按田亩出资修筑,不足部分则由"公帑"补给,亦即仍以民间集资修筑为主。清承明制,除了乾隆元年至七年(1736—1742)一度实行"官修"之外,依然实行"民修"制度。乾隆七年诏令称,"上谕军机大臣等,广东广(州府)肇(庆府)围基向来原系民修,相安无事,后经(总督)鄂尔达奏请改为官修"④,即乾隆元年鄂尔达奏准"官备岁修围基",至七年"诏议围基仍改民修"⑤,取消了"官修"的办法,直至终清之世。兹将明清以来广东民间集资修筑农田水利的情况略述于下。

---

① 光绪《海阳县志》卷三六《列传五·杨琠》。
② 道光《高要县志》卷六《水利略·堤工》,光绪《四会县志》编四《水利志·围基》。
③ 宣统《高要县志》卷二三《金石篇》。
④ 光绪《广州府志》卷三《训典三》。
⑤ 光绪《四会县志》编一〇《杂事志·前事》。

1. 按亩起科或按户出夫。

这是明清时期广东各地修筑农田水利最普遍和最基本的形式。换言之，广东各地农田水利建设的经费和劳动力主要是由广大农民（即业户和佃户）来承担的。官府出资与官员捐资在一定条件下虽然也很重要，且起了一定的作用，但其仅居次要的地位。值得指出的是，明初以来，广东各地按亩起科与按户出夫的编派方式有一个演变发展过程。大体而言，明初至迟于永乐十七年(1419)珠江三角洲高明县便实行"按田敛赀"的修筑办法，①即计田出资作为修筑堤围的经费。这是明清时期广东按田出资修筑水利工程的最早记载。南海县这一期间有"各堡助工之举"②，即由各堡派夫修筑，其编派原则（按田或按户）尚不清楚。明中叶成化年间，南海县"始有论粮助筑"③之法，开始按税粮出资或派工修筑。嘉靖二十七(1548)东莞县实行"随丁田出力"修筑东江堤的办法，似乎以丁和田作为编派依据（即有丁出夫，有田出资），具体的科派数字仍无从稽考。

值得注意的是，万历二十六年(1598)韩江三角洲海阳、揭阳、澄海等县采取"按田据金筑堤"的办法，实际上是采取按税粮摊派经费的修筑形式，其中海阳县龙溪都是在本都"条鞭银（即田赋银）一千三百两内，每两捐助银五分"④，作为修筑费用，亦即按税粮银或田赋银每两摊派五分白银。这是明代广东按税粮科派岁修银最早有具体数字可考的实例。万历年间及其后，珠江三角洲各县大多实行"计亩派筑"或"照税起科修筑"的办法，即按受益田亩或田赋编派岁修经费及夫役。但似乎都没有实际编派数字的记录，所以无从知晓当时农民对岁修费用的负担量。这种情况直到清乾嘉年间才有明确的记载。乾隆四十四年(1779)南海、顺德修筑吉赞横基堤围，"论粮均派"，定议"每条银起科制钱三百五十文"⑤。乾隆五十九年(1794)通修桑园围全围，采取"因税定额"、"论粮科银"之办法，规定"每条银一两起科七两"，合计"五万四千四百余两"⑥。以上两例皆为南海、顺德二县修筑桑园围"论

---

① 参阅光绪《肇庆府志》卷四《舆地·水利》。
② 光绪《桑园围志》卷八《起科》。
③ 光绪《桑园围志》卷八《起科》。
④ 光绪《潮州府志》卷四〇《艺文·论》。
⑤ 光绪《桑园围志》卷八《起科》。
⑥ 光绪《桑园围志》卷八《起科》。

粮科银"且有具体数字之实例,但前后科派数轻重有别,究其原因,前者似乎较轻,"是时风尚质朴,徒役简、稽工勤而物贱,故科费无多而大工克就"①。后者特别奇重,"几乎病艮",但此役系通围大修,需费甚巨,按税粮科派故有条银一两派七两之重负。只是在实际执行中,则灵活变通,除从田亩起科外,还由富裕大户捐资凑数,以减轻一般业户的负担。故史称"然额虽以粮定,实由殷富捐资充数,不至累及贫户,于指定经费之中寓因时制宜之义,法至良也"②。大约同一时间,四会县岁修科费"每亩派银二分六厘"③。嘉庆年间,粤北山区修筑陂塘亦多按亩出钱,其科费因时因地因工程难易而异,如嘉庆二十一年(1816)南雄州新开同丰陂,工程较大,由五保村按"亩捐钱千五百"文,以为开陂工费。④ 次年,该州重修元丰陂,工程一般,由七村农户"按亩出钱五百文"⑤。可见,二者皆按修陂工程费用计亩摊派,故实际科费大不相同,这种情形与南海、顺德修堤科费之轻重差别大致一样,这是值得注意的。

值得指出的是,自清中叶以来,广东沿海堤围岁修科费大多采取按亩科银的办法,而且其科派数似乎在不断增加。如乾隆五十九年(1794),四会县岁修"每亩派银二分六厘"⑥。道光二十四年(1844),南海、顺德二县"向例按亩起科",每亩派银约七分。⑦ 同治三年(1864),该二县每亩派银增至约一钱,⑧及至光绪六年(1880)又增至"每亩科银一钱五分"⑨。可见从道光末年至光绪初年,南顺二县堤围岁修科费从每亩派银约七分增至一钱五分,即三十四年间增加一倍以上,由此说明一般农户承担修堤费用的重负。兹将明清时期广东各地修筑堤围、陂塘工程费用及工役的编派情况列简表于下,以供参考。

---

① 光绪《桑园围志》卷八《起科》。
② 光绪《桑园围志》卷八《起科》。
③ 光绪《四会县志》编四《水利志·围基》。
④ 道光《直隶南雄州志》卷二一《艺文·文纪》。
⑤ 道光《直隶南雄州志》卷二二《艺文·陂文》。
⑥ 光绪《四会县志》编四《水利志·围基》。
⑦ 光绪《桑园围志》卷八《起科》。
⑧ 光绪《桑园围志》卷八《起科》。
⑨ 光绪《桑园围志》卷八《起科》。

表2 明清时期广东各地修筑堤围费用及工役编派简表

年代	地区与水利工程	费用及工役编派	资料来源
永乐年间	南海县桑园围	"各堡助工"修筑	光绪《桑园围志》卷八《起科》
永乐十七年（1419）	高明县大沙堤	"按田敛赀，买石砌窦"	光绪《肇庆府志》卷四《舆地·水利》
成化年间	南海县桑园围	"始有论粮助筑"	光绪《桑园围志》卷八《起科》
弘治年间	海阳等县三利溪	"籍丁夫修筑"	光绪《潮州府志》卷四一《艺文·记》
嘉靖二十七年（1548）	东莞县东江堤	"随丁田出力修补"	民国《东莞县志》卷二一《堤渠》
万历二十六年（1598）	海阳、揭阳、澄海等县堤岸	"按田据金筑堤"，于条鞭银内"每两捐助银五分"	光绪《潮州府志》卷四〇《艺文·论》
万历四十年（1612）	南海县海舟堤	"皆十堡计亩派筑"	光绪《桑园围志》卷一五《艺文》
崇祯年间	高明县白鹤堤	"照税超科修筑"	光绪《肇庆府志》卷四《舆地·水利》
康熙年间	南海、顺德县桑园围	"按粮均筑"	光绪《桑园围志》卷八《起科》
康熙四十年（1701）	高要县堤围	"按税米多寡计分堤工"	道光《高要县志》卷六《水利略·堤工》
雍正年间	海丰县杨安都长堤	"计亩出钱，计户出力"	光绪《惠州府志》卷二九《人物·名宦》
乾隆四十四年（1779）	南海、顺德县桑园横基	"每两条银起科制钱三百五十文"	光绪《桑园围志》卷八《起科》

年代	地区与水利工程	费用及工役编派	资料来源
乾隆五十九年(1794)	南海、顺德县桑园围 四会县湖尾基塘	"因税定额,每条银一两起科七两" "每亩派银二分六厘"	光绪《桑园围志》卷八《起科》 光绪《四会县志》编四《水利志·围基》
嘉庆六年(1801)	四会县山酒基塘	"每亩派银一分五厘"	光绪《四会县志》编四《水利志·围基》
嘉庆二十一年(1816)	直隶南雄州同丰陂	"亩出钱千五百(文)以为工赀"	道光《直隶南雄州志》卷二一《艺文·文纪》
嘉庆二十二年(1817)	直隶南雄州九丰陂	"按亩出钱五百文"	道光《直隶南雄州志》卷二二《艺文·陂文》
道光二十四年(1844)	南海、顺德县桑园围	"向例按亩起科,得银一万四千两",每亩科银约五分①	同治《南海县志》卷七《江防略补·围基》
同治三年(1864)	南海县桑园玉带围	按亩起科,"得银二万余两",每亩科银约一钱	同治《南海县志》卷七《江防略补·围基》
光绪六年(1880)	南海、顺德县桑园围	"每亩科银一钱五分"	光绪《桑园围志》卷八《起科》

2.乡绅、富户捐资。

这是广东民间集资兴修水利工程的重要渠道之一。明代以来,由各地乡绅及富裕大户出资或捐资修建的堤围和陂塘工程颇多,其中比

---

① 本资料系桑园围"赋税二千余顷"推算,见光绪《桑园围志》卷八《起科》。

较突出的,如万历十五年(1587)新会县中乐都乡绅廖文炳出资修建的大田围,可"护大田十余乡,灌田六百余顷"①。这对促进当地的农田水利建设,发展农业生产,无疑起了推动作用。万历年间,化州东岸人乡绅颜观光捐资百两,"疏凿水道",使东岸田千顷受其灌溉之利。②这项水利工程对开发丘陵、高地的农副业经济具有积极意义。雍正五年(1727)饶平县隆都举人出身之"饶绅"陈廷光"捐银七千余两",修建上堡堤,首次使用"蜃灰筑堤",全长五千六百四十四丈,是一项质量较高的大型堤岸工程。③道光九年(1829),南海士伍元薇"先后报捐银三万三千两",修复桑园围上游位于云津堡之魁冈围及蚬壕、雄旗两围之决堤,使"南、三、顺三邑下流"之农田与居民免受水灾之害。④这是清代珠江三角洲最大的一笔乡绅捐资修筑围基,对恢复和发展粮产区与基塘经济起了积极作用。以上是明清时期在粤东西由乡绅大户捐巨资修建大型堤围、堤岸与渠圳水利工程的典型例子。

富裕或富豪大户捐资修筑水利工程亦相当可观,他们捐出巨资为堤防兴建许多堤围、堤岸和陂塘工程,其业绩与效益比之乡绅所为更是有过之而无不及。这是广东民间集资修筑的一个特色。兹以南北各地有代表性例子略作说明。如万历年间顺德县甘竹左滩富豪黄岐山出巨资修筑鸡公围,将全围土堤改筑,"易以石堤,费至巨万"⑤。这是明代珠江三角洲由富豪大户捐资修筑全围石堤最早的例子之一。清初以后,各界富户以各种形式捐资修筑水利工程不仅数量增加,而且款项巨大。如雍正十三年(1735)澄海县修筑遭飓风破坏之邦砂堤,苏湾都盐灶乡大户李嵩业响应"捐田为基"⑥,即捐出其田作为新修之堤基。这是各地常见的一种"捐助"修筑水利工程的形式。乾隆中年开平县波罗乡富户周肇基"出资修筑"虾山陂,可"灌田数十顷"⑦,是一项规模较大的陂圳工程。值得一提的是,嘉庆二十五年(1820)南海县富商之家出身的富豪伍元兰、伍元芝"请捐银六万两",与新会县富豪

---

①　道光《新会县志》卷三《舆地·水利》。
②　光绪重修《化州志》卷九《列传》。
③　参阅光绪重刊本《潮州府志》卷二〇《堤防》。
④　参阅光绪《广州府志》卷六九《建置略六·江防》。
⑤　咸丰《顺德县志》卷五《建置略二·堤筑》。
⑥　嘉庆《澄海县志》卷一二《堤涵》。
⑦　民国《开平县志》卷一二《建置略六·水利》。

卢文锦"请捐银四万两",共十万两,由总督阮元会同巡抚康绍镛向朝廷奏准利用该捐款将桑园围通围大修一遍,^①于"险处"堤基"改筑石堤",即以大条石叠实加厚或以大石圳砌筑石坡,据统计此项工程"共叠石一千六百余文,护石二千三百余文","用银七万五千两"。^② 这是清中叶珠江三角洲大规模砌筑石堤的重要举措,对加固堤防、提高其抗洪能力,起到了重要作用。

　　大概由于乾嘉以来,洪涝水患日趋频繁,各县堤围修筑任务繁剧,自然修筑费用与日俱增,除按田科派以外,还要靠"殷户捐助"。道府县官员对此极力动员富户倡捐。南海、顺德等县尤为积极。如乾隆中年新会县为修筑经常"崩陷"之天河围顶冲堤基,动员各界人士、富户以"劝捐"筹集经费,据统计从乾隆四十九年(1784)至嘉庆二十三年(1818)间,仅该县中乐都便捐出"二万余两"助筑,用于"建水闸,修围堤"工程。^③ 乾隆五十九年(1794)南海县李君针对是年六月桑园东西围被西潦冲"决廿余处",东西各围修筑工费剧增,加之"是岁歉收",故大力倡议富户捐资,"令小康者按亩派费,富厚者从厚捐赏",^④以解决修筑工费紧缺之难题。此外,二县还大致"定议"富户"加捐"之数额,"遂定顺邑一万五千(两),南邑三万五千(两),合成五万之数"^⑤。这种由一般业户按亩派费与富裕大户捐资相结合的修筑模式,对顺利完成各堤围大修工程确乎在物质上起了重要的保证作用,因此多为后人所仿效,且各界富裕大户捐资助筑受到鼓励。道光十四年(1834)南海县三江司富户陈铸为资助修筑马步埠围决堤,慷慨"捐银二千两"赞助修堤工程,该围竣工后"较前完固,遂少坍卸"^⑥。道光二十六年(1846)南海县桑园白饭围遭洪涝"频崩决",必须通围大修,其集资修筑方式亦"是从田亩起科,向殷户签助"^⑦,即要富户出资助筑。咸丰四年(1854)南海县富有庄围的修筑工程,同样"按亩起科,再得殷户捐助筑成"^⑧。

　　① 参阅光绪《广州府志》卷六九《建置略六·江防》。
　　② 光绪《桑园围志》卷一五《艺文》,阮元《新建南海县桑园围石堤碎记》。
　　③ 参阅道光《新会县志》卷二《舆地·水利》。
　　④ 民国重刊《顺德龙江乡志》卷五《杂著》。
　　⑤ 民国重刊《顺德龙江乡志》卷五《杂著》。
　　⑥ 同治《南海县志》卷七《江防略补·围基》。
　　⑦ 同治《南海县志》卷七《江防略补·围基》。
　　⑧ 同治《南海县志》卷七《江防略补·围基》。

咸丰六年(1856)为重修海阳县潘刘涵堤工程,除照例向民间派费外,道府官员还带头捐俸并动员富裕大户捐资助筑,所谓"道府向下爱及同官,莫不捐俸以为之倡,然后劝捐于合邑之殷富以集其赀"①,取得颇佳效果。此项工程规模浩大,但进展顺利,达到了预期目的,合计用银二万五千三百余两,钱三千二百四十余千文。值得一提的是,在海外经商致富的侨商,亦大力捐资赞助家乡修筑水利工程。如光绪年间嘉应州在南洋经商致富的大户李步南,为资助家乡修筑堤岸"捐千金与数千金(两)"兴建"上坝头之河堤"②,得到了乡人的称颂。

以上由各界殷实富裕大户乐于捐资助筑的事例,在本省各地记载中是屡见不鲜的。究其原因,一是由于政府的鼓励,各级官员带头倡捐,也动员和激励富户捐资,特别是清中叶以来,政府发给"花红匾额"和"功牌",以表彰"劝捐集事"之有功者,起到了积极的作用。③ 二是出于自身经济利益考虑,因为各界殷实大户都有许多土地和房产,他们捐资助筑当然有利于本地农田水利建设,促进农业经济的发展,但亦包含有维护其经济利益的一面,这是不言而喻的。三是乐于为家乡出力办好事,历史上各界殷富大户似乎都有这种好的传统,尤其在兴修农田水利工程或遭灾遇险救筑方面,更有突出的表现,这是值得肯定的。

3. 以族田、祖尝、义田租等形式修筑。

这是以宗族或族姓之形式进行修建水利工程的一种经费来源。文献表明,广东各地有不少这方面的记载。如明代以来,开平县罗汉山东麓潭边院之谢氏大族,便以其族产"就冈田(上)筑禾镰陂",是一项规模较大的陂圳工程,可资"灌田百顷",④直至清末民初还发挥其经济效益。康熙三十年(1691)南雄直隶州重修有悠久历史之凌陂工程,是以当地族姓所捐置义田租作为修陂之费用。据称附近马铁石、羊角苓等村共捐"义田租二百九十石为修陂之费"⑤,陂头上建有一祠专记其事。嘉庆年间该州修建同丰陂,同样由当地族姓"捐置义田"作为

---

① 光绪《海阳县志》卷二一《建置略五·堤防》。
② 光绪《嘉应州志》卷二三《新辑人物志》。
③ 参阅光绪《四会县志》编四《水利志·围基》,道光三年和光绪六年之记载。
④ 民国《开平县志》卷一二《建置略六·水利》。
⑤ 道光《直隶南雄州志》卷一○《水利》。

修陂经费。① 清中叶以后,粤西沿海州县利用公田、祖尝修筑农田水利工程亦颇为流行,如阳江县雁村都縣阳峒乡,便以"公田"所入作为修筑陂圳之费用,该乡村民先是"捐金"修建青礀陂,然后以其公田所入作为修筑费用,谓"有公田一坵,农户轮耕,以为递年修筑之费"②,即以公田所入作为每年修陂费用。恩平县崩坎村则以"祖尝"修筑陂圳,该村冯氏修建的崩坎陂正是由"冯平冈祖堂建筑,自灌(本族)堂田"③。可以认为,明清时期广东各地乡村族姓往往利用族田、祖尝、义田租等产业修筑陂圳水利工程,以供本村族人灌溉之利,这是民间颇为常见的一种集资修筑的形式。

4.集体出资或"合股"出资。

这也是明清时期广东各地时兴修筑农田水利工程的一种集资形式。从相关记载来看,明代情况尚不清楚,但自清初以来各地采取多式多样的集资形式相继出现,其法似乎更加灵活,从传统的乡民"合捐"、"集赀",演变到由参与户的集资,或按股出资与合股出资等,由是亦促进了新材料与新技术的应用。如乾隆十二年(1747),顺德县黄连堡扶间村由乡民集资修筑堤围,其法是该村先是将筑围计划"请于县",然后由村长集资,"乡众踊跃合捐资千六百(两)"④,而将围筑成名曰扶间村围,该围直到清末还完好并发挥其经济效益。嘉庆二十一年(1816),南雄直隶州莲塘凹村集资修筑宝丰陂,该村村长为解决农田用水问题,"合捐赀力",开筑陂圳,可引水"灌田五百有余亩"⑤,合村受惠其利。

值得注意的是,清中叶以来,广东各地采取合股出资形式修筑农田水利工程逐渐时兴。它进一步拓宽了民间集资修筑水利工程之渠道,促进各地农田水利建设的发展。如道光十四年(1834),高明县采取"按股科收"的办法修复被洪水冲决的三洲围。其修筑经费是按股摊派,即该围所受益各村按划分股数出资修筑,"伦埇(村)十股,铁冈(村)十股,孔莹(村)七股,科收筑复"⑥,这种按股出资修水利工程的

① 道光《直隶南雄州志》卷一〇《水利》。
② 民国《阳江志》卷六《地理六·陂堤》。
③ 民国《恩平县志》卷三《舆地二·陂圳》。
④ 咸丰《顺德县志》卷五《建置略二·堤筑》。
⑤ 道光《直隶南雄州志》卷二二《艺文·陂文》。
⑥ 光绪《高明县志》卷一〇《水利志》。

形式似乎更为切合实际,更为合理。道光二十年(1840),东莞县南沙村前基围是采用"分股围筑"的方式围垦而成的,即由顺德县龙山富豪温植亭掌管的位于东莞县南沙村之沙坦约"有五六十顷之多","批于南海县民邓嘉善、张炳华,番禺县民郭进祥,香山县民王居荣等分股围筑"①,换言之,是由该三县大户邓嘉善等数人分股承筑的南沙村前基围的。大约光绪年间恩平县也相继出现"合股"出资修筑陂圳工程的现象。如该县城东君堂堡的枧桥陂,便是由该堡二村即"松冈、君堂合股建筑"的,竣工后供二村农户灌溉之用。又该县城北之下凯冈村、鹏冈村亦用"合股"出资形式兴建新的陂圳,即将原来被洪水冲塌的长枧、万顺两木陂"改筑石陂",购置"钢筋、三合土(即水泥)"新建材,建筑新型的石陂,名曰长顺石陂。由于工程质量高,其经济效益亦甚佳,据称是陂"筑后(使下凯冈和鹏冈二村农田)免水旱之患"。② 这似乎是广东最早采用钢筋、水泥新材料修建农田水利工程实例之一,对农田水利建设及农业经济的发展具有重要的意义。

5. 其他筹资渠道。

在农田水利建设中,广东各地区根据实际情况,开辟筹资门路以增加修筑经费之来源。

(1)借款。为了解决新建规模宏大工程或急需抢筑工程所需的经费问题,通常的办法就是向地方当局申请借款,待日后归还。这与前面所述由官府出资有所不同。前者所述由官府出资,其中"调拨帑银"修筑是官府出资,不必归还,"借帑生息"修筑则只以息银资助修筑,但本金需归还,而且是有条件的,通常是大型的或重要的堤围工程且规定一定的施行时间,并非适用于任何堤围工程项目。一般而言,借款修筑的大多是被洪水冲决、急需抢筑的大中型堤围工程,因为民间平常征收的岁修费用无法支应临时巨额开支,向官府"借款兴修"似乎是当时条件下较为可行的应急办法。而"借款"应在工程竣工后逐年"征还",不得拖欠。如嘉庆十八年(1813)高要县向省督院借款修筑被洪涝严重破坏的泰和等八围堤基,府县官员考虑到泰和等八围大修费用甚多,民间一时难以筹集,于是向省府"申请借给修费有差"③,以支应

---

① 民国《东莞县志》卷九九《沙田志》。
② 民国《恩平县志》卷三《舆地·陂圳》。
③ 道光《高要县志》卷六《水利略·堤工》。

大修工程之急需,待日后归还。嘉庆二十二年(1817)高要县再次向省督院借款救助,其由是该县泰和等十一围又遭洪水冲决,急需抢筑决堤,因而"借帑修之"。省府借出"库银"以应急需,同时规定"其银(应)分年征还"①,即由该县泰和等十一围农户"分年"归还所借款项。咸丰十一年(1861)南海县江浦司借款修筑大良围决堤,是年该围"旧口再决","田园荡尽",于是各围绅士"联请文吏借款兴修"。共得银万余两,修复堤基1911丈,可护税田百顷。② 这笔借款自然由围内农户逐步偿还。同治二年(1863)顺德县则借款新筑玉带围。该县水藤六乡为防洪涝与护田需要,必须兴建玉带围,其筑围经费先向官府贷款,然后由业户摊派归还。据称,由乡绅区作霖等向省府申请贷款,"首先认揭垫款兴工,然后按亩起科,陆续归款"。此次新筑大围工程共费工科银四千八百余两,包括筑堤时占用民田补回的"业价"在内,由于堤围工程质量尚佳,其经济效益亦显著,围内"浚田尽变沃壤,租息比旧倍增"③。可见"认揭垫款"即贷款修筑新堤围也是一种有利的形式。可以认为,各地民间借款修筑堤围的形式,无疑是拓宽民间集资渠道的另一种办法,它较好地解决了民间新建或抢筑堤围所急需的大笔资金问题,有利于维护受益农户的经济权益。

(2)以基堤桑果树为筑费。明清时期,珠江三角洲堤围大多有种植桑果树之传统习惯,特别是明中叶以后,在三角洲腹心地带果基、桑基蓬勃发展,桑园围章程甚至规定了在堤基"宜令多种桑树果木"④,既可"护基",又有收益。这就为堤围提供了岁修经费的又一来源。如道光年间顺德县永乐、怀新等堤围,乡民在"堤上皆植桑",围绅选用廉干值事,"岁取其入,并各碎田零租为护围之费"⑤,亦即以桑基收入及田租作为"岁修"经费。类似顺德情形附近各县堤围亦有所载。除种桑以外,又有植沙蔗作为岁修之费。如四会县乡民认为可在围基下之沙滩,种植沙蔗,以其收入助筑,称其围"密载沙蔗,既可护堤,且有收成,以助岁修之费"⑥,可谓"护堤"、"助筑"一举两得。高要、高明等县亦有

---

① 道光《高要县志》卷六《水利略·堤工》。
② 同治《南海县志》卷七《江防略补·围基》。
③ 民国《顺德县志》卷四《建置略三·堤筑·水闸附》。
④ 光绪《桑园围志》卷一一《章程》。
⑤ 民国《顺德县志》卷四《建置略三·堤筑·水闸附》。
⑥ 光绪《四会县志》编四《水利志·围基》。

在堤基上种龙眼等果树或有经济价值之木材,作为修筑之费。光绪年间高要县林永春便总结了这方面的经验,谓"欲图(修筑)经费,莫如种树,柯蟠叶翳,可条水势,果熟息稠,可备岁修费"①。

(3)以鱼埠之收入为修堤助筑之费。前面已提及西江下游高要至三水、南海一带设有众多鱼埠,捕鱼者要向鱼埠交租税、埠租,一般来说鱼埠之收入其缴税部分通常充作军饷,官府有时会调拨这部分款项作为资助地方抢筑堤围之急需。其余部分往往用于本地修筑工费。如明嘉靖年间三水县规定,本县所有鱼埠"每岁除纳军饷外",其余由附近之"乡民圩长储之以备修堤用"②,即这部分埠租供本地堤围岁修之费用。其他各县的鱼埠亦有相类似的情形。这也是珠江三角洲各地民间筹资岁修费用的一种渠道。

此外,值得指出的是,"以工代赈"也是广东民间在灾荒或歉收年份以接受赈济而承担修筑水利工程的一种劳役形式。它是将官府或社会的救济与组织灾民的救筑(助筑)结合起来,而以灾民服工役的形式代替或补偿赈济。其表现形式有多种。

(1)由官府赈济,组织受赈济乡民参加筑堤或陂塘工程之劳役。这是"以工代赈"较流行的一种形式。但明初以来,广东各地每逢发生重大水旱灾害,农田水利设施遭到严重破坏后,各级官府通常根据灾情实际开仓予以灾民赈济,并同时组织这些灾民抢修被冲毁的堤围或陂塘,这就是一种"以工代赈"的劳役形式。如万历十四年(1586)高要县遭到特大洪水冲击,诸堤多决,农业失收,府县官员"发帑"赈济灾民,并"督民"抢修堤基,③以恢复生产,可见灾民实际上是以工(即"受役而无值")代赈参与修筑工程。咸丰六年(1856)海防县因潘刘涵堤被洪水涨发横决二百余丈,"堤内数百乡胥成巨浸,田园家室荒废",道府县官员捐资赈济,并督修堤基决口。据称乡民踊跃赴役,"取木之工,取土之工,取海泥蟛灰之工,版筑者,挑运者莫不成集,而以工代赈之意寓焉"④。以上是粤东两堤围"以工代赈"修筑之情形。

在粤北山区也有"以工代赈"修筑陂川的情形。如康熙二十二年

明清侨乡农田水利研究——基于广东考察

---

① 宣统《高要县志》卷五《地理篇·水利》。

② 嘉庆《三水县志》卷一三《编年》。

③ 道光《高要县志》卷六《水利略·堤工》。

④ 光绪《海防县志》卷二一《建置略五·堤防》。

（1683）南雄府修筑被损坏之凌陂便是其中一例。是年"值郡岁旱"，而"凌陂之坏已十数年"，知府党居易决定修筑凌陂以解决岁旱农田灌溉，"捐金三百，以工代赈，躬率五保之民修而复之"①，可见这种"以工代赈"修筑陂川的形式还起到了一定的作用。

（2）由堤围或乡社出资，组织有偿修堤劳动，这是灾年歉收下"以工代赈"修筑的又一种形式，因为受灾歉收的乡民通过筑堤取得工食费，既解决了生活问题，又修复了堤围堤岸。康熙年间雷州人陈瑸大力主张这种"以工代赈"方式修筑东洋长堤。他指出"兴工役以食饥民，最是古人赈济良法。今（东洋堤）沿岸饥民东奔西走，糊口不给，倘得现钱雇役，不上一月，数百余丈之岸立可竣工"②。南海、顺德县之桑园大围亦采用这种"以工代赈"的雇役办法，每当西潦涨发，冲决堤围，农业失收时，围局往往以雇役形式，组织灾民修筑决堤，每天给予饭食银，以为生计。如嘉庆年间修筑海舟李村决口即是。是时海舟各堤基遭遇西潦灾害，农田失收，围绅组织民工抢修决堤，并给予饭食银，史称"先是岁歉收，以工代赈……先将李村决口筑复"③。清中叶以后，珠江三角洲许多堤围每遇大的灾荒歉收时，往往都会采取这种"以工代赈"的办法，既动员了围民参加有偿修筑堤基工程，又解决了其生活不给困难，这是将救筑与救济相结合的妥善举措。

（3）由富裕大户出资赈济并救筑。明清时期，每遇灾歉岁月，由乡社富户出资赈济饥民，并让其参加修筑水利工程，这种情况亦时有所载。实际上这也是一种"以工代赈"的形式。这对救济灾民，抢修堤围，恢复生产，稳定社会秩序，都有一定的意义。如南海县河头堡富户崔氏大族在灾荒岁月出资赈济、救筑就是其中一例。嘉庆十八年（1813），南海县河头堡堤围遭西潦冲决，"淹没田庐，哀鸿遍野"，该堡"商贾起家"之富户崔彤光"首捐千金为赈恤费"④，让受赈济之乡民赴工修筑决堤，恢复生产与生活。时人称颂他此举"晓用财之方"，不仅救济了灾民，又修复了堤围，体现了传统的"以工代赈"以及热心于救济与公益之精神。

---

① 道光《查楠雄日志》卷二二《艺文·陂文》。
② 陈瑸：《上刘府尊书》，道光《遂溪县志》卷一一《艺文志》。
③ 何完善：《修筑全围记》，光绪《桑园围志》卷一五《艺文》。
④ 同治《南海县志》卷一九《列传·崔彤光》。

以上详细论述了明清时期广东民间集资修筑农田水利工程的一般情况，由此可见广东各地多元化的集资方式与特点，即从实际出发，因地制宜，灵活多样，发挥了各方面的出资助筑之积极性，并与时俱进，不断变迁。另外，从民间集资途径来看，亦显示出这个时期承担本省农田水利建设的重任依然是广大的农户，即业户和佃户。而各界乡绅大族积极出资助筑、赈济，也起了重要的作用，体现其致力于社会公益事业与互助救济之传统精神。这就是明清时期广东民间集资兴修水利的一大特色。

第三章 | 堤围工程建设的迅速扩展与修筑技术的提高

　　明清时期广东农田水利工程建设,特别是沿海堤围工程建设,在宋元基础上有了长足的进步和发展。明清政府十分重视并大力推行发展农田水利事业的政策,为广东积极推进农田水利工程建设提供了有利的条件。而广东在全面开展农田水利建设的实践中亦大胆探索,深入改革,不断总结经验,并采取了切实可行的措施。一方面学习江南农田水利建设的先进经验,如著名的"浙江塘工之法"。另一方面继承或吸收宋元时期本省兴修水利的优良技术和经验,并根据明清时期本省水灾日益增加之趋势,以及原来堤基、堤岸薄弱,抗洪能力低下之实际,首先注重采用石、灰等新材料修筑石堤、石坡堤及灰堤,以逐步代替以往修筑的土堤,并不断加高培厚,以增强其抗洪的能力;其次积极探索、创新改进筑堤的技术和方法,大大提高了堤围、堤岸建筑的质量,推动了本省堤围工程建设的迅速发展。

第一节　石、灰等建材的采用和推广

　　宋元时期,广东的堤围或陂塘主要采用土、木建筑,即所谓土堤、土陂。堤基上的窦、涵、闸主要使用木料,后来才改用石料。明初情况基本上还是如此。明中叶以后使用石料或灰筑堤逐渐增多,特别是清中叶以后推广修筑石堤、灰堤或石坡堤,珠江和韩江三角洲最为显著。到了清末开始采用钢筋、水泥等新型建材修筑小型的水利工程。可以认为,明清时期广泛使用石、灰等建材,是广东农田水利工程建设迅速发展与质量提高的重要前提和原因。

一、明代石、灰等建材的逐步推广

如上所述,宋元时期本省农田水利建设主要使用土、木材料,但窦闸工程则逐渐采用石料建筑。宋代粤西雷州已有砌筑石闸的记载。其中,南宋绍兴年间(1131—1162),雷州"郡守何庾开渠建闸,伐石叠砌"①。他先后开通惠、济东西二渠,设置石砌水闸,引西湖水灌溉东洋田。乾道年间(1165—1173),该州郡守戴之邵亦"开渠灌田,砌石桥石闸"②,这是本省修筑石闸最具代表性的例子。大约元代中后期,西江下游即珠江三角洲堤围亦流行修建石窦。如至正年间(1341—1368),高明县修建的大型堤围石奇堤(又名秀丽堤)即建筑"大石窦六穴",可"捍田三百六十余顷"③。该县南岸堤、蛤、莱三堤均各筑"石窦"三穴,为"捍田三十余顷"的中小型堤围工程。

明初以来,广东农田水利建设虽然仍然以土为主,但已逐渐采用石料修筑,其由一方面继承前代使用石料修筑的经验和方法,并逐步推广采用石料修筑堤围或陂塘工程,另一方面学习江南采用石料修筑海堤的先进技术,如洪武中年浙西海盐县修筑捍海塘石堤的方法,④已为南海县桑园围所效法,即"拟照浙江塘工之法……如法办理"⑤。据载,是时本省各地采用石料筑堤砌窦逐渐增多。如洪武六年(1373),番禺县以滨江堤基被飓风波涛冲击,即采用"土石筑堤"⑥,以防潮水高涨。洪武初年,高要县城东水矶堤"中为石窦"⑦,即于堤中段修筑石窦。这里已提及用石料筑堤窦的情形。永乐十七年(1419),高明县修筑大沙堤"石窦","堤长邓德达按田敛赀,买石砌窦"⑧。正统四年(1439)高要县修筑被冲决的新江堤,系以石砌窦、筑堤,这项工程是在知府督修下,"甃石于五窦及湍险处"⑨,即修建石窦五穴,并于"湍险处"堤基用石砌筑,以加固堤基的抗洪能力。景泰七年(1456),归善县

---

① 康熙《海康县志》上卷《建置志·城池》。
② 康熙《海康县志》上卷《建置志·城池》。
③ 道光《肇庆府志》卷四《舆地一三·水利》。
④ 参阅《明经世文编》卷二一五,钱薇:《修捍海塘记》。
⑤ 光绪《桑园围志》卷一〇《工程·庚辰石工》。
⑥ 光绪《广州府志》卷一〇六《宦绩三·钟勋》。
⑦ 万历《广东通志》卷四六《郡县志三三·肇庆府·水利》。
⑧ 道光《肇庆府志》卷四《舆地一三·水利》。
⑨ 道光《高要县志》卷六《水利略·堤工》。

（今惠阳县）采用石矶改筑拱北堤，即由原来的土堤改"建石堤"①，及至嘉靖十七年（1538），该石堤再"加厚"巩固。弘治年间海阳县（今潮州市）针对北门堤屡遭崩溃，决定修筑"石基"以巩固堤防，史称北门堤"甃石立基，二百年来民免其鱼，厥功实巨"②。可见筑石基护堤的功效极佳。正德年间该县北门堤再次进行大修，"甃以石，增拓加倍"，即以石矶砌筑，并加倍增拓，使其"完固"。③　以上可见，从明初至明中叶正德年间，本省各地堤围、堤岸采用石料修筑正在逐渐增多。

　　明中叶以后，用石和灰修筑农田水利工程进一步推广，特别是粤东地区以灰筑堤筑涵尤为突出。如嘉靖中年高要县许多堤岸采用石料修筑，其中"莲塘堤及下家基、谢家基各甃以石"④，即砌筑石堤。博罗县城西南榕溪堤原为土堤，嘉靖二十四年（1545）改筑为石堤，史称"筑石堤二十丈，障水而东之"⑤。大约此期间海阳县（今潮州市）采用灰或蜃灰修筑东厢下游堤段，据称由县丞亲临工地现场"督春龙骨一百四十丈，以资捍御"⑥，亦即筑灰堤 140 丈以增强其抗御洪水的能力。关于春龙骨之技术后面还要论述，这里不赘述。万历十五年（1587），归善县（今惠阳县）改筑钟楼堤"关下版闸"，将其"易以石"⑦，改筑为石闸。万历年间，澄海县许多堤、关、涵工程都使用石或灰修筑，该县南北二堤改用石、灰修筑，谓"筑灰砌石，以图巩固"⑧。又该县南溪洋堤亦然，万历十八年（1590），于堤东砌筑"石水关一，灰水涵五"，堤西筑"灰水关一，灰水涵一"，其后又于"水势湾割处"建筑石"矶头"十座，"以为捍御"。⑨　粤西雷州沿海也有不少渠、闸采用石矶砌筑，如万历十六年至十八年（1588—1590）修筑东洋长堤时，"内河渠闸口，俱用石砌"⑩。值得一提的是，万历三十年（1602）遂溪县修筑著名的特侣渠工程采取"添石砌浚"的办法，全部使用石矶砌筑。两年后，又将特侣塘

---

　① 乾隆《归善县志》卷三《山川·附陂堤》。
　② 光绪《海阳县志》卷三二《列传》。
　③ 光绪《海阳县志》卷二一《建置略五·堤防》。
　④ 道光《高要县志》卷六《水利略·堤工》。
　⑤ 民国《博罗县志》卷三《经济·堤陂》。
　⑥ 光绪《海阳县志》卷二一《建置略五·堤防》。
　⑦ 乾隆《归善县志》卷三《山川·附陂堤》。
　⑧ 嘉庆《澄海县志》卷一二《堤涵》。
　⑨ 嘉庆《澄海县志》卷一二《堤涵》。
　⑩ 道光《遂溪县志》卷二《水利》。

最关键的第十一闸"采石砌筑"建成坚固的石闸。五年后，又将第二至第十闸全部改筑石闸，至此特侣塘水闸工程"修筑完固"。①

海南沿海的圩岸及陂塘，也推广石筑的方式。如正统年间琼山县重修梁陈都梁陈陂工程，知县朱宪"以石砌筑，高七尺，长百余步，水源不竭，民享其利"②。其后，该县顿林都修筑林村闸坝工程，亦采用石筑方式，"乡人以石间(砌)坝，开渠引水灌田二十余顷"。③可见石筑的陂塘或闸坝取得了颇佳的经济效益。万历二十五年(1597)，琼山县修筑顿林都苍茂圩岸工程，以石易土，效果明显。据称嘉靖年间以土修筑，"屡修屡坏"，于是改为石筑，是年府县督修，"买石修筑"，④圩岸巩固，可溉田八十余顷。崇祯年间该县修筑丰华都长牵圩岸和后乐圩岸均用土石砌筑，"募民于河口稍隘处运土堆石，筑起两岸，高四丈，长二十余丈，阔二丈，捍海为田百余顷。"⑤

由此可见，明代广东各地的堤围和陂塘水利工程在宋元基础上已逐步采用石、灰材料进行修筑，特别是明中叶以后得到了进一步的推广。这种情况与此时期各地水患日趋严重，农田水利设施日受破坏，因而必须加强水利工程建设是分不开的，这是推广使用石、灰建材的一个重要因素。

二、清代石、灰等建材的广泛使用

清初以来，广东各地农田水利工程建设已广泛使用石、灰等建材，其数量之增多、规模之巨大、效益之提高，已明显地超过了明代的水平。据记载，清初本省各地使用石、灰修筑堤围或陂塘工程进一步增多。如顺治三年(1647)澄海县修筑上林外都紫林堤涵，"乡民恐妨堤岸，用石筑塞"⑥，即改筑石涵，以求巩固。康熙八年(1669)惠州西湖北堤采用"灰沙合土"修筑的办法，将原来以石砌筑改为以灰沙春筑，其效果更佳。据称，"易石以灰沙合土春筑，长百余丈，堤乃坚固"⑦。这

明清侨乡农田水利研究——基于广东考察

----

① 道光《遂溪县志》卷二《水利》。
② 咸丰《琼山县志》卷三《舆地六·水利》。
③ 咸丰《琼山县志》卷三《舆地六·水利》。
④ 咸丰《琼山县志》卷三《舆地六·水利》。
⑤ 咸丰《琼山县志》卷三《舆地六·水利》。
⑥ 嘉庆《澄海县志》卷一二《堤涵》。
⑦ 光绪《惠州府志》卷一七《郡事上》。

是因地制宜，以灰代石筑堤的好办法。康熙十二年（1673）海阳县（今潮州市）修筑南门涵，改为"砌石，一如右制"①，即筑石涵。康熙二十一年（1682）澄海县建筑上外都南界堤涵，亦采"用石修砌"②。值得指出的是，康熙三十五年（1696）雷州大规模采用砖石修筑屡遭风涛破坏之东洋大堤。这项巨大筑堤工程是由郡人陈瑸捐资五千两修筑的，其主旨是以巨款"添采木料、砖石，以求永固"③，即在"其堤正当海潮"一侧砌筑砖石，以加固洋堤抗击风涛海潮之能力。这是清初修筑石堤的一大工程。康熙四十年（1701）高要县大规模砌筑景福围石堤则是另一大工程。该县附郭飞鹅潭堤黄江墟段因被洪水冲毁，损失惨重，知县景日畛率各都圩长抢筑，将决堤全部"砌以石，筑成坚固的石堤，用石八百余船"④，由是更名为"景福围"。

乾隆年间，粤东沿海充分利用当地盛产蚬灰，以灰沙作为建材，掀起了大筑灰堤的热潮。乾隆六年（1741）海阳县将秋溪堤"自龙舌山脚起至古美堤"之间的土堤改筑"灰堤"，"长二千六百四十七丈"，其后（乾隆二十二年）该堤其余部分"俱改筑灰堤"⑤，合计五千零三丈。这无疑是因地制宜将土堤改筑灰堤的一大举措。乾隆十一年（1746）海阳县又将北门堤、南门堤和庵埠许陇涵堤各一堤段"改筑灰堤"⑥。大约乾隆中年，该县又修筑江东都"灰堤五千五百三十九丈"，即将原来"沙堤"改筑为"灰堤"，"以蚬灰胶固如积铁"⑦，十分坚固。澄海县因樟林乡高洋沟关"屡遭水患"，由邑绅发起修筑"灰堤二百余丈"⑧，让水由东陇河进出，保护了附近的农田和民舍。文献资料显示，利用蚬灰修筑灰堤，比较好地解决了韩江流域沙质地土堤或沙堤容易溃决之难题，令堤岸"胶固如积铁"，取得颇佳的经济效益。

清中叶以来，珠江三角洲盛行修筑石堤或石坡堤，其中桑园围大规模砌筑石堤工程最具代表性。这项工程可以追溯至乾隆元年

---

① 光绪《海阳县志》卷六《舆地略五·水利》。

② 嘉庆《澄海县志》卷一二《堤涵》。

③ 道光《遂溪县志》卷二《水利》。

④ 道光《高要县志》卷六《水利略·堤工》。

⑤ 光绪《海阳县志》卷二一《建置略五·堤防》。

⑥ 光绪《海阳县志》卷二一《建置略五·堤防》。其中北门堤为竹篙山脚至凤城驿段。南门堤为南关至龙湖市段，长1040丈5尺。庵埠许陇涵堤长1104丈5尺。

⑦ 光绪《海阳县志》卷二一《建置略五·堤防》。

⑧ 嘉庆《澄海县志》卷一二《堤涵》。

（1736），据阮元报告称，"查广肇二府护田围基本系土堤，乾隆元年经前任督臣鄂尔达奏请改用石工，将盐运司库存贮递年盐羡等项银两借商生息，以为各承每岁官修围基之用"①，这是乾隆元年（1736）总督鄂尔达奏请将广肇二府围基之"土堤""改用石工"，即建筑石堤之由来。但乾隆七年（1742）清政府下令广肇围基仍改"民修"，终止了"官修"的计划。直到嘉庆年间，这项宏伟的修筑石堤工程才得以实现。嘉庆十八年（1813），总督阮元向中央奏请借帑银作为桑园围各围基改筑"石基"之经费，其法是借帑银八万两，以其"帑息"银作为"岁修之资"。随后派员到现场"履勘"吉赞横基、三丫基、天后庙大洛口等处主要基段，"约一千九百余丈"，估其"须用大条石实叠高厚"，其次要基段"七千余丈亦须用大石矶于基坦垒叠方坡（即石坡堤），方可捍御，拟奏建石基"②。由此可见，此项改建"石基"工程是规模空前的。值得指出的，嘉庆二十五年（1820），阮元奏建桑园围石基工程，得到了刑部郎中南海人伍元芝、员外伍元兰兄弟鼎力赞助，他们"共请捐银六万两"作为修筑经费，另外新会人前工部郎中卢文锦亦请"捐银四万两"资助修筑。阮元会同巡抚康绍镛奏请兴工③。此役于承"险处"的主要围基"皆建石堤"，"共叠石一千六百余丈"，其次围基则砌石坡堤，计"护石二千三百余丈"，于是年竣工，实际"用银七万五千两"。④ 这是清中叶珠江三角洲最具规模的修筑石堤及石坡堤的工程。由是大大提高了堤围工程的质量，增强其抗御洪涝灾害的能力。道光三年（1823），两广总督部堂院的报告便充分肯定了桑园围"改土为石"即由土堤改建成石基的显著作用，"本年（本省各地堤围）决口四出，惟桑园围屹立如故，此石工之明效大验"⑤。省府积极推广桑园围"改土为石"的经验，并号召各地堤围大力改筑石基，谓"尔等务须从长计议，合力通筹，乘此冬晴水涸，查看围身，迎溜顶冲处所，或用矶石磊砌，或用碎石抛掷，或用竹木密排篱笆，各就本围形势力量，捐资集事"⑥。

　　嘉道年间及其后，本省各地都积极改筑土堤为石堤（或石坡堤），

① 阮元：《筹议借款生息以资岁修摺》，光绪《桑园围志》卷一《奏议》。
② 光绪《广州府志》卷九九《建置略六·江防》。
③ 光绪《广州府志》卷九九《建置略六·江防》。
④ 阮元：《新建南海县桑园围石堤碑记》，光绪《桑园围志》卷一五《艺文》。
⑤ 光绪《四会县志》编四《水利志·围基》。
⑥ 光绪《四会县志》编四《水利志·围基》。

明清侨乡农田水利研究——基于广东考察

改筑土陂为石陂,以增强其抗御日益严重的洪涝水患的能力,保护农业生产与居民安全,从而掀起了农田水利工程建设的热潮。如嘉庆年间,清远县清平围(原名石角围)等原来的土堤已不适应防御洪水的要求,遭遇"冲决更甚",该围采用石工砌筑堤基,"官出桩石工费,民出挑运人夫"[①],工程质量十分巩固。三水县坡子角堤并上下蚬塘、雄旗两围,为南顺桑园围之上游,易被洪潦冲决,在绅商大力捐助下,全面改造土堤,"均用石结砌",成为坚实的石堤。及至同治年间遭洪水冲击,"石矶倾卸",再次大规模"加石重修"[②]。咸同年间,韩江下游三角洲各堤岸因遭遇日趋严重的洪水破坏,决堤甚多,因此大力兴筑灰堤、灰篱、石矶等,以提高其抗御洪水的能力。如咸丰年间海阳县(今潮州市)重修潘刘涵堤,便是采用灰、石修筑的宏大工程。该堤先后两次决堤各二百余丈左右,护堤矶头坍卸甚多,是役由知县督修,遴派绅士董理计修筑"新堤二百一十三丈",堤身以灰舂龙骨,"新旧堤交接处新建灰石矶头一座,宽十五丈三尺,两畔灰篱斜出南北各长十丈","全堤灰篱五咧"。[③] 该堤竣工后十分完固。清末粤西石城县(今廉江县)大多使用当地生产的石与石灰修筑"灰陂",这是因地制宜提高修筑陂塘工程质量的重要举措,故方志称该县"多筑灰陂"[④],有效地保障了农田灌溉,发展了农业生产。

三、清末民初钢筋、水泥等新型建材的采用

清中叶以后,随着我国近代工业的初步发展及沿海港口航运的便利,钢筋、水泥(时称三合土)等新型建材已开始逐渐应用到农田水利工程建设方面。最先使用这些新建材的多为靠近沿海港口的州县,然后向内地推广,从文献记载来看,这个时期广东各地使用这些新建材修筑农田水利工程的还不算多,而且主要是在陂塘工程方面,这是值得注意的。如粤西沿海规模较小的恩平县,最先采用钢筋、三合土等新材料修筑陂圳工程。据载,该县北面原有长蚬、万顺两木陂,后被潦水冲塌,两村乡民于是"合股"修筑两陂,并采用钢筋、三合土等新材料

---

① 光绪《广州府志》卷九九《建置略六·江防》。
② 光绪《广州府志》卷九九《建置略六·江防》。
③ 光绪《海阳县志》卷二一《建置略五·堤防》。
④ 民国《石城县志》卷八《艺文志》。

筑成新石陂,名为"长顺陂"。由于采用了新材料建筑,该陂工程质量很好,"筑后免水旱之患"[①],两村农业生产得以发展。其附近乡村修筑引水渠圳工程,亦采用钢筋、三合土,如茅甘蛇、海仔、长蚬乡民"用钢筋、三合土,筑长数十丈横跨化石水、海仔接驳长顺陂圳"[②],以灌溉下凯洞农田。这些皆为晚清时期恩平县采用钢筋、水泥新材料修建陂圳工程的例子。这无疑是广东农田水利工程建设史上的一大进步,意义深远。

综上所述,可以认为,明清五百多年间,广东农田水利建设所使用的材料,大致经历了三个阶段:(1)明初沿用宋元的办法,以土为主,兼用木、石,堤基、堤防皆为土堤,但窦、涵、闸等工程逐渐多用石料,比前代有了一定进步;(2)明中叶以后虽然仍以土为主,但应用石、灰的不断增多,特别清中叶及以后则进一步推广,各地较重要的堤围或陂塘都普遍改筑石堤、灰堤,工程质量也有了明显的提高;(3)清末民初,沿海地区最先采用钢筋、三合土等新型材料修筑陂塘渠圳水利工程,是为农田水利建设之一大进步。总之,从石、灰建材的推广使用,到钢筋、水泥新建材的应用,不仅显示了本省农田水利建设的进步和发展,而且为修筑工程技术的提高与创新提供了物质条件。

第二节 堤围工程建设的迅速扩展

明清时期广东沿海堤围、堤岸工程的建设在宋元的基础上有了长足的发展,主要表现在珠江三角洲堤围工程建设的数量、规模、分布等方面,都有了进一步的增加、扩大和改进,特别是在筑堤和护堤的技术、方法与措施方面,更有了突出的进步和创新。此外,韩江三角洲和粤西沿海的堤围、堤岸工程,也有了相应的发展,从而使广东的堤围工程建设跃居全国之领先行列。

一、堤围工程建设迅速扩展的原因

明清时期广东的堤围工程建设取得了长足的发展,远远超过了宋元时代的水平。究其原因,主要是广东经济在此时期已经进入了全面

---

① 民国《恩平县志》卷三《舆地二·陂圳》。
② 民国《恩平县志》卷三《舆地二·陂圳》。

开发和发展的阶段,政府鼓励垦荒的政策,大大推动了土地的开发,种植业如粮食作物和经济作物获得了迅速的发展,因而促进了农田水利建设的蓬勃发展,特别是珠江三角洲、韩江三角洲和粤西沿海等,是本省主要的粮食产区和经济作物产区,这里的堤围、堤岸工程建设更是加快了发展的步伐。其次是新兴的围垦业得到发展,也掀起了沿海堤围工程建设的热潮。宋代以来,在新会、香山一带已零星地出现了小规模的围垦种植。及至元末明初,随着三角洲海坦"新成之沙"逐步扩大,圈筑围垦逐渐进入盛期,主要集中在香山(中山)北部和新会南部一带。明中叶以后,围垦业则进一步发展且有一定的规模。清初沿海海坦加速淤结,围垦种植加速发展。特别是嘉道年间,在各口门及滨海地带"未成之沙"掀起了大规模人工筑坝聚沙围垦的热潮,由是筑堤圈围工程迅速扩展,并出现了规模大小无数而又分布无序的堤围。再次,自明中叶以后,由于种种原因,广东的水患日趋恶化。其中,江河上游开发殆尽,带来了灾难性水土流失的负面影响,程度不同地破坏了无数的农田水利设施,史称西江"西潦骤涨,由数尺至一二丈有差……(或)有月不能消","高要以下各县适当其冲,每有涨溢,即有冲决之虞"。① 为此,以往所修筑的低矮、单薄的堤围或堤岸必须重修扩建,加高培厚,或联合中小堤围构筑大堤围,以适应防御洪涝潮之需要。而在新垦种的冲积平原上,亦必须因地制宜,兴修新的堤围、堤坝,以应对日益猖獗的洪涝之患或威胁。因为珠江干流及支流修筑众多堤围之后,加速了甘竹滩以下各出海水道的淤浅,造成河道狭窄,各口门水道延长、淤积,往往引致洪涝泛滥成灾。为确保农业生产与居民安全,当地民众便因地制宜在冲积平原上修筑新的堤围,由是在珠江三角洲及滨海地带新筑或补筑的大小堤围工程便与日俱增了。大约到清末,修筑堤围的任务便基本上完成了。

二、堤围工程建设扩展的状况与规模

　　明清时期,广东的堤围建设是在宋元基础上进一步扩展的,其扩展的速度、数量与规模都远远超出前代,取得了重大的成就,对促进广东经济的全面开发与迅速发展作出了应有的贡献。

---

　　①　光绪《四会县志》编四《水利志·围垦》。

众所周知,堤围工程建设的主要目的是为了防御洪涝与保护农田。据载,唐宋以来,广东珠江三角洲、韩江三角洲和粤西雷州半岛先后兴修若干较大的堤围和堤岸工程正是为此目的。如是时珠江三角洲相继修筑的堤围堤岸工程集中分布在受洪涝水患较大的高要、四会、高鹤、三水、南海及博罗、东莞一带。韩江三角洲潮州府城以下各堤防及雷州东洋长堤的兴建亦然。值得注意的是,由于是时广东各地水灾还不算很严重,因而所修筑的堤围和堤防为数不是很多,而且堤基大多是比较低矮、单薄而又分散的土堤。兹将宋元时期珠江三角洲的堤围工程的规模及护田面积较大者(以有实数记载且护田面积50顷以上者)列表于下,仅供参考。

表3 宋元时期珠江三角洲堤围建设简表

年代	地区	堤围名称、位置	堤长（丈）	护田面积（顷）	资料来源
北宋至道二年(996)	高要县	金西围（西江南流右岸）	13000余	1250余	万历《广东通志》
同上	同上	榄江围（城东榄江南）	3700	150余	同上
同上	同上	竹洞围（西江南流左岸）	1400	62.8	民国《高要县志》
同上	同上	长利围（羚羊峡东北）	2985.6	53.71	同上
同上	同上	罗岸堤（高明河北岸）	1200	50余	万历《广东通志》
元至正元年(1341)	同上	金溪围（西江南流右岸），（又名金东围）	6010	257	同上
至正二年(1342)	同上	塘步堤（羚羊峡东北），（又名陈塘围）	3700	105.88	民国《高要县志》

年代	地区	堤围名称、位置	堤长（丈）	护田面积（顷）	资料来源
至正十二年(1352)	高要县	范州围（太和围之西）	6340	308	万历《广东通志》
同上	同上	柏树堤（北连金溪围，又名下南岸围）	4780	300	同上
至正十五年(1355)	同上	罗郁围	3100	200	同上
北宋真宗年间(998—1022)	南海县	罗格围（县西北连紫洞）	6050	400	民国《罗格官州围志》
徽宗年间(1101—1125)	同上	桑园围东西基（西樵山东西两侧）	14700余	1500	嘉庆《桑园围志》，光绪《桑园围志》为2000余顷
北宋元祐二年(1087)	东莞县	东江堤（东江南岸京山至司马头）	10000余	9800	万历《广东通志》，宣统《东莞县志》为12860丈
元祐三年(1088)	同上	咸潮堤（南部滨海咸西寮步等处）	4130	22028	万历《广东通志》，宣统《东莞县志》为11228顷
南宋宝祐年间(1253—1258)	同上	龙湖堤（县东牛过荫村外，又名牛过荫堤）	300	200余	宣统《东莞县志》，万历《广东通志》
元至正十五年(1355)	高鹤县	罗郁堤（南连泰和围，又名罗秀围）	3100	250	康熙《高要县志》

年代	地区	堤围名称、位置	堤长（丈）	护田面积（顷）	资料来源
至正年间（1341—1368）	高鹤县	大沙围（高明河上游南岸）	4896	500余	万历《广东通志》
同上	同上	石奇围（高明河北岸，清溪罗格乡，又称秀丽围）	2500余	360余	同上
同上	同上	菇菱堤（高明河南岸，田心都）	720	115	同上
同上	同上	小零（曹陵）堤（高明河南岸范州、古坝二都）	900余	80余	同上
同上	同上	白鹤堤（范州、古坝二都）	1800余	70余	万历《广东通志》，光绪《高明县志》为1980丈
同上	同上	伦涌堤（田心都）	500余	50余	万历《广东通志》
元至正元年间（1341）	三水县	豁陵围（西江南流左岸）	2756	83.40	嘉庆《三水县志》
元代（1279—1368）	同上	白泥围（西江南流右岸）		88	同上

说明:本表仅列宋元时期珠江三角洲修筑堤围工程护田面积50项以上者,50项以下或没有具体护田数字的堤围都没有列入。

从表中可见,宋元时期珠江三角洲高要以下各县因应防洪护田的需要,已先后修筑了许多大小堤围,达到了一定的规模,且积累了不少的筑堤方法与经验,对珠江三角洲乃至广东经济的开发起到了促进的作用。明清时期广东沿海堤围和堤岸的建设,正是在这个基础上进一步扩展的。

1. 明代广东堤围建设的发展状况及其规模。

明代广东堤围的建设主要集中于珠江三角洲,所占比例几乎占了九成以上,韩江三角洲与粤西沿海及海南的堤围和堤岸的建设所占的比例都极少。① 自明初以来,珠江三角洲的堤围建设逐渐进入盛期,发展相当迅速,工程规模亦相当宏大。大致而言,其堤围工程主要在甘竹滩以北的河岸平原兴建,分布在西、北、东三江干流及其支流一带,即在宋元堤围基础上沿着河岸向下游依次修建的延伸。大约至明末,其堤围南端已延伸至潮莲、杏坛、良村、北滘一线以上,似乎尚未深入到三角洲腹地内部。兹作一概括的说明。

在西江干流及其支流新兴江、粉洞水一带。明初这一地带常遭洪涝之患,为防洪护田起见,肇庆府和高要县先后在这个地带修筑了不少堤围,其中据记载较大的堤围有:洪武元年(1368)在高要县羚羊峡附近修筑了迪塘围;②洪武初年在城东岩前都修筑了水矶堤;洪武十六年(1383)在府城外修筑了护城围;洪武十九年(1386)在城东头溪修筑了头溪围;洪武二十七年(1394)修筑了横查围;洪武三十一年(1398)在三榕峡左侧修筑了大湾围,在高鹤县彩洞水南岸修筑了越塘围;永乐三年(1405)在新兴江右岸新江都修筑了银江堤;永乐年间在西江北岸修筑了丰乐围等。这是明初高要县修筑的堤围工程,其中护田面积最多的丰乐围达1000余顷,横查围为840余顷,水矶堤为700余顷,大湾围、银江堤(又称新江堤)、护城围等也有500顷左右,这表明明初的高要县已经进入修筑堤围工程的盛期,不仅堤围数量众多,而且规模相当宏大,它从一个侧面说明了珠江三角洲的堤围建设进入了一个新的阶段。

在西江、北江与之绥江相汇处之思贤滘附近一带。明初以来,特别是明中叶以后,这一地带每遇洪水盛发,江水上涨,洪涝之患则祸及

---

① 参阅明代珠江三角洲、韩江三角洲及粤西沿海和海南相关堤围建设简表(分别附于节后)。

② 以下明代珠江三角洲修筑的堤围堤长、护田面积及资料出处等将列于表后供参考,这里就不一一注释。

附近之三水、四会、高要、高鹤及清远等县,因此在这一带河岸陆续修筑了不少高大的堤围,以防洪涝为患,确保农业生产与居民安全。如洪武年间四会县修筑了隆伏围,永乐十一年(1413)和十二年(1414)又修筑了高路围和埇桥围,景泰年间该县修筑了白沙围、湖岗围,正德年间修筑了白泥沥围,嘉靖四十一年(1562)三水县修筑了灶岗围,嘉靖年间南海县修筑了王公围,万历四十四年(1616)四会县修筑了大兴围,此外,该县还修筑了大沙围、榄冈围、廖山围等(具体修筑时间不详)。以上都是明初至明中叶后在这一地带修筑的较大的堤围工程。其中隆伏围护田面积达1200顷,白沙围和王公围1000余顷,高路围700余顷,可见堤围的规模亦相当巨大。这些堤围对防御思贤滘附近地区的洪涝灾害保障农业生产的发展确乎发挥了重要作用。

在北江干流及其支流流溪河、西南冲至官窑沿岸和流溪河与石门水道交汇一带。大约明中叶以后,北江支流逐渐淤浅,甚至淤涸,芦苞水西南冲、官窑冲等沿岸,每遇洪水暴发,极易受洪涝之患,为此北江清远以下,流溪河下游及西南冲、官窑冲和石门水道一带,都先后因地制宜修筑了许多堤围和堤岸。如明嘉靖年间以来,北江及支流下游沿岸修筑了众多大小堤围,其中较大者有北江清远段修筑了著名的石角围(即清平围)。北江三水段修筑了长岗堤(右角围至芦苞堤段)。北江南海段东岸修筑了良凿围,堤长2000丈,护田面积134顷,是个规模宏大的堤围工程。南海段两岸修筑了荻洲铁闸,堤长1584丈,护田面积70顷,南岸围堤长1080丈,护田面积62顷,等等。流溪河口附近修筑了若干中小型堤围,如南巩围堤长927丈,护田面积27顷,小北围堤长599.3丈,护田面积25顷等。位于三水县之西南冲南北岸修筑了许多大小堤围,如南岸的筲箕尾围,堤长3275丈,护田面积317顷,是一大型堤围,上波湾围在官窑附近,护田面积也有76顷。位于南海县之佛山冲沿岸。同样修筑了不少中小型堤围,如北岸的良安围堤长2704丈,护田面积70顷等。

在甘竹滩附近地带,自明初以来便因应防范洪涝需要而先后修筑了许多重要的或规模宏大的堤围工程,直到终明之世,这是明代珠江三角洲堤围工程向内部扩展最南端的位置。如洪武二十八年(1395)位于甘竹滩以西、西江干流西岸之高明县修筑了著名的古劳围(坡亭大水围),堤长9860丈,护田面积223顷。洪武三十一年(1398)在粉

洞水南岸修筑了越塘围,堤长 1982.3 丈,护田面积 53 顷。是年在甘
竹滩以南西海左岸的新会县修筑了天河堤,堤长 3733 丈,护田面积
301.8 顷,横江围护田面积 120 顷。明中叶及其后又修筑了潮莲围、大
田围(护田 600 顷)等。在甘竹滩东南的顺德县,大约自明中叶以后修
筑了许多堤围,如万历年间的龙江堤,堤长 800 余丈,护田 400 顷,龙
山堤堤长 1300 余丈,护田 70 顷,光华村马营围堤长 1320 丈,古朗村
马营围堤长 1673 丈等。

在东江干流及其支流龙江、增江一带。自明初以来,位于这一带
的博罗、增城、东莞等县因遭受洪涝威胁日趋严重,为防洪护田之急
需,亦大力兴修堤围。如洪武二十七年(1394)东莞县在东江北岸右龙
附近修筑了三村圩,堤长 7000 丈,护田面积 300 顷,可谓东江沿岸一
大堤围。永乐年间(1403—1424),博罗县在龙江与东江交汇处左岸修
筑了登山堤,成化年间(1465—1487)增城县在县城附近修筑了张洲
围,堤长 2000 余丈,明中叶以后,博罗等县又修筑了若干堤围。

值得注意的是,明代广东沿海海坦的围垦也得到了很大的发展,
珠江三角洲最具代表性。明代以来,珠江三角洲滨海地带沙坦浮露比
比皆是,海坦的围垦主要集中在香山(中山)县北部和新会县南部一
带,即在宋代围垦(如新会外海、三江和香山小榄四沙等)基础上进行。
明初香山(中山)县北部西海十八沙和新会县东南一带沙坦大多已浮
露出水面,当地乡民大力圈筑围垦,开发这片广袤的沙田,发展农业经
济。自明中叶起,香山(中山)县北部东海十六沙一带,沙坦又逐渐浮
露出水面,因而该县的围垦亦扩展到这一带,延续至清代。其次,在番
禺南部和东莞县西部滨海地带也有大片沙坦浮露,这里也进行小规模
的围垦。此外,明初以来在珠江三角洲南部河网平原及各口门地带,
已开展有一定规模的屯田与围垦活动,如洪武年间(1368—1398)军屯
十分活跃,由军人屯垦的地点包括江门、小榄、象角、大黄圃、潭洲、黄
阁一带。这些屯垦实际上就是围垦的组成部分,它有利于沙田地区的
开发和垦种。在香山县最南端的岛丘上亦有围垦活动,如三灶(今属
珠海市)西部海坦当地乡民圈筑围垦,修筑了三灶招氏围。[①]

总而言之,明代广东的堤围和围垦建设在宋元基础上进入了迅速

① 以上参阅《珠江三角洲农业志》(初稿)二,第 20、21 页。

发展的盛期,并取得了相当突出的成就。由此得出如下几点共识:

(1)明代广东的堤围和围垦建设以珠江三角洲最为主要和最具代表性,其修筑堤围的数量、总堤长和护田面积均占全省比例的大多数,韩江三角洲与粤西沿海及海南所占的比例则极小。

(2)明代珠江三角洲的堤围建设主要在河岸平原上进行,集中分布在珠江干流及其支流两岸。各地的修筑因应防御水患需要有所不同,明初高要、四会、高明和新会等县在西江干流及其支流一带修筑堤围,筑成一批特大的堤围。明中叶及其后,四会、三水、清远、南海和顺德等县,在思贤滘附近及北江支流与甘竹滩一带兴修堤围。明末筑围工程的南端已扩展至潮莲、杏坛、良村、北滘一线以上,尚未到达三角洲河网地带。

(3)明代珠江三角洲海坦的围垦主要集中在香山(中山)县北部的西海十八沙、东海十六沙和新会县东南一带,番禺南部和东莞县西部滨海地带亦有少量围垦。此外,在三角洲南部河网地带和各口门附近岛丘等,也有部分屯田与围垦。

(4)明代珠江三角洲的堤围建设不仅迅速发展,而且修筑大堤围、特大堤围的为数不少。据粗略的统计,护田面积100顷以上的大堤围,四会县有10条(其中千顷以上的特大堤围3条),高要县有8条(其中千顷以上的1条),南海县有6条(其中千顷以上的1条),顺德县有4条(其中千顷以上的1条),此外,新会县有3条,高明县和东莞县各1条,合共护田面积百顷以上的大堤围33条,其中千顷以上的特大堤围6条。[①] 这表明以珠江三角洲为中心的广东堤围建设取得了辉煌的成效,它远远超越了宋元时代的发展水平。可以说,明代珠江三角洲在其三江干流及支流的河岸平原上,已基本上修筑起较完整的堤围和堤防,有效地防御了日趋严重的洪潦水患,捍卫了本地区的农业生产与居民生活的安全。

当然,明代珠江三角洲的堤围和围垦建设也有其不足之处,主要问题在于无论政府抑或民间都缺乏统筹规划与领导,各自为政,各筑其堤,盲目、随意性较大,从而在堤围建设中出现了不少问题,值得注意。

---

① 参阅本节末附表《明代珠江三角洲堤围建设简表》。

70
明清侨乡农田水利研究——基于广东考察

为了进一步考察明代珠江三角洲各县历年堤围建设的情况,从而进行深入分析与综合评估,兹根据现有的文献资料及参考近年学者的研究成果,初步编制《明代珠江三角洲堤围建设简表》,如下所示:

表4 明代珠江三角洲堤围建设简表

年代	地区	堤围名称	位置	堤长(丈)	护田面积(顷)	资料来源
洪武元年(1368)	高要县	迪塘围	西江北岸,羚羊峡附近	2536	79.5	道光《高要县志》
洪武初年	同上	水矶堤(景福围中)	西江北岸,城东岩前都	35400	700余	万历《广东通志》
洪武十六年(1383)	同上	护城围	西江北岸附郭	4800	500余	同上
洪武十七年(1384)	同上	莲塘围(景福围中)	三榕峡与羚羊峡之间	4800		道光《高要县志》
洪武十九年(1386)	同上	头溪围	西江南岸城东头溪都		180余	万历《广东通志》①
洪武二十七年(1394)	同上	横查围(丰乐围内)	西江北岸	1360	840余	同上
洪武三十一年(1398)	同上	大湾围	三榕峡左侧	1750	509.7	同上
永乐三年(1405)	同上	银江堤(新江堤)	新兴江右侧	3700余	500余	同上
永乐年间(1403—1424)	同上	丰乐围	西江北岸,城东70里		1000余	同上②
天顺年间(1457—1464)	同上	的村围	城东岩前都		400余	同上③

① 道光《高要县志》卷六《水利略》载,头溪围堤长4780丈,护田390顷。

② 道光《高要县志》卷六《水利略》载,丰乐围堤长6224丈,护田913顷。

③ 的村围于"天顺间决",重筑。

年代	地区	堤围名称	位置	堤长（丈）	护田面积（顷）	资料来源
万历至崇祯（1573—1644）	高要县	上南岸围	城南隔江，东北临江	992	45	道光《高要县志》
同上	同上	白诸围（白猪围）	城南隔江四十里	1912	44.49	同上
同上	同上	大榄围	城东南隔江十里	2287	77.20	同上
同上	同上	思霖围	城东南隔江十五里	1213	20余	同上
同上	同上	院主围	城东六十里	1119	44.58	同上
同上	同上	香山围	城东隔江八十里	875	20.60	同上
同上	同上	竹洞围	城东南一一五里	1400	62.81	同上
万历至道光（1573—1850）	同上	要古围	城东南一一〇里	1458	14.35	同上
同上	同上	白石围	城东南隔江一二〇里	392	23	同上
洪武年间（1368—1398）	四会县	隆复围（隆伏围）	绥江西南岸	5000	1200	万历《广东通志》
同上	同上	马鞍围	县城东北，龙江东岸	741		光绪《四会县志》
永乐十一年（1413）	同上	高路围	绥江左岸		700余	万历《广东通志》

年代	地区	堤围名称	位置	堤长(丈)	护田面积(顷)	资料来源
永乐十二年(1414)	四会县	埇桥围		2700	190 余	万历《广东通志》
永乐年间(1403—1424)	同上	塘沥围		800	70 余	同上
景泰年间(1450—1456)	同上	白沙围		1100	1000 余	同上
同上	同上	湖岗围		1700	80	同上
正德年间(1506—1521)	同上	白泥沥围		2750	80	同上
嘉靖年间(1522—1566)	同上	仑丰围	县城北，东近龙江	4076	256	光绪《四会县志》
万历三十一年(1603)	同上	黄岗围、黄塘围、白鹤围	县西南，绥江东岸	3600	76	同上①
同上	同上	姚沙围	县南，绥江西岸	1576	70.78	同上
万历三十三年(1605)	同上	牛牯基	县留甫铺广宁界		3000 余	同上
万历四十四年(1616)	同上	大兴围(重修)	绥江右岸	3479	132	同上
万历年间(1573—1620)	四会县	大沙围	青歧冲右岸	1200	100 余	万历《广东通志》

---

① 黄岗围、黄塘围、白鹤围后称永安围。

年代	地区	堤围名称	位置	堤长（丈）	护田面积（顷）	资料来源
万历年间（1573—1620）	四会县	榄岗围		400	400余	万历《广东通志》
同上	同上	廖山围		3870	200余	同上
同上	同上	墩头围		1923	19	周广《广东考古辑要》
嘉靖四十一年(1562)	三水县	灶岗围	思贤滘北	2250	83.54	嘉庆《三水县志》
嘉靖年间（1522—1566）	同上	木棉围	思贤滘东北	558		嘉靖《广东通志》
同上	同上	长岗堤	北江南流东岸，石角围至芦苞一带			嘉庆《三水县志》①
同上	同上	新村围	芦苞水南流左岸			同上
同上	同上	鸦鹊围	芦苞水南流左岸			同上
同上	同上	魁岗堤（鹿峒堤）	城东大朗山等乡	1258		同上
同上	同上	大滧围	西南冲北			嘉靖《广东通志》
同上	同上	淰涌围	西南冲北			同上
同上	同上	古灶围（三江堤）	西南冲北	230		同上

① 长岗堤包括乐塘、上梅埗、下梅埗、长洲社、清塘、永丰六围。

明清侨乡农田水利研究——基于广东考察

年代	地区	堤围名称	位置	堤长（丈）	护田面积（顷）	资料来源
嘉靖年间（1522—1566）	三水县	禄步堤（大榄围）	西南冲北	200	20	嘉靖《广东通志》
同上	同上	白木湾围	西南冲北	545		同上
同上	同上	丰岗围	西南冲北	1555.7	11	同上
同上	同上	高丰围	西南冲北	8630		同上
同上	同上	石板围	西南冲北			同上
同上	同上	禾涌围	西南冲北			同上
同上	同上	沙头围	西南冲南	360	18	同上
同上	同上	黄家塘围	城东大路围右侧		7	同上
万历年间（1573—1620）	同上	镇南堤	城南二十五里	6840		万历《广东通志》
同上	同上	谿陵堤	城南三十五里	2756		同上
洪武元年（1368）	高明县	大埠围	粉洞水北岸	1400	25	民国《鹤山县志》
洪武二十八年(1395)	同上	坡亭大水围（古劳围）	西江南流左岸,粉洞水北岸	3050		万历《广东通志》①
洪武三十年(1397)	同上	坡亭小水围（古劳围）	西江南流左岸,粉洞水北岸		7.65	民国《鹤山县志》
洪武三十一年(1398)	同上	越塘围	粉洞水南岸	3650		万历《广东通志》②

---

① 民国《鹤山县志》卷三《纪年》载,坡亭大水围堤长 9860 丈,护田 223 顷。

② 民国《鹤山县志》卷三《纪年》载,越塘围堤长 1982.3 丈,护田 53 顷。

年代	地区	堤围名称	位置	堤长（丈）	护田面积(顷)	资料来源
洪武年间（1368—1398）	高明县	细围（铁围）	粉洞水北岸	1296	615	民国《鹤山县志》
永乐二年（1404）	同上	麦村小水基围（古劳围内）	同上		6	康熙《新会县志》
景泰年间（1450—1457）	同上	大郡围	同上	500	3.52	民国《鹤山县志》
景泰三年（1452）	同上	罗江堤	同上	2570	2.4	同上
成化年间（1465—1487）	同上	长乐围	同上	459	33	同上
同上	同上	崇步围（停步围）	高明河北岸	1700		光绪《高明县志》
同上	同上	岗头围	粉洞水北岸	582	7.3	民国《鹤山县志》
同上	同上	若草湾围（黄宝坑围）	粉洞水南岸	210	2.5	同上
同上	同上	杰洲围	同上	740	4.5	同上
同上	同上	水口围	同上	540	6.25	同上
同上	同上	旺村围	粉洞水北岸	405	1.2	同上
明代(1368—1644)	同上	六乡山下围	同上	430	14	同上
同上	同上	独岗围	同上	895	7.6	同上
同上	同上	前岗围	同上	179	1.2	同上
同上	同上	霄乡围	同上	550	3.5	同上

明清侨乡农田水利研究——基于广东考察

年代	地区	堤围名称	位置	堤长（丈）	护田面积（顷）	资料来源
明代(1368—1644)	高明县	莺朗围	粉洞水南岸玉桥村	185	3.3	民国《鹤山县志》
同上	同上	石砚围	同上	230	2.5	同上
同上	同上	官坑围		200	0.96	同上
同上	同上	文堂围		210	1.6	同上
同上	同上	雁地坊围		100		同上
同上	同上	楼涌社前围	高明河南岸	434	2.3	同上
同上	同上	楼涌品福围	同上	384	2.5	同上
同上	同上	楼涌谷种围	同上	240	1.2	同上
洪武二十八年(1395)	新会县	招水村围			18.32	康熙《新会县志》
洪武三十一年(1398)	同上	天河堤	西海左岸,天河村	3733	301.8	万历《广东通志》
同上	同上	横江围	西海左岸,横江村		120	道光《新会县志》
同上	同上	周郡围	西海左岸,周郡村	3458		同上
成化年间(1465—1487)	同上	潮莲围	潮莲乡			《潮莲乡志》①
万历十六年(1588)	同上	大田围	西海左岸,棠下东南		600	道光《新会县志》

① 《潮莲乡志》为潮莲乡志编纂处 1946 年编,参阅《珠江三角洲农业志》(初稿)二《珠江三角洲堤围和围垦发展史》。

年代	地区	堤围名称	位置	堤长（丈）	护田面积（顷）	资料来源
洪武年间（1368—1398）	南海县	鸡公围	甘竹左滩	260 余		咸丰《顺德县志》
嘉靖年间（1522—1566）	同上	东方子围	九江东方		66	同治《南海县志》
嘉靖（1522—1566）或以前	同上	茶盅上下围	西南冲南岸，官窑附近	262	23	嘉靖《广东通志》
同上	同上	山脚围	同上	120	13	同上
同上	同上	白沙围	同上	110	11	同上
同上	同上	七甫村后围	西南涌南岸，官窑附近	331		同上
同上	同上	上波湾围	同上		76	同上
同上	同上	下波湾围	同上	498.4		同上
同上	同上	曲基围	同上	28		同上
同上	同上	乌茶步基围	同上	179.5	36	同上
同上	同上	马步埠围	同上	235		同上
同上	同上	大榄背围	西南涌南岸	350.2		同上
同上	同上	筲箕尾围	同上	3275	317	同上
同上	同上	芦荻塘围	同上	887	15	同上
同上	同上	董藜村围	同上			
同上	同上	犀牛颈围	同上	243	12	同上
同上	同上	小北围	流溪河口左方	599.3	25	同上
同上	同上	东南围	流溪河口西南	647	19	同上

年代	地区	堤围名称	位置	堤长（丈）	护田面积（顷）	资料来源
嘉靖(1522—1566)或以前	南海县	南功围	流溪河口西南	927	27	嘉靖《广东通志》
同上	同上	河塱围		1900		同上
同上	同上	良凿围	北江东南流东岸	2000	134	同上
同上	同上	白木塱围	同上	227	11	同上
同上	同上	刘洞涌围	北江东南流东岸,小塘附近	78	7.21	同上
同上	同上	花岗围	北江东南流东岸	371		同上
同上	同上	南沙围	北江东南流西岸	1975		同上
同上	同上	荻洲头围	同上	2000	38	同上
同上	同上	荻洲铁围	同上	1584	70	同上
同上	同上	荻洲沙围	同上	2298	42	同上
同上	同上	王公围	北江南流右岸,思贤滘北		1000	同上
同上	同上	南岸围	三水县城对面	1080	62	同上
同上	同上	朱山围	佛山涌北岸	184	18.3	同上
同上	同上	良安围	同上	2704	70	同上
同上	同上	王芝围	同上	279.65	43	同上
同上	同上	岑山朗围	西樵山北	104	2	同上
同上	同上	溶洲柏塱围	罗格围东	396	2.7	同上
同上	同上	沙岗围	上通石湾,下接滘石	572	8.3	同上

年代	地区	堤围名称	位置	堤长（丈）	护田面积（顷）	资料来源
嘉靖（1522—1566）或以前	南海县	官洲沙围	西樵山北小围			嘉靖《广东通志》
同上	同上	孝墩围	同上			同上
同上	同上	石带子围	佛山涌北岸	3000	11.4	同上
同上	同上	大良围	北江南岸	5266	251.96	同上
同上	同上	永洲外围	张槎附近，弼唐乡	700		同上
同上	同上	仙迹围	桑园围内小围	506	16	同上
同上	同上	渡溶围	西樵山北小围	771		同上
同上	同上	蚬壳围	同上	1034	25	同上
同上	同上	闩门围	三水县城对面	4000	100	同上
同上	同上	南北围		1250	240	同上
同上	同上	北方围	九江附近			同上
同上	同上	大海洲围（大河洲围）	同上	440		同上
同上	同上	枼沙围	西樵山北	780	4	同上
同上	同上	良涌围	官山涌北			同上
同上	同上	巾子围	桑园围内北面小围	680	4	同上
同上	同上	保安围	九江南			同上
同上	同上	朱山围	佛山涌北岸	184	18.3	同上
同上	同上	大有围				同上
同上	同上	大栅围	西樵山北	5085.5	141	同上
同上	同上	土围	人字水一带	1750		同上

年代	地区	堤围名称	位置	堤长（丈）	护田面积（顷）	资料来源
嘉靖（1522—1566）或以前	南海县	河澎围	龙江附近	495		嘉靖《广东通志》
同上	同上	北辅围	同上	2159		同上
同上	同上	溶洲乡围仔基	罗格围东	200		同上
同上	同上	南岸围	三水县城对面	1080	60	同上
同上	同上	山田堤	西江南流右岸		7	同上
同上	同上	银洲堤	西江南流右岸	720	26	同上
同上	同上	徐步堤	西江南流右岸			同上
同上	同上	陈铁涌围	三水县城对面			同上
同上	同上	龙湾基	大栅围内			光绪《桑园围志》
同上	同上	槎头围				道光《南海县志》
同上	同上	东村围	高明河口南岸	430		同上①
同上	同上	沙利围	同上	749		同上
同上	同上	仁亨围（银坑围）	同上	720		同上
同上	同上	碧岸围	同上	1392		同上
同上	同上	大槎围	同上	1252		同上

① 东村围、沙利围、仁亨（银坑）围、碧岸围、大槎围、蚬岗围合称碧岸六围。

年代	地区	堤围名称	位置	堤长（丈）	护田面积（顷）	资料来源
嘉靖（1522—1566）或以前	南海县	蚌岗围	高明河口南岸	180		道光《南海县志》
洪武年间（1368—1398）	顺德县	东洲围	龙山西	300	1.32	民国《顺德县志》
嘉靖（1522—1566）或以前	同上	藤涌村二小围	藤涌村	261		嘉靖《广东通志》
同上	同上	龙潭村马营围	北水堡光华村至吉祐村	1673		同上
同上	同上	丰盈围	登洲堡北滘东	3022		同上
同上	同上	北围	鹭洲堡鹭洲村	510		同上
同上	同上	东围（新隆基围）	葛岸村	300		同上
同上	同上	和安围	北滘村			同上
同上	同上	贤祖围	同上			同上
同上	同上	南顺五堡东西围	吉利、水藤、龙津、葛岸一带	10870		同上
同上	同上	巩安围	潭村、登洲村	5000		咸丰《顺德县志》
同上	同上	平步乡围	平步至小步	914.7		嘉靖《广东通志》
同上	同上	大墩围	水藤梧村至三漕	2243		同上

年代	地区	堤围名称	位置	堤长（丈）	护田面积（顷）	资料来源
嘉靖（1522—1566）或以前	顺德县	海旁北	葛岸村	160		嘉靖《广东通志》
万历（1573—1620）或以前	同上	龙江堤	龙江	800余	400	万历《广东通志》
同上	同上	鹭洲堤	鹭洲村	3600	210	同上
同上	同上	平步堤	平步村	1800余	100余	同上
同上	同上	水藤堤	水藤村	700余	3000余	同上
同上	同上	龙山堤	龙山村	1300余	70余	同上
同上	同上	岳埠堤	岳步	3400余	50	同上
同上	同上	葛岸堤	葛岸村	3800余	50余	同上
同上	同上	登洲堤	登洲村	2000余	40余	同上
同上	同上	光华村马营围	马齐堡光华村	1320		咸丰《顺德县志》
同上	同上	古朗马营围	北水堡古朗村	1673		同上
崇祯元年（1628）	同上	大成围	高攒村，龙山东南	28.67		同上
明代（1368—1644）	同上	大洲围	龙山西南	1010	3.2	嘉靖《广东通志初稿》
同上	同上	西成围	甘竹右滩	253		乾隆《顺德县志》
同上	同上	东城围	同上	289.8		同上
同上	同上	槎涌郑姓小围	槎涌村			民国《顺德县志》

年代	地区	堤围名称	位置	堤长（丈）	护田面积（顷）	资料来源
明代(1368—1644)	香山(中山)县	三灶招氏围,顷二围	三灶东			《珠江三角洲堤围和围垦发展史》
同上	同上	白濠沙小围	横栏一、二、三、五、六沙小围			同上①
弘治八年(1495)	清远县	下围堤	北江飞来峡靖定乡			周广《广东考古辑要》
正德元年(1506)	同上	上围堤	同上			同上
嘉靖元年(1522)	同上	中围堤	同上			同上
明代(1368—1644)	同上	德和围	北江左岸			《珠江流域水利建设基本情况汇编》②
同上	同上	石角围	石角乡	1248		光绪《清远县志》
永乐年间(1403—1424)	博罗县	登山堤	龙江与东江交汇处左岸			《珠江流域水利建设基本情况汇编》

① 引自《顺德弼教、大良海傍、中山贴边常珍公联修族谱》。

② 引自珠江水利工程总局《珠江流域水利建设基本情况汇编》、《珠江三角洲各县主要堤围建筑历史情况表》,1955 年编。下同。

年代	地区	堤围名称	位置	堤长（丈）	护田面积（顷）	资料来源
嘉靖年间（1522—1566）	博罗县	榕溪堤	县城南门	30		《珠江流域水利建设基本情况汇编》
万历年间（1573—1620）	同上	马鞍围	东江南岸，惠州东			同上
明代（1368—1644）	同上	学湖堤	龙江右岸			周广《广东考古辑要》
成化年间（1465—1487）	增城县	张洲围	县城附近	2000 余		同上
洪武二十七年（1394）	东莞县	三村圩	东江北岸，右龙附近	7000	300	宣统《东莞县志》

据上表资料初步和不完全的统计,明代珠江三角洲在前代的基础上修筑的堤围至少有 206 条,总堤长为 273456.42 丈,其中有堤长实数的为 159 条,无堤长实数的为 47 条,按有堤长实数计算,平均每条堤长为 1719.85 丈。总护田面积为 21238.84 顷,其中有护田面积的为 119 条,无护田面积的为 87 条,按有护田面积数计算,平均每条堤护田面积为 178.48 顷。据此分析,明代珠江三角洲修筑的堤围无论其总数、总堤长和总护田面积数都明显超过了宋元时代,而且都应大于以上计算的相关数据。就以总堤长和总护田面积数而言,这里无堤长数的有 47 条,如按每条平均堤长为 1719.85 丈推算,大约合共为 80832.45 丈,无护田面积数的有 87 条,如按每条平均护田面积为 178.48 顷推算,也大约有 15527.76 顷。由此说明了明代珠江三角洲的堤围建设取得了长足的进步与巨大的成效,在广东堤围建设史上具有突出的地位及意义。另外,明代珠江三角洲在河岸平原上修筑的堤

围也多为特大的或大中型的堤围,这也是此时期堤围建设的一大特色。

2.清代广东堤围建设的发展状况及其规模。

清代广东堤围建设在明代的基础上继续迅速发展,珠江三角洲的堤围建设仍然维持占全省比例绝大多数的优势与格局。其堤围工程建设已从原来在河岸平原扩展到三角洲漏斗湾与滨海广阔的冲积平原上,而围垦工程在各口门附近及滨海沙坦上全面迅速展开,从而掀起了修筑堤围与围垦的高潮,进入了堤围与围垦发展史上的全盛时期,取得了十分显著的成就,并超过了明代的水平。以下仅就珠江三角洲的堤围与围垦两方面依次进行概括和论述。

先说堤围建设的情形。

在顺德水道附近一带。顺德县西侧有西江水道、东侧有北江水道流经境内出海。清初以来,甘竹滩以东顺德县遭受西江洪涝灾患日益严重,为防洪涝保农耕,当地乡民大力修筑堤围,如顺治年间(1644—1661)顺德县龙山修筑了保康围,堤长 3440 丈,护田 58 顷。江村堡修筑了安乐围,堤长 2860 丈。康熙三十四年(1690),该县云步堡修筑了三乐围,堤长 3612.9 丈,四年后在西海东岸又修筑了南望围,堤长 1188 丈。雍正五年(1727)和十三年(1735)又修筑了放牛望围(堤长 2441 丈)和镇安围(堤长 1935 丈)。乾隆八年(1743)竣工的玉带围,堤长 1151 丈,护田 35.3 顷。这些都是清初顺德县为防范两潦洪患而修筑的较大规模的堤围工程。清中叶后又相继修建了一批堤围。

北江水自明末清初佛山冲淤涸后,唯有通过佛山以南的顺德水道出海,是时水道尚为顺畅,水灾较轻,故史称这一带"乾隆前水患未甚"。但地势低洼之乡村"已有筑堤基环村拒水者"。[①] 清中叶由于下游地带盛行围垦等原因,顺德水道又渐淤浅,洪涝为患日甚一日。道光年间顺德乡民迅速掀起了修筑堤围的热潮,并经历咸同,延续到光绪年间。据载,道光年间这里修筑较大的堤围有:新良堡的蟠龙围,堤长 5900 丈,护田 159 顷;甘溪堡的盘石围,堤长 4300 丈;甘竹堡的里海围,堤长 4000 丈;等等。据初步统计,仅道光年间顺德县已修筑护田 5 顷以上或堤长 100 丈以上的堤围共计 48 处,远远超出了同时期

---

① 咸丰《顺德县志》卷五《建置略二·堤筑》。

珠江三角洲各县修筑堤围数目之和,充分显示该县进入了修筑堤围的高潮。

在甘竹滩以南、外海附近一带。清初以来,这一地带受下游投石筑坝围垦的影响,洪涝灾患日趋猖獗,新会、香山(中山)等县继承前代筑围防御的策略,先后修筑了许多大小堤围。道光年间,新会县外海附近修筑了一些较大的堤围,如荷塘乡的桂园围,北街村的永安围、永吉围,棠下乡的棠下捍堤,睦洲东的百顷沙小围等。咸丰九年(1859),外海乡修筑的龙溪围,堤长 3500 余丈。至于甘竹滩以南,香山(中山)县北部,嘉道年间以后亦修筑了众多的大小堤围。如嘉庆二十三年(1818)海洲北修筑的永安围,堤长 3000 丈。值得指出的是,咸丰三年(1853)小榄一带修筑的揽都大围,堤长 9900 余丈;同治元年(1862)古镇修筑的古镇大围,堤长也有数千丈,这都是珠江三角洲南端修筑的大堤围。可见清中叶以来,香山(中山)县也掀起了修筑堤围的热潮。

在磨刀门、横门附近地带。明末清初以来,珠江各出海水道及口门一带的冲积平原不断扩展,当地人民便利用分布在出海水道两旁、口门附近及岛屿周围、小片沙洲上的潮田垦种。为防御洪潮水患,于是在地势较高的潮田四周筑围护田。其中在香山(中山)县西南磨刀门出海水道与口门一带,及县东北横门出海水道与口门附近,修筑的众多堤围最为集中。在磨刀门方向,雍乾年间(1723—1795)香山(中山)县坦洲(今属珠海市)修筑的坦洲小围,由十余个小围组成的小围群,护田达 24.3 顷。嘉庆年间,在梁湾乡以西修筑的报芙沙小围,由 15 个小围组成的小围群,护田 13 顷,直到清末才告完成。光绪年间,斗门白蕉(今属珠海市)修筑了灯笼沙小围和白蕉沙小围,斗门乾雾修筑了乾雾小围,此外,还有小林(今属珠海市)小围等。在横门方面,雍正年间香山(中山)县三角乡修筑的三角沙小围,由 6 个小围组成的小围群,护田约 35 顷,这项筑围工程直到道光年间才竣工。嘉庆年间港口乡修筑的港口小围,由 8 个小围组成的小围群,护田约 48 顷,到清末才完工。此外,在黄圃、民众、横门附近亦修筑了一些小围。以上可见,清代是香山(中山)县各口门及滨海地带修筑堤围的盛期,其筑围之数量远远超出了前代,但大多是小围群,这是它的特色。

在番禺东南近海地区,明末以来,这一带潮田较多,清初当地乡民便在潮田上修筑小围,以防御洪潮,保护农业生产。如乾隆年间番禺县万顷沙人民开始修筑万顷沙小围,这项筑围工程持续到清末才告结束,是珠江三角洲著名的一大堤围。嘉道年间(1796—1850)该县大岗乡修筑了塞口沙小围。清中叶以后,直到清末,该县在东南濒海一带又修筑了许多小围。其中较大的有榄核乡的榄核小围,鱼涡头乡的鱼涡头小围,东冲乡的东冲小围,黄阁乡的黄阁小围,等等。可以说自乾嘉以后,特别是道光以后,番禺县也掀起了修筑堤围的热潮,其筑围之数量同样亦超过了前代的水平。

以上是清代珠江三角洲漏斗湾地区修筑堤围工程的概况。亦是此时期珠江三角洲修筑堤围最集中而又最多的地区。其他地区主要有甘竹滩、顺德水道以北西、北江与其支流一带,及东江干流与其三角洲一带。

在甘竹滩、顺德水道以北西、北江与其支流一带。清代在这片广阔的河岸平原上亦修筑了不少堤围,以防洪涝灾患,保护当地农业生产及人民的安全。主要集中在甘竹滩以北,水患严重的南海县,其修筑的大小堤围较多,如康熙年间在澜右水北岸修筑的金钗围,堤长3750丈,护田100顷,是一大堤围。道光至光绪年间,该县掀起了修筑堤围的热潮,据初步统计,修筑护田5顷以上或堤长100丈以上的堤围,道光年间有5处,其中最大的为螺岗乡的螺岗围,堤长650丈,护田50顷。咸丰年间有7处,其中最大的为佛山以北的厚安围,堤长2800丈,护田68.73顷。同治年间有1处,大沥乡的远安围,堤长1300丈,护田12顷。光绪年间有5处,其中最大的为佛山东北叠滘的溥利子围,堤长4150丈,护田70顷。年代不详的有9处,其中最大的为九江附近的麦局墩围,堤长260余丈,护田160顷。可见,清代南海县修筑堤围不少,在珠江三角洲中仅次于顺德县,位居第二。至于其他县份修筑堤围的有,雍正二年(1724)三水县在芦苞水南岸修筑的榕塞东围;雍正年间,高明县在高明河南岸修筑的园州围,清远县在北江飞来峡修筑的大塱底围和在右角乡修筑的右角围等。显然,这些县份修筑堤围已不多了。

在东江及其三角洲一带。清代在这一地带修筑堤围主要集中于东莞县,清中叶东江下游东莞河段水患日趋加剧,为防御洪水,保护农田,东莞县相继修筑了多处较大的堤围,如道光年间在石龙附近修筑了黄家山基围,堤长3300余丈;在东江出海口附近始筑立沙小围,该围直到清末才竣工。此外,在石排以北东江北岸修筑了土瓜十四约基围,堤长 11500 余丈,为清代珠江三角洲东面一大堤围;在石排以东东江南岸修筑了五村大围堤,堤长 5400 丈,护田 40 顷,也是一处中型的堤围。

再说围垦方面的情形。

清代广东珠江三角洲各口门的出海水道及滨海地带的冲积平原扩展迅速,新成沙坦范围不断扩大,这为围垦业的发展提供了极为有利的条件。明代珠江三角洲的围垦工程主要集中在新会南部和香山(中山)县北部一带。及至清代,围垦工程业已扩展到珠江各口门出海水道两岸、各口门附近及滨海地带,围垦范围比前代扩大很多,围垦速度也大大加快了。究其原因主要有二。

第一,清初放宽了广东沿海围垦的限制。如雍正九年(1731)清政府批准了广东督抚"条奏粤东沙坦事宜","敕令广东督抚议复执行"。其内容一是"定交界之法",规定"凡(粤东)海滨水坦初出,各自插标,出水之后,各自工筑,报官给照为业";二是"立限田之法",即以"五顷"为限,规定"小民圈筑,亦毋过五顷",违者"治罪",并将其田"给贫民为业";三是"缓升科之期",陆地开垦"定例二年升科",海田"应候十年……始令给赋"[①],亦即十年起科。这是清初广东督府鼓励围垦,开发海坦的重大举措,意义重大,影响深远。这项经中央"允行"的围垦之法,明确规定了广东沿海围垦的原则和条件,即"水坦初出,各自插标,出水之后,各自工筑,报官给照为业"。法规十分清晰明了。同时又提出了围垦的限额与升科的年限,"小民圈筑"以"五顷"为限,违者治罪,"以杜豪占";海田"应俟十年"起科,"以宽民力"。此外,乾隆五十年(1785)清政府又放宽了沿海围垦的限制。可以认为,这些政策措施是顺应了清初以来广东沿海沙坦浮露面积日益扩大之趋势,鼓励民间投入围垦海坦、人工造田的热潮,从而促进了嘉庆、道光年间珠江三角洲沿海各县的围垦高潮,并取得显著成效。

第二,广东改进了围垦的方式。清代珠江三角洲的围垦业,是在明代基础上进一步发展的,所不同的是,它改进了围垦的方式。一般而言,明代珠江三角洲沿海各县是在已浮露的沙坦上进行圈筑围垦的,即在"已成之沙"或"新成之沙"上围垦造田。而清代特别是清中

---

① 光绪《广州府志》卷一百八《宦绩五·甘汝来》。

叶,就不仅在"已成之沙"或"新成之沙"上围垦造田,还发展到在"未成之沙"上圈筑围垦,即当水坦大约在离水面一丈上下,采用人工筑挡河坝方式,砌筑长长的石坝,以加速河岸沙坦的淤积、浮露,或筑堤坝堵塞支流,使河床淤积、干涸,然后拍围造田。采用人工种草促淤方式,在水深丈余之水坦上,或种植芦苇等水草,令其加快淤积、浮露,再拍围垦种。这种以人工筑坝或种植水草进行围垦造田的方式,自然大大提高了圈筑围垦的速度与成效。这是清中叶以来香山(中山)、新会、番禺、东莞等县围垦业迅速发展的重要原因。

清代广东沿海的围垦仍然以珠江三角洲为主,韩江三角洲和粤西沿海的围垦所占的比例都很少。清代珠江三角洲沿海的围垦工程,实质上是堤围建设的一个重要组成部分,其分布主要在以下地区。

在香山(中山)县北部东海十六沙一带。如前所述,明初香山(中山)县已兴工开发西海十八沙,在广袤沙坦上进行围垦,到明中叶扩展至东海十六沙,即在容桂水道以南,横门水道以北地带圈筑围垦。清初东海十六沙承前继续进行围垦,从道光年间起,这一带的围垦已从母沙向其子沙扩展,掀起了围垦造田的热潮。据道光《香山县志》称,是时东海十六沙及其子沙一带,已进入开发的盛期,这里乡村林立,沙田一望无际,已垦种的农田约有 2100 余顷。及至清末,东海十六沙一带开发更为旺盛,计有居民"十余万人",已筑起了无数的小堤围,围田面积扩大至"四千六百余顷"①,围垦种植取得了显著的成果。

在西、北江出海水道及其口门附近一带。西、北二江海水道多处,就围垦角度而言,主要集中在甘竹滩以南、磨刀门水道沿岸及其口门附近一带,其次是番禺南部蕉门、潭洲水道之间及其口门附近。大抵清初以来,特别是清中叶,这些地区沙坦随潮淤结,栉比鳞连,成为三角洲漏斗湾圈筑围垦最集中的地带。值得指出的是,清代这一地区的开发与围垦有显著之特色。为加快对这片广阔的尚未浮露出水面的"未成之沙"的开发,大力发展粮食作物,当地乡民从实际出发,因地制宜,采用筑坝促淤或种草促淤的方式,大大推动了人工围垦造田的进程。其法是:当出海水道沿岸河田水深丈许时,即采取筑拦河坝聚沙积淤的方式,或投石堵塞支河令其淤浅干涸的方式,然后圈筑拍围,实

---

① 参阅广州香山公会编《东海十六沙纪实》。

行人工造田。这种筑坝促淤的方式,大大加速了人工围垦、开发沙田的步伐,是围垦史上的一大进步。

值得注意的是,自清雍正、乾隆放宽和鼓励对广东沿海围垦的法规后,广东沿海特别是珠江三角洲沿海,围垦种植业获得了迅速的发展。最具代表性的是在甘竹滩以南、磨刀门水道沿岸及其附近一带,在嘉庆、道光年间已掀起了围垦种植的高潮。这里的围垦方式已从以往在"已成之沙"或"新成之沙"圈筑围垦,进一步发展到在尚未浮露出水面的沙坦,即所谓"未成之沙"上投石筑坝、圈筑围垦。因为经过清初的长期开发,这一地区新浮露的沙坦大多已被圈筑围垦或正在圈筑围垦,剩下来的就是广袤而尚未浮露的"未成之沙"。为加速这片尚未浮露出水面的沙坦的开发、围垦进程,这期间当地乡民在水道附近一带大量投石筑坝,聚沙促淤,或堵塞支河淤结。用人工而又有效的方法加速沙坦的浮露,再拍围垦种。这是清中叶投石筑坝围垦最盛时期与围垦最集中的地区,也是珠江三角洲沿海围垦的一大特色。

按雍正九年(1731)广东督府的规定,"小民圈筑"以五顷为限,违者治罪并没收其田产给贫民耕种。通常而言,有力承担圈筑五顷的农户似乎应是有丁产的较富裕的农户,一般贫苦自耕农或佃户显然是难以为之。这是围垦工程值得注意之点。由于海坦圈筑、围垦造田带来了相当丰厚的利润,故历史上官僚、士绅、豪强、地主大户争相霸占海坦、大肆圈筑围垦。清中叶,珠江三角洲沿海各县的围垦情况更是如此。嘉道年间新会、香山(中山)、顺德、番禺等县的官僚、士绅、豪强之家在西北二江出海水道一带竞相争夺尚未浮露的沙坦,各自大量投石筑坝,争先围海造田。据光绪《桑园围志》所载,是时在磨刀门等水道附近投石筑坝的地点分布甚多,如仰船岗至海洲,沿河有石坝二三十度,长各 10 余丈;白藤至古镇,夹岸石坝十余度;荷塘、潮莲一带,有石坝二度,各 20 丈;外海至竹洲头,夹河有大石坝十余度;百顷沙、广福沙、芙蓉沙亦筑有石坝,各长百丈或数十丈不等。由于资料所限,虽然无法具体统计总的筑坝处所的数量和石坝的长度,但从道光年间广东督府查出各县违规垒筑石坝的处所却不少,据"勘明有碍水道,应行拆毁之堤、桩、坝、闸,番禺县承五处,东莞县承八处,顺德、香山(中山)两县各十七处,新会县承四十二处,总共七十二处。……此外,未经查出者恐尚不少"。由此说明,道光年间上述地区投石筑坝围垦的分布地点应有数以百计之多，石坝每道长达"百丈或数十丈"不等，进入了圈筑海坦、围垦造田的全盛时期。

另外，在磨刀门水道下段亦相继出现投石筑坝淤田的围垦工程，在水道两岸甚至水道中筑起长达数十丈或百丈的石坝为数不少，可见其规模亦相当可观。如香山（中山）县沙溪、横栏、芙蓉沙一带及新会县潮莲、银洲湖等地，从道光年间起已逐渐加快了投石筑坝、圈筑围垦的进程，据道光九年（1829）曾钊游香山目睹各地围垦情景所称，是时"新会、潮莲、银洲湖诸处，两岸皆为石坝，凡几十道，各几百丈，犬牙交出"，"（香山）芙蓉沙；其石坝横截海中，不知其几百丈。访诸舟子皆云：昔筑石坝以护沙，今日筑石坝以聚沙，昔因河为田，今且筑海为田"。[①] 由此可见，这些地区圈筑围垦的盛况及其目的。

清中叶以后，特别是清末，海坦围垦已发展到磨刀门附近一带，如斗门白蕉、乾雾、大林、小林及坦洲西南部一带（今属珠海市），当地人民因地制宜，在口门附近岛屿、海湾及山地丘陵边缘海坦进行围垦，工筑许多小围群。这里的小堤围一般规模都不大，有数顷的，有不到一顷的，甚至有数百亩或数十亩的，而且小围群的分布似乎多为零星和分散的。

顺便指出，在磨刀门东西两侧有香山（中山）县东南的香山场（今珠海市香洲）和新会县南面的潭江三角洲，清代以来两地亦进行围垦活动。清初，香山县东南滨海的香山场（今珠海市香洲），其东南海坦已有沙田浮露，据康熙《香山县志》称，至迟在康熙十二年（1673），这里的沙坦"尽被邻邑豪宦"所占，他们高筑堤坝，以防海潮。可见清初的香山县东南滨海一带业已圈筑围垦了。至于新会县西南潭江三角洲的围垦情况，文献上似乎少有记载，但潭江下游靠近三角洲附近的河道两岸，在清代已修筑了不少小围群，如开平县泮村"当大水之冲，故多筑围基，以资防泄"，"在泮村东南共筑二十余围，种葵者居多"。[②] 这一带的小围多种葵，与附近新会县大致相同。可以认为，潭江三角洲边缘海坦至迟在清中叶后同光年间已浮露，并开始圈筑围垦。如新会县西南泷水乡附近的同心沙是新成之沙坦，大约在光绪年间便工筑拍

---

① 光绪《桑园围志》卷一五《艺文》。
② 民国《开平县志》卷一二《建制略六·水利》。

围成田。①

在番禺县南部蕉门、潭洲水道及其口门附近一带,清初番禺南部的冲积平原潭洲、鱼涡头、东冲等地附近的沙坦逐渐浮露。嘉道年间,当地乡民在已浮露的沙坦或将浮露的沙坦上投石筑坝促淤,围垦种植,其发展甚为迅速。如大岗乡的塞口沙小围就是此时期筑成的。其他诸如鱼涡头小围、东冲小围、黄阁小围等,大多由若干个小围组成的小围群,从道光年间始筑至清末才告竣工。值得一提的是,南沙和万顷沙的圈筑围垦,珠江水道,东西两江皆汇于南沙村之南,"万顷沙正当两江合流紧要之冲"。据载,嘉道年间,"蕉门至南沙村前一带已形成淤浅,近新涨叠积",又云"南沙村前海中浮有沙坦","沙淤成田",而南沙村以南之万顷沙又名万丈沙,"积淤绵延","新生浮沙","不乏可筑之坦"。② 此时期南沙和万顷沙一带的海坦亦进入圈筑围垦的盛期。顺德、番禺、香山(中山)、东莞等县的一些豪强地主,即所谓"土豪""势家"或"沙棍""棍徒"之类,争先到南沙村附近新积海坦,用桩石圈筑堤坝,"冒承霸占"。③ 如道光十八年(1838)十一月,顺德龙山"土豪"温植亭在南沙村前"始行私筑"石坝,至道光二十年(1840)二月,已圈筑"霸占淤积沙坦六十余顷,移批与邓嘉善(佛山土豪)、郭进祥(番禺土豪)、王居荣(香山土豪)圈筑佃耕"④,可见温植亭在"十数个月"内即已雇工圈筑霸占了六十余顷沙坦,私筑私占沙坦面积之广、速度之快,确乎达到了惊人程度;另外,温植亭将其霸占的沙坦,"移批"与邻近各县土豪分段"圈筑佃耕",而其本人则成为牟取大量租息的"势家"大地主,由此可见其私筑私占沙坦的目的。这是清中叶豪强地主圈筑霸占沙坦的一个极具代表性的例子。但未几,此处由郭进祥等承批圈筑佃耕的六十余顷沙坦以其私筑石坝、"有碍水道"而被官府即时查处。道光二十年(1840)三月,东莞县知县(万顷沙时辖东莞)根据耆民的举报及现场勘查后,在上呈报告中称"该坦(基围石坝)勘明有碍水道","均应拆除"。⑤ 广东省府即将郭进祥等圈筑万顷沙基围列作"有碍水道一案"

---

① 参阅《珠江三角洲农业志》(初稿)二,第40页。
② 参阅民国《东莞县志》卷九九、《沙田志一》《沙田志事略序》。
③ 民国《东莞县志》卷一〇〇《沙田志二》。
④ 民国《东莞县志》卷九九《沙田志一》。
⑤ 民国《东莞县志》卷九九《沙田志一》。

惩处,下令有司"迅将该围基限日拆除净尽,以畅河流,而杜水患",并申明"此等土豪势恶在所必除"。① 这表明随着珠江三角洲沿海进入圈筑围垦高潮,各级政府也采取措施加紧查处那些"私堵私筑""有碍水道"的大案要案,以维护围垦秩序的正常进行,防范水患发生。郭进祥案的迅速处理就是其中一个典型例子。

另外,此时期督抚亦责成巡道亲赴沿海各地巡视,监督拆毁违规私筑石坝,如道光十五年(1835)省"道宪"巡视珠江三角洲沿海,"督拆碍流堤坝,严禁圈筑"。② 又严格审核垦户报承海坦的申请文帖,规定凡有碍水道的新涨白坦"不准报垦",等等。可以认为,政府这些举措对于惩处或限制那些无视法规、滥筑滥垦的行径,维护围垦海坦的正常秩序及垦户的安全,推动海坦围垦业的发展,无疑起到了积极的作用。但也存在一些问题,如"应拆"而未"尽拆"以及违章私筑而未"查出"的石坝亦不少。

万顷沙海坦的围垦大致是自西北向东及东南逐渐扩展延伸的。大约到道光十八年(1838)前后,万顷沙的开发便活跃起来,圈筑围垦逐渐铺开。据道光十九年(1839)五月十六日该县绅士、保老、书役人等的清丈,勘得围垦"税(亩)二十顷零八十五亩"③。次年,郭进祥等土豪"私筑"案查处后,该沙坦由县招佃围垦。道光二十五年(1845)经"院宪"奏明,将万顷沙奉拨屯坦屯田 50 顷"归(东)莞承佃"。到道光二十九年(1849)又将香山(中山)县屯草"水白坦"95 顷"割拨"给东莞④,二者合共 145 顷。这是万顷沙开发围垦的第一阶段。咸丰九年(1859)至光绪十三年(1887),万顷沙又"扩充"241 顷,是为第二阶段。光绪十四年(1888)至光绪末年,又"招承"300 余顷⑤,至此历时大半个世纪的开发围垦终告结束。据宣统三年(1911)统计,万顷沙共筑"熟田五十四围","共税(沙田)六百七十顷二十七亩"⑥。这是清中叶以后珠江三角洲沿海围垦中最大的一个小围群。

万顷沙的围垦方式也颇有特色。自道光二十五年(1845)省"院

---

① 民国《东莞县志》卷九九《沙田志一》。

② 民国《东莞县志》卷九九《沙田志一》。

③ 民国《东莞县志》卷九九《沙田志一》。

④ 民国《东莞县志》卷九九《沙田志一》。

⑤ 民国《东莞县志》卷九九《沙田志一》。

⑥ 参阅民国《东莞县志》卷一○二《沙田志四》。

宪"奏明将万顷沙海坦归承东莞管业后,"奉粮宪(即有粮道)发照承佃,按年纳租"由各县公举各绅士负责管理召筑,即"召佃批耕"或"召佃垦耕"事宜。报承佃户即垦户须有绅士担保,称"保佃",或"邑绅保佃",且"由道宪给照保佃"垦耕。一般而言,报承佃产或垦户大多是资产较富裕的大户,他们领照围垦的先是草白水坦,须雇工筑石坝,种草促淤,待沙坦浮露出水面,然后筑围种植,"可围田一二十顷"。同治十年(1871)"报承"各围熟坦、围侧草坦、沙尾草坦、侧水白坦共十二起[1],约二三百顷,平均每起约一二十顷,可见承佃户围垦工程的规模也不小。按规定,承佃户应遵合约"按年纳租",交给本县经管各绅。由于筑围后种植收益很低,以后才逐渐提高,故县府亦相应定出纳租的宽限期或优惠期。据光绪十四年(1888)所载,"前经绅定议,宽予荒头批期,每围筑成后批期共三十年,内荒头(即免纳租)十年,十年后每亩始收租钱四钱,又六年后加至八钱,递加至一两六钱"[2]。亦即以上三十年为批期,头十年免纳租钱,以后按规定由亩租四钱加至一两六钱。总的来说,沙田租虽有"荒头"之优免,但其租负还是很重的。值得注意的是,万顷沙的沙田租归东莞县学宫收纳,作为学宫之用费,因此万顷沙围垦的沙田归由县学宫明伦堂管理,史称万顷沙熟田 54 围、670 顷 27 亩"全归(东莞)邑学明伦堂管业"[3]。可以认为,历时大半个世纪的万顷沙海坦的围垦,筑围 54 围,围田即沙田达 670 顷 27 亩,其招佃围垦的方式,纳租与管业的制度都自成体系,有效而可操作,在清中叶以后珠江三角洲沿海的围垦业中颇具代表性,它也是此时期这个地区堤围建设、发展的一个重要组成部分,具有一定的意义。

在东江三角洲沿海一带。清中叶东莞县西南东江出海水道及附近地带,沙坦逐渐浮露,史称道光年间"邑两南滨海沙淤成田","邑中沙田日增自此始"。[4] 开发围垦海坦日益活跃,除前面提及的是时归承东莞的万顷沙围垦外,在三角洲东部东江出海水道一带,采用砌筑桩石坝促淤,扩大围垦范围的办法,推动人工围海造田的进程。如东莞

---

① 参阅民国《东莞县志》卷一〇〇《沙田志二》。
② 民国《东莞县志》卷一〇〇《沙田志二》。又光绪十七年(1891 年)有报承户"恳准草坦荒头五年,白坦荒头十年,水坦荒头十五年,荒头限满,然后分年缴租。"
③ 民国《东莞县志》卷一〇二《沙田志四》。
④ 民国《东莞县志》卷五一《宦绩略》。

城东的石碣、石排、牛氏塘、大王洲头等地都有砌筑石坝,围垦造田。其中石碣筑石坝 4 道,可见其围垦工程的规模亦不小。清中叶以后,海坦的围垦主要集中于东莞城南咸潮堤沿海的西海、南栅等乡,以及西南沙各乡附近,并大力投石圈筑,掀起了围垦的热潮,取得了围海造田的显著成效。据宣统《东莞县志》称,清末东江三角洲滨海地区圈筑海坦,拍围造田,不可胜数。

综上所述,清代广东的堤围和围垦工程建设仍以珠江三角洲占据主要的地位,韩江三角洲等地区所占的比例依然很少。[①] 而珠江三角洲的堤围和围垦建设已进入了迅猛发展的全盛时期,并取得了异常突出的业绩。由此得出如下几点共识:

(1)清代珠江三角洲的堤围建设已从河岸平原扩展至三角洲河网冲积平原,即所谓三角洲漏斗湾内部,包括顺德、香山(今中山)二县的全部和新会县东南部、东莞县西部及其滨海地带。为防御河网地带日趋加剧的水患,堤围的分布走向大体上沿着西、北、东三江干流及其支流的出海水道,在高沙的潮田上或已筑小围的沙田上顺流而下修筑,其中以顺德县最具代表性,清中叶即掀起了筑围的高潮,及至清末,筑围工程已扩展至各口门及滨海地带。

(2)清代尤其是清中叶,珠江三角洲沿海海坦的围垦也进入了迅速发展的阶段。海坦围垦的特点是,从以往的"已成之沙"及其后的"新成之沙"发展至尚未浮露的"未成之沙"上进行圈筑。大抵,清中叶以前主要在东海十六沙、横门水道、潭洲水道等地沙坦上进行围垦。清中叶以后则集中在磨刀门水道附近一带,即新会县东南和香山(今中山)县西部尚未浮露的沙坦上进行围垦,并进入了大规模投石筑坝、围海造田的全盛时期。清末则扩展到各口门及滨海地带圈筑围垦。总之,清代珠江三角洲的围海造田已取得了巨大的成就,这也是堤围建设迅速发展的一个重要组成部分。

(3)清代珠江三角洲的堤围建设是在明代的基础上进行的,但它又进一步超出其发展的规模与水平,取得了更大的成就及效益。就筑围的特点而言,主要表现在两个方面。一是修筑堤围数量多,发展速度快。据初步粗略的统计,清代珠江三角洲修筑的堤围(堤长 100 丈

---

① 参阅本节末附表 5、表 6、表 7《清代珠江三角洲堤围建设简表》等三个简表。

以上或护田面积 10 顷以上）至少 277 条，①比明代全部 206 条约增加了三分之一以上。如果把堤长 100 丈以下或护田面积 10 顷以下的总堤数计算在内，则比明代增加的比例就更大了。值得指出的是，清代顺德县筑围多、速度快，最具代表性。该县筑围堤长 100 丈以上、护田面积 10 顷以上的至少有 77 条，总堤长约为 134373.9 丈，其中道光年间有 40 条，至少占总数之 52％，道光以前有 15 条，道光以后有 17 条，无筑堤年代的有 5 条，可见清中叶顺德县筑围速度之快。二是以中小堤围居多，大型或特大型堤围相对较少。这种情况与在三角洲河网冲积平原及滨海地带筑围不无关系，如清中叶顺德县所筑的堤围多为中小型的乡围，而且相当密集。香山（今中山）、番禺等县所筑的也多为小堤围和小堤群围，有的不足 10 顷，甚至不足 1 顷的小小堤围。即使有大堤围，也是为了防洪潦之需要，由众多小围联合组成的。这与明代在河岸平原上所筑大堤围较多有明显的区别。

（4）如同明代的情况一样，清代珠江三角洲的堤围和围垦工程建设亦存在不少问题。这里着重指出的，首先是堤围的修筑依然缺乏统一规划与领导，较大的堤围工程虽然都上报政府审批，但省府对本地区的筑围工程实际上并无专门的规划部署。故地方仍各自为政，各筑其堤，因而导致堤围工程的规格不一，堤系零乱，布局不合理。其次，海坦围垦的问题突出，政府虽有规章，垦户报承海坦围垦须经"道宪"审批，但豪民势家恣意妄为，冒承霸占，违规操作，不择手段。滥筑石坝，阻塞水道，加剧洪涝水患，招致严重后果。再次，重新筑，轻维修。为防范洪潦水患，政府或民间都注意倡筑新堤围，但对以往的旧堤则往往忽视其维修工作，从而削弱其防洪涝的能力，每遇特大的洪涝潮泛滥，则引致许多堤围被冲决坍溃，造成惨重的损失。总而言之，由于以上原因，尽管清代珠江三角洲各地堤围和围垦建设取得了迅猛的发展和巨大的成就，但洪涝潮灾患似乎无法治理，特别是清中叶以来，水患灾害反而日益加剧恶化，并带来了无法估量的经济损失，这是堤围建设史上值得总结的深刻教训。

鉴于清代珠江三角洲修筑的堤围很多，而且小堤围、小堤围群特别多，为了从总体上了解珠江三角洲各地堤围建设的状况，深入分析

---

① 参阅本节末附表 5《清代珠江三角洲堤围建设简表》。下同。

和评估其发展的体势与特点,现根据文献资料及参考近年学者的研究
成果,对珠江三角洲各县历年修筑堤长 100 丈以上,或护田面积 10 顷
以上的堤围进行初步的统计,编制《清代珠江三角洲堤围建设简表》,
如下所示:

明清侨乡农田水利研究——基于广东考察

表5　清代珠江三角洲堤围建设简表

年代	地区	堤围名称	位置	堤长（丈）	护田面积（顷）	资料来源
顺治年间（1644—1661）	顺德县	保康围（龙山土围）	龙山之北	3440	58	民国《顺德县志》
同上	同上	安乐围	江村堡众冲村	2860		咸丰《顺德县志》
康熙三十四年(1695)	同上	三乐围	云步堡	3612.9		同上
康熙三十八年(1699)	同上	南荫围	顺风山东南	1188		民国《顺德县志》
康熙年间（1662—1722）	同上	龙乐围	龙山附近	220	7.1	同上
雍正五年(1727)	同上	放牛塱围	仰船岗附近	2441		咸丰《顺德县志》
雍正十三年(1735)	同上	镇安围	甘竹滩之东	1935		同上
乾隆八年(1743)	同上	玉带围	云步、福岸二堡	1151	35.3	同上
乾隆十三年(1748)	同上	小里冲村北围	平步堡荷村等	500		同上
同上	同上	三乡围	平步堡大壆村等	540		同上

年代	地区	堤围名称	位置	堤长（丈）	护田面积（顷）	资料来源
乾隆二十六年(1761)	顺德县	北辅围	龙山之北	530	10	民国《顺德县志》
嘉庆九年(1804)	同上	上逻围	白藤堡三华村	1150		同上
同上	同上	下逻围	同上	1820		同上
嘉庆十四年(1809)	同上	天成围	江尾堡	2500		同上
嘉庆二十三年(1818)	同上	长乐围	高赞村		36	咸丰《顺德县志》
道光二年(1822)	同上	九顷围	江尾堡仓门村	500		同上
道光六年(1826)	同上	溶洲南围	北接罗格围	1230	40	宣统《南海县志》
道光十一年(1831)	同上	幸成围	高赞村		5	咸丰《顺德县志》
道光十二年(1832)	同上	永安围	马齐村	3100		同上
道光十四年(1834)	同上	新围细沙围	福岸堡	1200		同上
同上	同上	乐耕围	古粉堡安教村	2580		同上
同上	同上	龙潭村马营围	北水堡光华村至吉祐村	880		同上①
道光十五年(1835)	同上	沙咀围	顺风山南苍门村		10	民国《顺德县志》

---

① 道光十四年(1834)龙潭村马营围续明代本围(1673丈)扩筑880丈。

年代	地区	堤围名称	位置	堤长（丈）	护田面积（顷）	资料来源
道光十五年(1835)	顺德县	衷成围	高赞村		7	咸丰《顺德县志》
同上	同上	东安围	甘竹北里海附近	1200		同上
道光十六年(1836)	同上	富安围	龙山一带	1822	28	民国《顺德县志》
同上	同上	北洲围	高缵乡	1150		同上
道光二十年(1840)	同上	龙潭村围	北水堡	746		咸丰《顺德县志》
道光二十一年(1841)	同上	永丰围	葛岸堡	1100		同上
道光二十二年(1842)	同上	三益围	大良之西	500		民国《顺德县志》
道光二十三年(1843)	同上	保安围	古粉堡桑麻村	2000		咸丰《顺德县志》
道光二十四年(1844)	同上	永安围	藜冲乡	1760	6	同治《南海县志》
同上	同上	大晚村围	羊额堡	3600		咸丰《顺德县志》
同上	同上	怀新围	马齐村	620		民国《顺德县志》
同上	同上	保耕围	石冲、塘利一带	600		同上
道光二十五年(1845)	同上	广益围	逢简堡逢简村	1500		咸丰《顺德县志》
道光二十六年(1846)	同上	永安围	古粉堡桑麻村	1200		同上
同上	同上	黎和丰围	冲鹤堡清源村	680		同上

年代	地区	堤围名称	位置	堤长（丈）	护田面积（顷）	资料来源
道光二十六年（1846）	顺德县	七乡围	昌教堡光辉等七村	3500		咸丰《顺德县志》
同上	同上	兴利围	古粉堡	768		同上
同上	同上	丰成围	逢简堡逢简村	3000		同上
同上	同上	和牲围	石冲堡安利村	1420		同上
同上	同上	永保围	勒楼堡	1900		同上
同上	同上	蟠龙围	新良堡	5900	159	同上
同上	同上	南安围	勒流村	760		民国《顺德县志》
道光二十七年（1847）	同上	凌化围	高赞村		27	咸丰《顺德县志》
道光二十八年（1848）	同上	杏坛基围	杏坛村		10	民国《顺德县志》
道光二十九年（1849）	同上	盘石围	甘溪堡	4300		咸丰《顺德县志》
道光年间（1821—1850）	同上	连成围	江尾堡	6000		同上
同上	同上	乐成围	江尾堡	5000		同上
同上	同上	联成围	江尾堡	2000		同上
同上	同上	里海围	甘竹堡里海村	4000		同上
同上	同上	新蘋洲围	甘竹堡东村	1400		同上
同上	同上	天成围	江尾堡	2500		同上

年代	地区	堤围名称	位置	堤长（丈）	护田面积（顷）	资料来源
道光年间（1821—1850）	顺德县	北胜围	龙江东南	2200		《珠江流域水利建设基本情况汇编》①
咸丰六年（1856）	同上	福星围	星槎村	1200		民国《顺德县志》
咸丰十年（1860）	同上	合德围	龙山附近	1600	27.46	同上
同治二年（1863）	同上	玉带围	云步、福岸二堡	4162		同上②
同治四年（1865）	同上	忠义围	黄连乡	3200		同上
同治六年（1866）	同上	西华乡保耕围	西华乡	2260		同上
同上	同上	简岸、禄洲、槎冲三围	三洪奇北	4000		同上
同上	同上	定安围	龙山附近	428	6.38	同上
光绪五年（1879）	同上	同德围	勒流东	1700		同上
光绪六年（1880）	同上	福安围	龙眼社村一带	2200	40	同上
同上	同上	同安围	龙眼村南	400	7	同上
光绪十年（1884）	同上	和安围	潭义龙冲一带	2000		同上

① 引自珠江水利工程总局《珠江流域水利建设基本情况汇编》，《珠江三角洲各县主要堤围建筑历史情况表》，1955年编，下同。

② 同治二年（1863）玉带围扩筑，新旧堤合共长4162丈。

明清侨乡农田水利研究——基于广东考察

年代	地区	堤围名称	位置	堤长（丈）	护田面积（顷）	资料来源
光绪十年（1884）	顺德县	南水乡万安围	南水乡	1800		民国《顺德县志》
光绪十九年（1893）	同上	阜康围	西淋岗西南		40	同上
同上	同上	乐丰围	龙山乡	780	8	同上
同上	同上	西村围	西马宁村	1050		咸丰《顺德县志》
清代（1644—1911）	同上	东村北沙围	东马宁村	1450		同上
同上	同上	麦村围	麦村	1840		同上
同上	同上	合安围	大良西南	1700		同上
同上	同上	广安围	勒流乡	1100		同上
同上	同上	连城围	新宁滘与小榄分界处	5000		同上
康熙年间（1662—1722）	南海县	金钗围	澜石水北岸	3750	100	宣统《南海县志》
同上	同上	永福围	龙山	760		民国《南海县志》
嘉庆年间（1796—1820）	同上	永福围	石硝附近	2000	8	宣统《南海县志》
道光二年（1822）	同上	蟠岗围	蟠岗乡	650	50	同上
同上	同上	小岗围	蟠岗乡附近	990		同上
道光十四年（1834）	同上	玉带围	九江之北	2400		光绪《九江儒林乡志》

年代	地区	堤围名称	位置	堤长（丈）	护田面积(顷)	资料来源
道光十六年(1836)	南海县	联福围	佛山之东	2889	15.8	宣统《南海县志》
同上	同上	石阁围	佛山右侧	2000		民国《佛山忠义乡志》
咸丰七年(1857)	同上	丰乐围	张槎北大镇乡	1247	20	宣统《南海县志》
咸丰九年(1859)	同上	秉正围	佛山冲北，秉正乡	1258	14	同治《南海县志》
同上	同上	厚丰围	佛山冲北，奇槎乡南	518	15	同上
咸丰十年(1860)	同上	厚安围	佛山之北	2800	68.73	同上
同上	同上	阜安围	佛山冲北，叠滘之北	703	10	同上
同上	同上	五约子围（桑园围内）	九江西北	600余	22	同上
同上	同上	南方子围（桑园围内）	九江南	680	15	同上
同治年间(1862—1874)	同上	远安围	大沥乡	1300	12	同上
光绪五年(1879)	同上	溥利子围	佛山东北，叠滘附近	4150	70	宣统《南海县志》
光绪十四年(1888)	同上	东围		4158		同上
光绪十九年(1893)	同上	合丰围	夏滘东北	1150	13	同上

明清侨乡农田水利研究——基于广东考察

年代	地区	堤围名称	位置	堤长（丈）	护田面积（顷）	资料来源
光绪二十一年(1895)	南海县	大成围	夏滘之东	1800	13	宣统《南海县志》
同上	同上	五登围	佛山冲西南岸	2400	16	同上
清代(1644—1911)	同上	荒山昌山二小围	桑园围内	889		道光《南海县志》
同上	同上	百鉴小围	西南冲北岸	130	40	同上
同上	同上	崇福围	西南冲北岸	550	22.5	同上
同上	同上	同安围	盐步南	1740	19	同治《南海县志》
同上	同上	吉安围	佛山深村	550	13	宣统《南海县志》
同上	同上	庆丰围	佛山冲北	1050	10	同治《南海县志》
同上	同上	阿婆渡围	夏滘乡	544	23	同上
同上	同上	肚窝围	桑园围内	888	8.3	道光《南海县志》
同上	同上	麦局墩围	九江一带	260余	160	光绪《九江儒林乡志》
嘉庆至道光(1796—1850)	新会县	百顷沙小围	睦洲东			道光《新会县志》
道光元年(1821)	同上	棠下捍堤	棠下乡			同上
道光十四年(1834)	同上	永安围、永吉围	北街村	600		同上

年代	地区	堤围名称	位置	堤长（丈）	护田面积（顷）	资料来源
道光年间（1821—1850）	新会县	桂园围	荷塘乡			《珠江流域水利建设基本情况汇编》
咸丰九年（1859）	同上	龙溪围	外海乡	3500余		《外海陈族志略补遗》
清代（1644—1911）	同上	白藤村围	白藤村	700		咸丰《顺德县志》
康熙五十一年（1712）	香山（中山）县	长丰围	涌口村			《珠江三角洲堤围和围垦发展史》①
雍正至乾隆（1723—1795）	同上	坦洲小围（共10围）	坦洲		0.59—24.3	《中山县堤围修筑历史资料》②
雍正至道光（1723—1850）	同上	三角沙小围（共6围）	三角乡		1—35	同上③
乾隆十二年（1747）	同上	榄冲长堤	沙岗乡	227		道光《香山县志》

明清侨乡农田水利研究——基于广东考察

---

① 引自佛山地区革命委员会《珠江三角洲农业志》编写组《珠江三角洲农业志》（初稿）二,下同。

② 引自中山县水电局《中山县堤围修筑历史资料》1963年编,下同。

③ 为说明问题,本表也将少数堤长不足100丈或护田面积不足10顷的小堤围和小堤围群列入统计,以便较全面的了解各县堤围建设的情况。

年代	地区	堤围名称	位置	堤长（丈）	护田面积（顷）	资料来源
乾隆至咸丰(1736—1861)	香山（中山）县	浪网沙小围	民众乡			《珠江三角洲堤围和围垦发展史》
嘉庆二十三年(1818)	同上	永安围	海洲北	3000		道光《香山县志》
嘉庆年间(1796—1820)	同上	龙鳞沙小围	横栏西			《珠江三角洲堤围和围垦发展史》
嘉庆至咸丰(1796—1861)	同上	古镇小围	古镇乡			同上
嘉庆至光绪(1796—1908)	同上	大坳沙小围（共8围）	上五乡联围东		13.25—136.8	《中山县堤围修筑历史资料》
嘉庆至宣统(1796—1911)	同上	板芙沙小围（共15围）	深湾乡西		7—13	同上
同上	同上	港口小围（共8围）	港口乡		7—48	同上
道光至咸丰(1821—1861)	同上	文明围小围	黄圃乡			咸丰《顺德县志》
道光至宣统(1821—1911)	同上	田基沙小围				《珠江三角洲堤围和围垦发展史》

年代	地区	堤围名称	位置	堤长（丈）	护田面积（顷）	资料来源
道光至宣统（1821—1911）	香山（中山）县	乌珠吴栏沙小围				《珠江三角洲堤围和围垦发展史》
咸丰三年（1853）	同上	榄都大围	小榄	9900余		光绪《香山县志》
同治元年（1862）	同上	古镇大围	东至营步，西至古镇，北至海州	数千		同上
光绪年间（1875—1908）	同上	灯笼沙小围（共7围）	斗门白蕉			《珠江三角洲堤围和围垦发展史》
同上	同上	白蕉沙小围（共3围）	斗门白蕉			同上
同上	同上	乾雾小围	斗门乾雾			同上
同上	同上	小林小围（广人围）	珠海小林			同上
乾隆至宣统	番禺县	万顷沙小围（万丈沙小围）	万顷沙		670.27（共54围）	民国《东莞县志》
嘉庆至道光（1796—1850）	同上	塞口沙小围	大岗乡			《珠江三角洲堤围和围垦发展史》
道光至同治（1821—1873）	同上	龙洲堤	大塱堡	50余		同治《番禺县志》

明清侨乡农田水利研究——基于广东考察

年代	地区	堤围名称	位置	堤长（丈）	护田面积（顷）	资料来源
道光至同治（1821—1873）	番禺县	白泥堤	大塱堡	300余		同治《番禺县志》
同上	同上	高塘堤	下大田	350		同上
同上	同上	龙湖村堤	大塱堡	50余		同上
道光至宣统（1821—1911）	同上	榄核小围（共4围）	榄核乡			《珠江三角洲堤围和围垦发展史》
同上	同上	大岗小围（共4围）	大岗乡			同上
同上	同上	鱼涡头小围（共3围）	鱼涡头乡			同上
同上	同上	东冲小围（共8围）	东冲乡			同上
同上	同上	黄阁小围（共2围）	黄阁乡			同上
清代（1644—1911）	东莞县	土瓜十四约基围	东江北岸，土瓜十余村	11500余	400余	民国《东莞县志》
道光年间（1821—1850）	同上	黄家山基围	东江北岸，黄家山等村	3300余		同上
道光至宣统（1821—1911）	同上	立沙小围				《珠江三角洲堤围和围垦发展史》
宣统三年（1911）	同上	五村大围堤	东江南岸深巷等5村	5400	40	民国《东莞县志》

年代	地区	堤围名称	位置	堤长（丈）	护田面积（顷）	资料来源
宣统年间（1908—1911）	东莞县	西南沙小围	咸潮堤西南，西海南栅乡			民国《东莞县志》
顺治年间（1644—1661）	高明县	蚬岗围	粉洞水南岸	564.8	1.4	民国《鹤山县志》
雍正年间（1723—1735）	同上	园洲围（楼冲围）	高明河南岸	1500		同上
嘉庆十三年(1808)	同上	三合窦堤	粉洞水南岸，三洲围内	52		光绪《高明县志》
道光十四年(1834)	清远县	清平围（原石角围）	城南石角乡	1248		光绪《清远县志》
光绪三年（1877）	同上	大塱底围	飞来峡西			梁仁彩《广东经济地理》
清代(1644—1911)	同上	清东围	县城南岸			《珠江流域水利建设基本情况汇编》
雍正二年(1724)	三水县	榕塞东围	芦苞水南岸			同上
光绪十五年(1889)	四会县	永安围	县城西南			同上

据上表资料显示，清代珠江三角洲的堤围建设，在明代的基础上迅速扩展至三角洲河网冲积平原及各口门滨海地带，并于清末基本上

完成了在这些地区的堤围工程建设,取得了堤围建设史上的空前成就,为珠江三角洲经济的迅速发展奠定了良好的基础。与明代相比,清代珠江三角洲的堤围建设有其明显的特点。主要是集中于顺德、香山(今中山)及其邻近县份,修筑的堤围数量多,尤其是小堤围和小堤围群所占的比例大。据表中粗略统计,清代珠江三角洲修筑的堤围总数(堤长100丈以上或护田面积10顷以上)至少有277条,比明代的总堤数206条增长了34.47%以上。如果将堤长100丈以下,或护田面积10顷以下的堤围计算在内,则超出的比例就更大了。在总堤围数277条中,有堤长实数的为118条,总堤长数为221419.7丈,平均每条堤长为1876.44丈,无堤长实数的为159条。由于有堤长实数的只占总堤数之42.6%,故从总体上就难以推算出平均每条堤长的实际数字。

值得一提的是,清代顺德县的堤围建设最具代表性与特色。据表中初步统计,清代顺德县修筑堤围(堤长100丈以上或护田面积10顷以上)总数至少有77条,其中有堤长实数的有70条,总堤长为134373.9丈,平均每条堤长为1919.63丈。无堤长实数的只有7条,还不到总堤数之一成。所以这个平均每条堤长的数字就有一定的参考价值。值得注意的是,在道光三十年间顺德县筑堤多达40条,占其总数的一半以上,可见顺德县堤围建设的迅猛发展程度。

另外,清中后期,香山(今中山)、番禺等县修筑的堤围多为小堤围和小堤围群,大堤围相对较少。其中有不少是10顷以下甚至1顷以下的小堤围和小小堤围。这正是此时期集中于各出海水道及口门地带修筑堤围的特点。

（页边）111 第三章 堤围工程建设的迅速扩展与修筑技术的提高

表6　宋至清韩江三角洲及粤东沿海堤围建设简表

年代	地区	堤围名称	位置	堤长(丈)	护田面积(顷)	资料来源
康熙三十五年(1696)前	饶平县	隆都上堡堤	隆都上堡	5644.3		光绪《潮州府志》
同上	同上	隆都下堡堤	隆都下堡	1806.7		同上

年代	地区	堤围名称	位置	堤长（丈）	护田面积（顷）	资料来源
康熙三十五年(1696)前	饶平县	布袋湾堤	龙眼城都			光绪《潮州府志》
同上	同上	虎扑潭堤	龙眼城都			光绪《潮州府志》①
宋代(960—1279)	澄海县	上中下外都堤（南北堤）	南桥、横陇至东湖	10243.6	数百	嘉庆《澄海县志》
万历(1573—1620)以前	同上	南溪洋堤	蓬洲一图	东长956西长675	50余	嘉庆《澄海县志》②
万历年间(1573—1620)	同上	金砂堤	城南10里			同上
明代(1365—1644)	同上	邦砂堤	苏湾都	300余	护盐灶乡田	同上
顺治十三年(1556)	同上	套子堤	县治附城	721	护13乡田	同上
康熙五十二年(1713)	同上	大辐砂堤	蓬洲都	1300	20余	同上
乾隆十六年(1751)	同上	上港堤		7里		同上
清初	同上	大埭堤	下外都	421		同上
清代(1644—1911)	同上	青龙坝堤	下外都	360		同上

---

① 据光绪《潮州府志》卷二〇《堤防》所载,饶平县的堤岸共长14843.8丈。
② 据光绪《潮州府志》卷二〇《堤防》所载,澄海县南溪洋堤共长3500丈,保障田园5000余亩。

明清侨乡农田水利研究——基于广东考察

年代	地区	堤围名称	位置	堤长（丈）	护田面积（顷）	资料来源
清代（1644—1911）	澄海县	新堤	下外都	185		嘉庆《澄海县志》
同上	同上	涣洲后洋堤	蓬洲都	4725	护蜑家园等村田	同上
同上	同上	八斗乡堤（福斗乡堤）	鮀江都	140	护鸡笼山坑田	同上
同上	同上	新港堤	蓬洲都	2500		光绪《潮州府志》
同上	同上	沙头堤	苏湾都	220		同上
同上	同上	和尚堤	苏湾都	5920		光绪《潮州府志》①
唐代（618—907）中叶后	海阳县	北门堤	城北龙康至凤城驿署	694	护海阳揭阳七都田	光绪《海阳县志》
绍兴年间（1131—1162）	同上	江东堤	水头宫至水口	6027	护江东下都各乡田	同上
宝庆年间（1225—1227）	同上	南门堤	南门城角头至庵埠	8451	护海阳等七都田	同上
宋代（960—1279）	同上	东厢下游堤	县东蔡家围至韩山	1307	护意溪等乡田	同上
同上	同上	秋溪堤	南门溪尾至柳厝池	5003	护秋溪等乡田	同上
同上	同上	鲤鱼溝堤	石碑脚至饶平	3173	300余	同上

① 清代澄海县的堤岸除表中所示外，还有相思堤、古汀乡堤、前洋堤、后窖堤等。

年代	地区	堤围名称	位置	堤长（丈）	护田面积（顷）	资料来源
嘉靖（1522—1566）	海阳县	横砂堤				光绪《潮州府志》
万历年间（1573—1620）	同上	东津砂卫堤（重修）				同上
洪武年间（1368—1398）	揭阳县	洪沟堤	霖田都	10里	数百	同上
同上	同上	桃山都堤	鸢波亭至地美乡、八斗乡	8246		同上
弘治年间（1488—1505）	潮阳县	通济港堤	门群村康济桥大港		30余	光绪《潮阳县志》
隆庆五年（1571）	同上	黄公堤	直浦都	5906	300余	同上
嘉靖（1522—1566）	惠来县	城河堤	县城附近	7000余		雍正《惠来县志》
光绪（1875—1908）或以前	同上	洪海庙堤	洪海庙至赤洲乡	182		光绪《潮州府志》
同上	同上	同上	狮头宫至刘浦洋	404.5		同上
同上	同上	同上	陈公潭至河头桥	601		同上
雍正年间（1723—1735）	海丰县	杨桥壆	杨安都	10余里	护杨安都田	乾隆《海丰县志》

年代	地区	堤围名称	位置	堤长（丈）	护田面积（顷）	资料来源
治平年间（1064—1067）	归善县	拱北堤	惠州丰湖	200	数百	乾隆《归善县志》
宣德年间（1426—1435）	同上	南堤	惠州丰湖南岸	10里		同上
嘉靖（1522—1566）	同上	钟楼堤	惠州丰湖北岸			同上

　　从上表可以看出，韩江三角洲的堤围主要集中在海阳县（今潮州市），其次是澄海县和饶平县，其他县份的堤围似乎不多。从筑堤时间上看，海阳县几条大堤岸都是唐宋时兴修的，这比西江高要诸县所修的堤围还要早一点。它反映了韩江人民很早以来就与洪涝灾害进行斗争，并掌握了在流沙地层修筑堤基的技术和能力，为发展农业生产作出了贡献。就韩江三角洲堤围建设而言，其筑堤数与护田面积显然都比珠江三角洲少得多，据粗略的估算，它大约仅占全省堤围数的几个百分点而已。

表 7　清代粤西沿海及海南堤围建设简表

年代	地区	堤围名称	位置	堤长（丈）	护田面积（顷）	资料来源
清代（1644—1911）	开平县	那邓基围	长净都		20余	民国《开平县志》
同上	同上	楼岗前后围				同上
同上	同上	圣域围	红花堡			同上

年代	地区	堤围名称	位置	堤长（丈）	护田面积（顷）	资料来源
清代（1644—1911）	开平县	泮村围（二十余围）	泮村东南			民国《开平县志》①
同上	赤溪（台山）县	海边横堤			20	民国《赤溪县志》
同上	同上	海龙湾堤			21	同上
同上	同上	城东直堤等（共五堤）			10—20	同上
同上	同上	无名堤共四堤			10以下	同上
同上	同上	无名堤一堤			1以下	同上
同上	阳江县	北城堤	城北			民国《阳江志》
同上	同上	麻濛堤	城西南			同上
同上	同上	辣达堤	县西南	50	50	同上
同上	同上	北宿堤	县西南辣达堤旁		15	同上
同上	同上	潭塘基围	潭塘乡	150余	8余	同上
同上	同上	书年社基围	蚒蛇滘	220余	9余	同上
同上	电白县	丫髻堤	县北堤			光绪《高州府志》
同上	同上	麻岗等三坝	下博乡			同上
同上	同上	木棉河等七坝	上保乡			同上

① 清代开平县的基围除种稻外,还有种葵和基果之类,与新会县基围的经营有相似之处,如泮村围共有 20 余围,以种葵者居多。

年代	地区	堤围名称	位置	堤长（丈）	护田面积（顷）	资料来源
清代（1644—1911）	电白县	水头等四坝	下保乡			光绪《高州府志》
同上	同上	木苏等八坝	得善乡			光绪《高州府志》①
同上	吴川县	新村堤	新村			光绪《吴川县志》
同上	同上	阮村堤	阮村			同上
同上	同上	罗叠堤	罗叠村			同上
同上	同上	奇艳堤	奇艳村			同上
同上	同上	三江堤	三江村			同上
同上	同上	沈香湾	沈香湾村			同上
同上	同上	黄坡堤	黄坡村			同上
同上	同上	温村堤	温村			同上
同上	同上	三柏堤	三柏村			同上
同上	茂名县	吴山堤	吴山村			光绪《茂名县志》
同上	同上	卖寇堤	卖寇村			同上
光绪（1875—1908）或以前	同上	上涧堤	上涧村			同上
同上	同上	地安堤	地安村			同上
同上	同上	延铭堤	延铭村			同上
同上	同上	怀德堤	怀德村			同上
同上	同上	朗韶堤	朗韶村			同上
同上	同上	隆顺堤	隆顺村			同上

---

① 电白县以筑坝护田为多，其中下博乡有麻岗、大坝、金戗垌等三坝，上保乡有木樬河、那台、醒觊河、车头岗、五村、黄姜、朝乌逐等七坝，下保乡有水头、东山、热水、温水等四坝，得善乡有木苏、黄相河、石马、大垌、唐村、山口、东埔、长湖等八坝。

年代	地区	堤围名称	位置	堤长（丈）	护田面积(顷)	资料来源
光绪十三年(1887)	茂名县	清河村新堤	清河村			光绪《茂名县志》
绍兴年间(1131—1149)	海康县	海康北堤	海康东岸北段	12152.5	万顷洋田	康熙《海康县志》①
同上	同上	海康南堤	海康东岸南段	10344	万顷洋田	同上
乾道五年(1169)	同上	西湖堤	县城附近			同上
嘉靖二十一年(1542)	同上	护城堤	县城东北	700余		同上
绍兴年间(1131—1149)	遂溪县	遂溪堤	海康轸字号堤至遂溪进德大村	4520		道光《遂溪县志》
嘉靖五年(1526)	同上	东山岸	东海五图	100余		同上
至正年间(1341—1368)	琼山县	滨壅圩岸	上那邕都至顿林都	约5里	数十余顷	咸丰《琼山县志》
宣德年间(1426—1435)	同上	博浪圩岸	演顺都	200余		同上
成化年间(1465—1487)	同上	东岸堤	下东岸都			同上

① 海康、遂溪大堤始筑于南宋绍兴年间(1131—1149)，乾道五年(1169)再"堤外增筑"，其后历代相继修筑。洪武四年(1371)雷州府和海康、遂溪二县"协议修堤"，并命名曰海康南堤、海康北堤和遂溪堤。康熙三十五年(1696)郡人福建巡抚陈璸"奏请修筑"，康熙五十六年(1717)奉旨进行空前规模的修筑，奠定了千里东洋大堤的格局。

明清侨乡农田水利研究——基于广东考察

年代	地区	堤围名称	位置	堤长(丈)	护田面积(顷)	资料来源
嘉靖年间 (1522—1566)	琼山县	苍茂圩岸	顿林都		80余	咸丰《琼山县志》
万历年间 (1573—1620)	同上	坡条岸	调塘二图	800余	10余	同上
崇祯年间 (1628—1644)	同上	长牵圩岸	丰华都	20余	100余	同上
同上	同上	后东圩岸	同上	20余	100余	同上
明代(1368—1644)	同上	博历圩岸	洒塘都	100余		同上
同上	同上	北堡堤	万都一图		数百	同上
乾隆(1736—1795)初年	同上	隐门岸	调塘二图	100余		同上
乾隆十二年(1747)前	同上	罗墩岸	同上	100余	千余	同上
乾隆三十年(1765)	同上	赤土岸	调塘一图	100余		同上
嘉庆二年(1797)前	同上	边壁岸	调塘二图	100余	数百	同上
清代(1644—1911)	同上	后山池塍	丰华图		数十	同上
天顺三年(1459)	琼东县(琼海县)	嘉会堤	嘉会都	3余	2余	嘉庆《琼东县志》
天顺六年(1462)	同上	黎毯堤	端赵都	2余	4	同上

年代	地区	堤围名称	位置	堤长（丈）	护田面积（顷）	资料来源
成化元年(1465)	琼东县（琼海县）	牛浸水堤	永安都	4	4余	嘉庆《琼东县志》
成化七年(1471)	同上	端赵堤	端赵都	2余	5	同上
万历三十一年(1603)	同上	西关堤				同上
明代(1368—1644)	同上	苦练堤				同上
清代(1644—1911)	儋县	新村坝	县南新村		400余	民国《儋县志》

从上表可见，除雷州和海南琼山以外，粤西沿海的堤围建设无疑起步较晚，大多堤围修筑于清代中叶或以后。同时，各县堤围的规模似乎都不大。这可能与其自然环境及经济开发的滞后不无关系，即粤西出海的江河如潭江、漠阳江、鉴江等都是属于中等长度的河流，其三角洲冲积平原的面积不大，另外沿海经济开发的步伐也相对较慢，故这里的堤围规模及经营方式与效益也不及珠江三角洲。

海南的情况则有所不同，其堤围、堤岸主要集中于北部沿海的琼山县，其次是琼东县，其他县份或则很少，或则尚无记载，这反映了海南地区筑堤情况的不平衡性。就琼山县而言，这里是海南经济开发较早的地区，自然条件相对优越，元末明初以来该县便大兴农田水利建设，先后修筑了不少有一定规模的圩岸，其护田或灌田面积颇具规模，从而促进了本地区的农业生产的迅速发展。这从一个侧面显示了明清时期海南北部沿海地区圩岸建设的发展及其成效。

第三节　堤围修筑方式的改进及技术的提高

明清时期，广东人民通过长期的实践探索，不断总结以往修筑堤围的经验，因地制宜，勇于改革、创新，努力改进堤围的修筑方式，提高了筑堤的技术水平,改进了护堤的方式,完善了排灌设施,总结筑堤经验等,取得了长足的进步,将古代修筑堤围的技术与方式提高到一个新的水平。

一、堤围修筑方式的改进

我国古代人民修堤筑围已有悠久历史。两宋时期江南地区的圩田(亦称围田)就相当发达,人民在低洼土地或河网、湖泊地带,修筑堤围,抗旱防水,发展农业生产。是时筑堤技术已有一定的进步,筑围的方式多为独立的四周封闭式的圩或围,规模亦相当宏大。广东沿海修筑堤围起步较慢,自宋代起珠江三角洲便逐渐加快堤围的建设,明代以后堤围建设获得了迅速的发展,修筑堤围的方式与技术有了进一步的改进和提高。

明清时期堤围修筑方式的改进,主要表现在创筑新的堤围模式,即围中围或大围中的"子围"模式,革新传统的筑围方式。通常的堤围,或是单向防御水的堤围,或是四周闭合的堤围,都是各自独立的堤防或者堤围。围中围或大围中的子围,就突破了传统堤围的格局,它是在原来大围之内修筑小围、子围,或者联合若干小围修筑成新的大围。明清时期位于南海、顺德两县的桑园围,修筑围中围或大围内的子围的例子最为常见。始建于宋代的桑园围是珠江三角洲最大的堤围,其东西两大堤基是"依山筑堤,从高而下","下流之水较上流差四五尺",大约元明之际,该围下流甘竹,龙江两口,"其水从围外灌入围中,互相宣泄"。为防御大围内"水深不过四五尺"之"小水",当地人民因地制宜,相应修筑众多的"小堤围",史称"桑园围于大水之内复有小水,故大围之内复有子围"[1],形成颇具特色的围中围的模式。如嘉靖年间(1522—1566)修筑桑园九江东方子围,是时为防御西潦洪涝之患,九江、东方、大谷,沙滘等乡人民共同修筑该子围,设窦门排灌,通围桑基鱼塘税 66 顷,是一个有一定规模的子围。桑园中塘围是由沙头堡石江、沙冲、水南等乡修筑的著名子围。同治三年(1864)因决堤而大修,堤长 3000 余丈,"(围内)税亩一百三十余顷,子围田产以此为最多"[2],堪称桑园围乃至珠江三角洲最大的子围。

---

① 同治《南海县志》卷七《江防略补·围基》。
② 同治《南海县志》卷七《江防略补·围基》。

除在大围中修筑子围外,也有由原来的小围组合筑成新的大围。这也是修筑围中围或大围之子围的形式。清道光年间顺德县常见有这种筑围的模式。清初,顺德县为防御西潦,已有一些乡村修筑了小围。及至清中叶西潦灾患日甚一日,原来的乡村小围已无法抵御洪涝水患,于是由数村乃至数乡联合众小围修筑新的较大的堤围,大大增强其抗洪涝之能力。史称"其围筑之法:有数村合筑者,有各自为筑者,有增旧筑而高厚之者,有附他围基而成(大围)者"①,如道光二十七年(1847)顺德县新良堡遭遇"西潦"灾患,该堡良村(由原鹭洲堡鹭洲村六村合并而来)"请于官倡筑"蟠龙大围,"围基环绕鹭洲、大罗、道滘十七乡,周五千九百丈,有田一百五十九顷,凡七闸"②,原来鹭洲村的北围(长510丈)等众小围,此时"已并入(蟠龙)新围内",成为大围中的子围了。显然,这种由众小围修筑而成的大围,或称大的围中围,无疑大大增强了抗御洪涝灾患之能力,有效地保护大围内众小围的生产与居民安全。清中叶顺德县修筑这种围中围模式,正是适应河网平原防御日益猖獗的水患的需要而采取的一大举措。这是明清时期筑围方式的一大改革与进步。它对农业生产的发展,特别是基塘经济的发展,具有重要的意义。

二、筑堤技术的提高

我国古代筑堤工程已有悠久的历史,积累了丰富的筑堤经验。唐宋时期江南地区的圩田相当发达,当地人民掌握了修筑堤围的方法和经验。浙江沿海修筑海塘石堤的方法及技术也颇为先进,并成为各地学习和效法的榜样。广东沿海堤围修筑起步较晚,虽然唐中叶后韩愈在潮州府城修筑了北门堤(长694丈),以御韩江上游之水,③但珠江三角洲的堤围修筑还比较落后,如宋代西江下游两岸修筑的堤围多低矮而单薄的土堤,抗御洪流的能力较弱。元末修筑的土堤中,兴起用石料砌筑右窦和右闸。明清时期广东沿海学习浙江修筑海塘石堤的先进经验,即所谓著名的"塘工之法",因地制宜,总结经验,在实践中不断探索,创造出一套有特色的先进的修筑堤围的技术和方法,如发明

---

① 咸丰《顺德县志》卷五《建置略二·堤筑》。
② 咸丰《顺德县志》卷五《建置略二·堤筑》。
③ 参阅光绪《海阳县志》卷二一《建置略五·堤防》。

砌石堤的新技术,创筑灰堤的新方法,如舂灰墙(舂龙骨)、砌地龙(筑基骨),以及堵筑决口的技术措施等,将古代的筑堤技术提高到一个新的水平。

1. 发明砌筑石堤的新技术。

历史上江南海塘石堤的修筑时间较早,广东大约在明中叶起兴起了修筑石堤的热潮,到清中叶得到了进一步推广。但广东注重结合实际,因地制宜,致力于改进和提高筑堤的技术与方法。

首先筑实基底。这是砌筑石堤的最基础的前提条件。为使基底坚固,其法是"先将基底挖深一二尺,用松木桩打梅花式样,桩上横铺石板约宽三尺",或"打实梅花松桩,安放横排底石一层",然后加砌条石,则所筑石堤"自无卸陷之患"。①

其次,革新砌筑石堤的技术与方法。其要点有二。一是发明了"丁字形"砌石筑堤的新技术,改革了传统的砌筑方法。广东珠江三角洲发明并推广这种筑堤新技术,即在砌筑石基时,以"长六尺,方尺錾凿平整"的大块石,"在桩顶两重层砌而上,至基面止。石之缝,净练石灰赚粘之。每砌石二层内间一石,加横石作丁字形,以牵制纵石,使石之后撑更有力,虽浪涛击撞,弗虞其震荡凹陷身也"②。这里关键之处在于砌石方式的改革,即每砌石二层内间一石,"加横石作丁字形,以牵制纵石",便石之后撑更加有力,从而改革了传统的"一顺一横"的砌筑方式。这是砌筑石堤技术上的一大进步。据载,嘉庆年间的桑园围通围改筑石堤工程时,就于"顶冲险要处"或"险处"地段采用了这种"丁字形"的砌筑方式,筑石堤"一千六百余丈"③,大大增强了石堤抗御风涛的能力。二是在基中筑龙骨,令石堤坚固而不渗水。做法是于"基之中每砌石三层,填以凿口碎石杂搀以灰土,用坚木杵之,令碎石与灰土结而为一,则历久水不渗,蛰不屋也"④。这个办法有点像在土堤中"筑地龙"或"舂龙骨"的形式。以往各地修筑石堤似乎未闻此法,这是珠江三角洲又一发明。可以认为,在石基中以碎石、灰土筑龙骨,无疑更巩固堤基,并有效地防御渗水及虫害,是保护石堤安全的重要

---

① 光绪《桑园围志》卷一〇《工程》。
② 光绪《桑园围志》卷一〇《工程》。
③ 光绪《桑园围志》卷一五《艺文》。
④ 光绪《桑园围志》卷一〇《工程》。

措施,也是修筑石堤技术的又一进步。

　　再次,推广"砌石坡"堤。即在土堤两旁或基外一旁"垒(砌)石成坡样",或以"大块石堆砌成坡或于堤坡砌石呈阶级状",以增强其抗御洪潦、风浪冲击之能力。其法是必须"打实梅花松桩,安放横排底石一层,(然后)逐层斜垒(石块)而上,至基身潦水不到处为止"①。粤东沿海较早推广砌筑石坡堤技术,如嘉靖年间(1522—1566)惠来县东门外修筑防潮石坡大堤,于大堤"两岸砌石筑堤,以防冲决",堤"广二丈五尺,长七千余丈",②发挥了"涨可泄而旱可备"的效益。康熙中叶雷州大规模修筑东洋大堤,即在"其堤正当海潮"一旁砌筑石坡,以加固洋堤抗御风涛海潮的能力。③ 嘉庆年间,桑园围亦根据险情需要,改土堤砌筑石坡堤,计"护石两千三百余丈"。④ 道光年间,桑园围南村基改土堤为石坡堤,其法是先用船载石至南村基,然后"将石扛护基身,垒(砌)成坡样",垒石时"小石在下在内,大石在上在外",由是"堤脚益坚""工程最固"。⑤ 清中叶后珠江三角洲为抗御日益加剧的洪涝水患而进一步推广砌筑石坡技术,原来的土堤多改筑石坡堤。不妨认为,从防洪及经济角度来看,改土堤为石坡堤,或筑石坡新堤,都是筑堤中的最佳选择。因为石坡堤具有抗御风浪、海潮之能力,筑堤费用较石堤低廉,获得时人之好评,即此堤功效"尚属完固,并无擘裂坍卸,似乎工省而价廉"⑥。

　　2.创筑灰堤的新方法。

　　在我国堤围史上,广东是最先推广筑灰堤的省份。宋元时期广东是否筑灰堤,文献上似乎缺乏明确的记载。大约明中叶以后,广东逐渐盛行筑灰堤,或改土堤为灰堤。韩江三角洲素以善筑灰堤著称,筑堤技术高明,清初便掀起了筑灰堤的热潮。如潮州府"凿山石,运海摺,置陶烧灰"⑦,春筑灰堤,十分活跃。值得指出的是,韩江三角洲积极推广筑灰堤,有其主客观的因素,主要是当地拥有丰富的石灰(或蜃

　　① 光绪《桑园围志》卷一〇《工程》。
　　② 雍正《惠来县志》卷一七《艺文上》。
　　③ 参阅道光《遂溪县志》卷二《水利》。
　　④ 光绪《桑园围志》卷一五《艺文》。
　　⑤ 光绪《桑园围志》卷一〇《工程》。
　　⑥ 光绪《桑园围志》卷一〇《工程》。
　　⑦ 光绪《海阳县志》卷二一《建置略五·堤防》。

明清侨乡农田水利研究——基于广东考察

灰)资源与舂筑技术的优势,同时亦与其处于流沙地层,沙堤多"渗泄"及虫鼠危害猖獗不无关系,而潮州府竭力"劝民尽筑为灰堤"或"劝乡民俱(将土堤)改筑灰堤"①也是一个重要因素。因此明清时期韩江三角洲首倡灰堤或改土堤为灰堤,实现筑堤的升级,是广东筑堤的一大特色。当然,珠江三角洲等地亦据其所需而推广筑灰堤。筑灰堤的原料是灰或蜃灰、沙、土等,按一定的比例掺合而成,各地采用的比例数据可能有差异,如珠江三角洲舂筑用的灰料,系按灰、沙、土为 1:2:1 的比例组成。通常的筑灰堤,实际上是指在基堤中央挖隧道或在基心开坑、舂灰墙、舂龙骨或砌地龙、筑基骨等。各地称谓大同小异,韩江三角洲多称舂龙骨、筑灰墙、砌地龙等,珠江三角洲则称舂灰墙、筑基骨等。文献上有关灰堤的舂筑方式及技术的记载,以珠江三角洲较为详细,兹略述于下。

舂灰墙、舂龙骨是筑灰堤的一种形式,其舂筑方式及技术要求有以下几点。其一,灰墙位置、宽度与墙址高低。据称,"其法视基面广狭,度中央掘隧道宽三之一,筑灰沙墙实之。若基面宽一丈五尺,则掘五尺之隧也。墙址高低,以冬月水涸潮退时掘至平水面为准"②。其二,沙灰的比例要求与所下分量。"沙用四之二,灰土各用四之一。沙灰中恒有石子夹杂拣之,务尽土则碾之,令成粗粒,筛以禾筛,沙灰土搅若一,下于隧中,厚盈尺"。其三,舂筑程序与技术。要求先灰墙,后夯两旁,即以"密夯杵匀舂之,既融结,掷铜钱于上试之,钱跳而旋覆,方可再下沙灰土也"。然后于"每层毕,舂基两旁,并夯杵加筑焉,使与灰沙墙腠结为一层,舂至基面乃止"③。于此可见,灰墙的舂筑程序、方式与技术要求,都十分严格,由是灰堤的质量亦相当优异,史称如此"鼠不穴,蛇不钻,蚁不垤,蛰不陷,浪涛击撞之不堕裂,若雨久淋之不融卸而成坑也"④。这说明珠江三角洲筑灰堤的方式与技术,是先进的,也是相当高的。

砌地龙、筑基骨是筑灰墙另一种形式。其砌、筑的方式与技术,大致和舂灰墙或舂龙骨一样,先在基面中央掘出宽度适当(约为三分之

---

① 光绪《海阳县志》卷二四《前事略一》。
② 光绪《桑园围志》卷一〇《工程·舂灰墙》。
③ 光绪《桑园围志》卷一〇《工程·舂灰墙》。
④ 光绪《桑园围志》卷一〇《工程·舂灰墙》。

一)的隧道或坑道,实以灰沙石,后用工砌筑成墙,使其坚实巩固。如南海县的筑基骨与海阳县的砌地龙大致相若,史称其法是"于基心开挖,实石灰沙泥其中,坚筑之以为基骨"①。像春灰墙的操作一样,砌地龙和筑基骨都必须每层春筑基两旁,直至基面而至。实践表明,砌地龙和筑基骨的作用与效果都是不错的,达到了"鼠不得穿穴,水不得償底,庶可长久无患"②之目的。

　　总之,明清时期广东沿海筑灰堤有多种形式,各地根据其习惯和需要侧重某一二种形式。由于灰堤两旁仍是以土春筑,因此面向河流一侧的基堤,往往需要砌筑石坡,以抗御洪流的冲击。珠江三角洲和韩江三角洲在江河要冲或较重要的河段,所筑的灰堤多垒砌石坡,或抛石护堤,故这些灰堤具有较强的抗御洪涝的能力,改土堤为灰堤亦根据其实际需要而垒砌石坡。这也从一个侧面说明了此时期广东筑堤技术的进步与提高。

　　3.堵筑决口的技术措施。

　　堵筑决口实际上是截流堵口后,在决口原址或其内外处重新筑堤,并与旧堤相接。其堵筑情况复杂,施工难度大,技术要求高。实践表明,基堤决口往往被洪水冲刷成"深潭"或"湖",水深或二三丈不等,"甚难施工",故"堵筑决口工程最为紧要"。③珠江三角洲在堵筑决口的实践中探索出一套行之有效的经验和方法,并提高其堵筑的技术水平。

　　一是"载石沉船",截流堵口。由于决口或水口洪流湍急,通常抛投大石往往"随水滚溜",截流堵口,难以奏效。明初珠江三角洲发明"载石沉船"的方法,首次截流堵口获得了成功。如洪武二十九年(1396)南海县九江人陈博文就是采用这个办法,实现了堵"塞倒流港"水口的目的。据称元末明初,桑园围下流之倒流港,每逢汛期,洪水倒流而入,水患连绵,陈博文奉命执行塞倒流港,筑天河、横江大围的任务。史称倒流港水口"洪流激湍,人力(截流)难施。公(陈博文)取大船,实以石,沉于港口,水势渐杀,遂由甘竹滩筑堤越天河,抵横江,络

　　① 同治《南海县志》卷七《江防略补·围基》。
　　② 同治《南海县志》卷七《江防略补·围基》。
　　③ 光绪《桑园围志》卷一〇《工程·筑决口》。

绎数十里"①。这是明初广东实施截流堵口新技术的一大进步。它对明清时期截流堵口、修筑堤围堤坝工程都具有重要的意义。自明初首创载石沉船,截流堵口的技术后,珠江三角洲各地多运用这项新技术抢修堤围决口,或于堤基顶冲急流处抢筑石坝并抢救险堤。如光绪年间高要县堵截罗秀围决口颇具代表性。据载,光绪十一年(1885)"粤省大水为灾",罗秀围堤基被洪水冲决成潭,巡道潘骏猷督修,其堵截决口是采取沉船筑桩投石相结合的方法,即根据决口成潭,首先将"大小船十二"只沉于潭底,然后于决口"内外筑桩","松毛裹巨石"投于决口,又用"竹缆"将其缚住,系于桩上,再联以"铁索",终于堵口成功,并筑成新堤六十丈。② 可以认为,罗秀围截流堵口的技术,是在汲取前人经验的基础上,根据实际情况,采取灵活而有效的措施,将沉船、打桩、固定投石的环节相结合,达到了截流堵口的目的,这也是堵口技术的又一进步和提高。直到当代,这项截流堵口技术仍具有应用的价值与现实意义。

二是因地制宜,改进筑基底的技术。在决口原址上筑堤,情况复杂,难度甚大,关键在于因地制宜,构筑基底。珠江三角洲在实践中探索并总结出一套科学而有效的筑基底的方式,其法是在堤围决口原地上"自下起筑基底,计阔十丈,两旁打密排桩两层,内外桩四层,中实泥基,仍点梅花石桩,脚实以沙,桩外垒石阔四丈,填至水面上。内外仍打密桩一排,中间舂灰墙一道,两旁用牛踩练。内外基裙分八字踩练坚实,外裙上下铺石,以防水激,内裙用石垒脚,上面间筑泥基,以护基身,基面宽二丈"③。这是将打桩、垒石、筑灰墙、与砌石破、垒石脚几个环节相结合,筑基底、基堤,其操作程序十分讲究。倘若决口已冲成深潭,其筑基底的方式又有所不同,如修筑桑园南湖基,其决口为深潭,筑基底则"著用长桩先打一重,然后下石,即将月基浮沙填渗,石鳞再卸再填,务令结实,基底脚阔,基根乃固。再复连打长桩两重,贴平水面,上加净土,用多牛踩练基裙……外裙上下并砌石块,以防水激,内

第三章
堤围工程建设的迅速扩展与修筑技术的提高

———————————

① 光绪《九江乡志》陈博文传云:"【倒流港】海濑湍激,博文取数大船,实以石,沉于港口,水势遂杀,十八堡田户踊跃运土,合力填塞……半载工竣,由是水无旁溢,岁用大稔"。

② 参阅宣统《高要县志》卷二四《金石篇》。

③ 光绪《桑园围志》卷一〇《工程·筑决口》。

裙用石矗脚,以护基身"①。通计基底阔 12 丈,高 2 丈,面宽 1.2 丈。可见其不同之处是,根据决口深潭,采用打长桩与投石的办法,扩阔基底脚,令基根巩固。其他操作程序则大致相同。总之,珠江三角洲在决口原址上筑基底方面,从实际出发,根据决口深浅,采取了新技术和新方法,成效相当显著。

三是因地制宜,提高湾筑基堤技术。实践表明,如果基堤决口大且成深潭,就不可能在原址上修筑基堤。必须根据实际,选择路线,挖筑基堤。史称"基决百数丈外,水冲决口,撞刷成潭,欲照旧基左右堤岸接筑,则水深址浮,不特工艰费巨",且恐新堤易溃。"须相深潭外内地址坚厚处,或前或后湾而筑之,为偃月形,为眼弓形,为荷包形,为重臂形,为半笆形,为勾股摺角形,总因地势长短深浅定局"。② 珠江三角洲通过实践探索,总结出一套提高在决口外内湾筑基堤的技术。如道光十三年(1833)桑园围在修筑章程中规定其具体的做法和程序,基脚的规格要求是:"基脚阔十丈,面阔四丈,上狭下宽……高一丈五尺为率,因水势而增损之。"其筑基脚(基底)的技术及程序,先于"基脚两旁用长桩密排竖树两重,内外树密桩四重,桩内实以老土,杂填以石,错综作梅花点,桩脚插渗浮沙,则桩罅逼固,虽越久水不能入而摇也"。次在"临水之桩外垒石,阔四丈,石出水面则止。内外复排树密桩,中春灰墙一道,阔盈尺,灰墙外层筑老土,踩练用牛,以其力厚而长且匀也"。再于"基外坡脚上下砌石块,以杀浪涛之冲击也。基内坡脚悉垒石,间筑丁字土垄附基身,欲其撑基之后捍御益有力也"。③ 以上可见,绕过决口湾筑基堤,其操作方式颇为复杂而有讲究,技术要求也高,关键之处在于善选湾筑路线,筑实基脚(基底),基外坡砌筑石坡堤,基内坡垒石并间筑"丁"字土垄附基身(特别是后者的发明),大大增强基堤抗御洪流的能力。这从一个侧面反映了明清时期广东筑堤技术水平的提高。

此外,从实际出发,提高新旧基口的接驳技术。广东各地对新旧基咀的接驳方式十分讲究,并从实际出发,采用有效的措施,在新旧基咀外内,或加砌方砧大石,或砌筑石坝、石矶等。如清中叶珠江三角洲

---

① 光绪《桑园围志》卷一○《工程·筑决口》。

② 光绪《桑园围志》卷一○《工程·筑决口》。

③ 光绪《桑园围志》卷一○《工程·筑决口》。

桑园仙莱围堵筑决口,便在新旧基咀外内加砌方砧大石,使新旧基咀接驳相当牢固。其法是,在"新旧基外面基脚俱横排在牛砧石一层,横石上新基加砌方砧大石六层,旧基加砌方砧大石四层。新旧基内面基脚俱砌大石一层,石里靠石桩练灰砂厚五尺……高与石齐,石步另加灰砂墙高阔一尺六寸"①。这就加强了新旧基接驳处抗御洪涛的稳固性。韩江三角洲则于新旧堤接口处多筑石块、石坝,如咸丰年间(1851—1861)海阳县重修被冲决的潘刘涵堤时,在堵塞决口,基堤合龙后,即于"新旧堤交接处新建灰石矶头一座,宽十五丈三尺,两畔灰篱斜出南北各长十丈";又于"合龙处新建海泥矶头一座,宽十四丈,两畔斜出长约十丈",②从而确保了新旧基堤接口处更加坚固。南海、顺德等县也有堤围在堵决口后,于"旧决口左右基咀,环砌蛮石为坝,令其自成门户,则上流可杀卸"③这种环砌蛮石石坝的方法,无疑是保护新旧基堤接口处的重要举措。

　　以上可见,明清时期广东沿海,特别是珠江三角洲在修筑基堤中有诸多发明和创造,主要表现在发明砌筑"丁字形"石堤的技术,推广砌筑石坡堤的新方法,创筑多种形式的灰堤的技术和方法,创新多项堵筑决口的方式与技术措施,如"载石沉船"或沉船截流堵口的先进技术,在决口原址或内外筑基底或湾筑基堤的新技术,新旧基口接驳的新方法等,所有这些都充分说明了广东人民在修筑堤围中的聪明智慧与发明创新的精神,同时也显示了广东筑堤技术的特色与巨大进步。广东可谓后来居上,并已进入全国的先进行列。

三、护堤方式的改进与提高

　　在堤围的发展史上,护堤方式是因应堤围的状况、发展与面临的自然环境而变迁。宋代广东水患不甚严重,在西江下游河岸修筑的堤围多低矮而单薄,都能有效地起到防洪护耕的作用,故是时护堤方式就简单得多了。及至明清时期,情况发生很大的变化,随着水患的日益频繁和加剧,堤围的修筑从河岸平原扩展至河网平原及滨海地带,基堤的修筑需要加高培厚,而护堤方式与措施必须十分严格而讲究,

---

①　光绪《桑园围志》卷一〇《工程·筑决口》。
②　光绪《海阳县志》卷二一《建置略五·堤防》。
③　光绪《桑园围志》卷一〇《工程·筑决口》。

确保基堤达到抗御洪涝潮的目的。

护堤的方式可谓多式多样,随着时间的推移与形势的变迁,护堤的方式和措施亦相应跟进与提高。大约自明中叶,尤其是清中叶以来,由于堤围受到水患的严重破坏日益增多,围内的生产与居民生活直接遭受威胁,因此除大力改造原来的土堤外(如将其加高培厚,或改筑为石堤、石坡堤、灰堤等),就是积极改进护堤的方式,讲究和采取护堤的办法和措施。纵观明清时期广东实施的护堤方式和措施,大致有如下几点。

1. 修筑石坝、石矶等护堤设施。

自明中叶以来,广东各地因应水患对基堤的破坏日趋严重的状况,大力修筑石坝、石矶等护堤设施,以增强其抗御洪涝水患的能力。由于自然条件的差异,各地在修筑护堤设施时采用不同形式,珠江三角洲主要砌筑石坝或抛石护堤,韩江三角洲则筑石矶、灰篢或以石垒堤等护堤。兹分别略述:

珠江三角洲的堤围主要分布在珠江下游河岸平原与三角洲内河网平原,受西、北、东三江洪水冲击威胁最大,故盛行砌筑石坝以护堤,有筑堤先筑坝之称。所谓"筑建石堤,必先多设石坝以杀水势,再于海旁多垒蛮石,培厚根底以防割脚,方能任重,然后上加石堤,自可巩固无虞"[①]。筑坝护堤之重要性于此可见。从文献资料来看,明代珠江三角洲筑坝围垦似乎较多,筑坝护堤则不多,清中叶出现了筑坝围垦与筑坝护堤的热潮。一般的筑坝工程尚不算很艰巨,但在河流顶冲水急处,砌筑石坝难度极大。珠江三角洲人民在长期实践中积累了丰富的经验,掌握了在河流顶冲急流处筑坝的先进技术,其法是首先选定坝址,固定坝底。因顶冲急流处筑坝底的大石易被冲走或移动,采用"载石沉船"固定坝底是行之有效的办法。如清中叶位于"顶冲险要处"之桑园围基先登堡至甘竹滩段,"审度形势",选定坝址,采用"旧麻阳船只,堆满蛮石,用绳揽(捆)好,(然后)凿破船底,沉作根子,上面方易垒砌(石块),以免随水滚溜"[②]。这种载石沉船的办法,无疑是成功固定坝底的最佳选择,为砌筑石坝奠定坚实的基础。其次砌筑石坝,讲究

明清侨乡农田水利研究——基于广东考察

---

① 光绪《桑园围志》卷一〇《工程》。

② 光绪《桑园围志》卷一〇《工程·已卯石工》。

砌筑方法。在坝底砌筑石坝，原则上是"小石在下在内，大石在上在外"①，如此所砌筑的石坝方能巩固。据载，甘竹滩一带基堤是时共砌筑石坝 11 条，每条石坝"约筑数丈，便可护坦"，倘是"水深"三四丈之处，"所筑石坝亦要加长数丈"②，才能确保基堤之安全。珠江三角洲其他地区的堤围，凡位于顶冲急流处或河川要冲者都普遍修筑了石坝，其效果亦相当理想。

抛石护堤也是珠江三角洲盛行之护堤的重要措施。其作用与筑坝护堤相类似。如道光初年，西江下游高要、四会、三水、南海等县，为防御围堤可能被西潦所冲决，于是在基堤"迎溜顶冲处所"，或水流湍急之处，抛掷蛮石或碎石于基堤外旁，"或用块石垒砌，或用碎石抛掷"以固其基脚，达到"杀水势"、"护堤根"之目的。③ 一般而言，抛石护堤的操作方式是将石块用船运至基堤外旁抛入水中，雇石工"将石扛护基身，垒成坡样，其石堤得蛮石贴傍，则堤脚益坚，其土堤得蛮石贴傍，亦无崩卸之虞"④。道光年间，桑园围南村基采用这种抛石护堤的方式，效果甚佳，史称"此次南村基得石（即抛石）最多，工程最固"⑤。珠江三角洲各堤围凡受洪水威胁较大的基段，大多实施抛石护堤的办法，以确保基堤的安全，并获得了显著的成效。

韩江三角洲以其流域多流沙地层，势必"筑矶护堤"，方确保围内安全，素有矶堤并论之称。所谓"堤以障水，而矶以卫堤，堤无矶犹无堤也。故兴水利者，必堤与矶合举，而功乃成"⑥。这里矶堤并举，矶堤并重，说得何等深刻与辩证，筑矶护堤之重要意义不言而喻。大约至迟在明中叶，潮州府已从实际出发，因地制宜，积极采取筑矶护堤的措施。如弘治年间（1488—1505）海阳县针对北门堤"崩溃"的原因，在修筑决堤时采用筑石矶护堤防的办法，获得显著的效果。史称知县金谥"捐俸修筑（北门堤），甃石立基（矶），二百年来民免其鱼，厥功实钜"⑦。万历中年，该县东津沙衙堤溃，东厢等诸都禾稼殆尽，知县沈凤超根据

① 光绪《桑园围志》卷一〇《工程·已酉购石章程》。
② 光绪《桑园围志》卷一〇《工程·庚辰石工》。
③ 参阅光绪《四会县志》编四《水利志·围基》。
④ 光绪《桑园围志》卷一〇《工程·已酉购石章程》。
⑤ 光绪《桑园围志》卷一〇《工程·已酉购石章程》。
⑥ 光绪《海阳县志》卷二一《建置略五·堤防》。
⑦ 光绪《海阳县志》卷三二《列传·金谥》。

河堤为流沙地层,提出了一套筑堤护堤的方案,据称,"超甫下车,相其地旁多流沙,为水啮,堤虽成必圮。乃建议中砌地龙,以杜渗泄,外培荒石,以御冲激,又于上流加(筑)石矶,以障水势"。修筑程序照此执行,竣工后确保一方平安,史称此项"工程逾月堤成,四都民赖之"①。澄海县南北二堤始筑于宋代,长 10243.6 丈,历代屡遭溃决。万历年间知县顾奕采纳乡耆修堤的建议,"筑灰砌石,以图巩固",于两岸"修砌"石矶三十二座,"杀水势以护堤"。② 该县南溪洋堤,捍卫金砂等村田园五千亩,因"无矶障,屡决害稼",万历年间知县王嘉忠根据村长老之意见,筑矶护堤,"以石砌东西矶十座",由是"金砂等村矶障五千亩田园,使水不为灾",③效果甚佳。清初潮州府各县因应"沙堤屡溃"的后果,在倡劝乡民"俱改筑灰堤"的同时,又大力推广筑矶护堤的措施。如康熙年间饶平县于隆都上堡堤"筑石矶",以为"外护"④,防御洪水冲击。海阳县北门堤溃决,两厢、桃山等七都乡民合力"同修,并建矶头"护堤,由是"田庐赖之"。⑤ 雍乾年间海阳县江东东厢堤因其首当韩江下游要冲,"为患最剧",省道宪率府县官员,"议就其地筑灰墙以杜渗泄,砌石矶以障狂澜"。特别是乾隆中年,县府改筑沙堤为灰堤 5539丈,并大力修建石矶护堤,"其矶之旧者既补苴罅漏,咸使增新,复于西陇处别建一矶"。竣工后确保了田庐之安全,"今矶与堤之筑也,已三年矣,有利无害,民用又康"⑥。大抵清中叶以后,潮汕地区沿海的堤防工程都盛行修筑石矶等设施,以捍卫堤防的安全。

"荒石垒岸"或"外培荒石"亦是韩江三角洲维护堤防的又一措施。所谓"荒石垒岸"或"外培荒石",即将石矶砌筑迎水基堤一旁,从基脚呈坡形砌石,与珠江三角洲砌石坡堤大致相若。或将石矶铺放在迎水堤旁,培厚堤脚,以增强堤防抗御洪流冲击的能力。从文献记载看,至迟在明中叶,韩江下游地处河流要冲之河堤已采用"荒石垒岸"或"外培荒石"的护堤举措。如正德年间(1506—1521),邑人御史杨琠疏请

① 光绪《海阳县志》卷三二《列传·沈凤超》。
② 嘉庆《澄海县志》卷一二《堤涵》。
③ 嘉庆《澄海县志》卷一五《艺文·碑记上》。
④ 光绪《潮州府志》卷二〇《堤防》。
⑤ 光绪《海阳县志》卷二一《建置略五·堤防》。
⑥ 光绪《海阳县志》卷二一《建置略五·堤防》。

榷金修筑海阳县南门堤，"甃以石，增拓加倍"①。概括而言，长过 70 里的南门堤适当"众水入海"之要冲，屡遭洪流冲决。为此杨琠采用"荒石垒岸"的方式，"于旧堤（为患五十里内）增高五六尺，外岸临河，采用荒石璺岸，临田填广一丈，上树木以护之"②。这是明中叶粤东沿海一次大规模以石垒岸的护堤工程，其效果亦颇佳，史称"堤成民利赖之"。万历中年，海阳县修筑被冲决的沙衕堤岸时，除将原沙堤该筑灰堤外，还于堤旁"外培荒石，以御冲击"③，也收到良好的效果。澄海县南北二堤在此期间也对险要之堤岸，采取改筑灰堤并砌石护堤的措施，即"筑灰（灰堤）砌石（垒岸），以图巩固"④。清代韩江三角洲为防御洪水为患，凡险要或重要堤岸都推广以石垒岸或培以荒石的护堤措施。

此外，筑灰篱也是防洪和止穿泄护堤的又一举措。所谓灰篱，是以灰沙或灰石筑于外河中，借以引导水流、改变流向及防御堤内穿泄的保护堤防的水工建筑物，大致与石矶相若。清中叶韩江三角洲地处河流要冲的重要堤岸，多筑灰篱以保护堤基。如咸丰年间（1851—1861）海阳县南门堤潘刘涵堤决口二百余丈，堵筑决口后又于新堤外旁建筑"灰篱五塅，巍然屹立，为中流砥柱矣"⑤。光绪十二年（1886）知府朱丙寿将南门堤（8451 丈）一律大修，"七都通力合作，增高培厚，外附灰篱"⑥。这是南门堤历史上又一次大修，全堤外筑灰篱，足见其在保护堤岸的地位和作用。又如海阳县北门堤，清中叶后堤内"穿泄"日趋严重，其防御方式以筑灰篱、止穿泄为最佳。光绪八年（1882）该堤"堤内各处穿泄"，府县即于旧雨亭等多处出险堤段，"共筑灰篱七段，每段长四十余丈，深三丈余，并采石填补矶头"⑦。但此举效果似乎并不理想，经过实践探索，于堤内再筑土堆灰篱，"以断水去路"，效果较好。光绪十二后至十四年（1886—1888），北门堤新雨堤"穿泄尤甚，堤面裂十余丈"，其防止穿泄的办法是，于出险堤内"择坚实处另行填土、

---

① 光绪《海阳县志》卷二一《建置略五·堤防》。
② 光绪《海阳县志》卷三六《列传五·杨琠》。
③ 光绪《海阳县志》卷三二《列传·沈凤超》。
④ 嘉庆《澄海县志》卷一二《堤涵·堤》。
⑤ 光绪《海阳县志》卷二一《建置略五·堤防》。
⑥ 光绪《海阳县志》卷二一《建置略五·堤防》。
⑦ 光绪《海阳县志》卷二一《建置略五·堤防》。

钉桩,固以灰篦。十五年筑成四十余丈,穿泄乃止"①。可见,在流沙地层穿泄严重的堤基,必须于堤外筑灰篦,堤内筑土堆灰篦,方能有效地起到止穿泄、护堤基的作用。以后该堤出现穿泄险情时,皆"如法再修"。如光绪二十六年(1900)北门堤意溪、渡头等处堤面开裂、穿泄数处,其修筑方法是在修复旧基后,"增筑(堤)外灰篦三处,共七十余丈,(堤)内土堆灰篦四处,共八十余丈"②。总之,筑灰篦止穿泄的技术发明及其推广,都显示韩江三角洲人民的聪明智慧与创造精神。

2.舂筑木桩、基柱、排桩等护堤设施。

明清时期广东农田水利工程多使用竖桩护堤(或陂塘)、竖桩护坝的技术,特别是各堤围、堤岸迎溜顶冲或险要之地段,都大量而密集地舂筑木桩、基柱、排桩等,以达到固定堤坝、防御洪水冲击的目的。如西北二江干流及其支流一带的堤围,在修筑基堤工程时都盛行"立木为桩、横竹为笆、以护堤根","或用竹木密排篱笆"的护堤方法,③获得颇佳的效果。高要县修筑景福围的做法就是其中一例,因应该围"基身低薄,浮松之处尚多,每遇西潦盛涨,即虞冲决"的严峻形势,其护堤的方法与经验是,"必须于基堤内外密筑基柱(即木桩),以撑护堤身",并"勘明(基堤)险易次第,挨次兴筑,年复一年……使基筑愈筑愈密,围身如磐石之安,田园无浸"④。可见其法可行,成效亦佳。韩江三角洲竖桩护堤的方式亦然,如海阳县的堤岸、壕埠也采用"钉排桩""以资保障"的做法。其南门涵堤为防御洪波的冲击,于涵堤石墩之外"植木三层、每层以竹络石,以蒲贮蛎,其未密者卷茅以塞其隙"⑤,换言之,舂筑木桩三层,每层并以石矶、蛎壳等填塞,以保护涵堤的安全。

值得指出的是,广东珠江三角洲对竖桩的方式及技术十分讲究,因为竖桩是否得法将直接影响到建筑基底与基堤的质量,在不同的场合下,对竖桩的技术要求也有不同。除前面提及在基堤外内舂筑木桩、基桩、排桩外,还有其他可供选择利用的办法。一是若基址土质较软,在创筑新的或修复旧的基堤时,必须要"多打桩"⑥,打排桩,方能加

① 光绪《海阳县志》卷二一《建置略五·堤防》。
② 光绪《海阳县志》卷二一《建置略五·堤防》。
③ 参阅光绪《四会县志》编四《水利志·围基》。
④ 宣统《高要县志》卷五《地理篇·水利·堤工》。
⑤ 光绪《海阳县志》卷一八《水利》。
⑥ 参阅光绪《桑园围志》卷一〇《工程·舂工》。

固基底,确保基堤的安全。二是堵筑决口基堤时,更要讲究打桩的技巧,通常须打多层密排木桩及梅花石桩以加固基底。如桑园围的做法是,于阔 10 丈的基底"两旁打密排桩两层,内外桩四层,中实泥基,仍点梅花石桩,脚实以沙,桩外垒石阔四丈"[1],如此基底才坚实,为创筑新堤奠定牢固的基础。三是在深潭基址上建筑新堤,要求打桩的技术则更高,常用的打桩方式有两种:其一,打长桩兼下石块筑基底的办法,如前面已提及的,于深潭基底"著用长桩(二至三丈)先打一重,然后下石",务令结实,其基裙"再复连打长桩两重,贴平水面",内裙用石垒脚,以护基身,外裙多垒石块,基里通打一丈二尺杉桩,周围一式。如是基底坚实,基堤乃固。[2] 其二,沉船下石并打桩筑基底的办法。这是因应决口水流湍急且形成深潭而采取筑基底的举措。其法是先将大小船只沉入潭底,然后于基底内外打桩,再将裹以松毛的巨石投入基底,并以竹缆将巨石系于桩上,又以铁索将各桩连紧。上填沙至平石面。最后砌石脚保护基根,于堤旁筑石坝以防波涛的冲击。[3] 实践证明,这项堵口筑堤新技术,集沉船、打桩、投石、筑石脚、石坝诸项之大成,其技术是先进而成功的,而打桩一环是固定基根、保护基堤的重要措施。由此可见,珠江三角洲人民在筑堤护堤方面的发明创造精神与其所取得的新成就。

顺便指出,广东各地在长期的实践中积累了不少有关打桩的经验,其中,珠江三角洲的打桩技术最具代表性。其一是竖直桩必需横斜桩帮辅,所谓"竖桩必于直桩之后,间竖斜桩相之","又用横桩押住,用藤篾綯絷竹缆牵挽",由是直桩得到"横斜(桩)帮辅,桩乃坚固"。[4]其二是竖深水桩讲求技巧得法,必须"视水之深浅为长短,一丈至二三丈有差,并驾农艇返决口,逆流密树",即将农艇固定在深水基址面,逆水打密集排桩。具体做法是,"两艇夹桩刺下,一人抱桩末坠之入水,一人站艇旁捉桩头牵制之,使不斜,持锤者跨两艇旁,奋臂迅击之,一二击而桩定,三四击而桩入泥,五六击而桩根固"。"一桩既树,将锤者立桩之顶用力益捷,树至四五桩以麻篾排系之,至十余桩以杉横押而

① 光绪《桑园围志》卷一〇《工程·筑决口》。
② 参阅光绪《桑园围志》卷一〇《工程·筑决口》。
③ 参阅宣统《高要县志》卷二四《金石篇》。
④ 光绪《桑园围志》卷一〇《工程·桩工》。

坚栓之,至二三十桩以西桅为龙骨,横押其后而统系之,复以长杉揹柱龙骨而斜撑之"。"桩之树分两层,两层相距由五尺至八尺为率"。① 可以认为,以上的经验表明,明清时期珠江三角洲的打桩技术已取得了长足的进步,达到了较高的技术水平。

3. 在基堤上种植果木等护堤植物。

广东各地人民因地制宜,种植各种果树和草木以保护基堤,他们或则种植有经济效益的果树、桑树、沙蔗之类,或则种植榕树、柳树、山刺、草根等。珠江三角洲历来就有在基堤上栽种果树的传统,既获得了经济的收益,又起到了护堤的作用。如明清时期高要县在景福围的基堤上栽种龙眼等果树。据称,繁茂的果树,"柯蟠叶翳,可杀水势,果熟息稠,可备岁修费"②,一举两利。四会县利用堤旁之沙坦,"密栽沙蔗,既可护堤,且有收成"③。南海、顺德等县多在基堤上栽种桑树、果树、榕树等,如南海县在东西围基堤上"栽榕树护堤",又"于李村新堤种榕夹道"④,榕树阴森夹道,树根盘根错节,可固基堤。顺德县永安等围"堤上皆植桑"⑤。大抵自明中叶以来,南海、顺德等县利用基地栽桑种果,基堤旁边鱼塘养鱼,并养蚕缫丝,从而推进颇具特色的基塘经济的迅速发展。此外,在基堤上栽植杨柳、山刺等也起到防洪护堤的作用。据道光《南海县志》称,该县栽柳护堤,以卧柳和长柳相兼栽植,卧柳需密植于堤边,使其"枝叶搪御风浪",长柳距堤五尺至六尺种植,以便捍水。另外,在临水堤下"密栽芦苇或茭草",计阔丈许,使其根株纤结,可起到"有风不能鼓浪"的作用,是护堤的又一要法。清代广东督院亦"劝谕"各县人民,在基堤上广植山刺等,指出除设法加固堤基外,"另就本地所有山刺等类遍植堤上,使根荄蟠结可固基址,枝茎飘荡可敌风浪,且交冬叶落亦可樵采,以备次年抢修(基堤)之用,此亦护土(堤)敌水之一法"⑥。事实上,珠江三角洲及粤东、粤西沿海的堤围、堤防,都从实际出发,广植本地山刺之类,以作为防洪护堤的又一措施。

① 光绪《桑园围志》卷一六《杂录上》。
② 宣统《高要县志》卷五《地理篇·水利·堤工》。
③ 光绪《四会县志》编四《水利志·围基》。
④ 参阅同治《南海县志》卷一九《列传》、光绪《广州府志》卷一八《官绩五》。
⑤ 民国《顺德县志》卷四《建置略三·堤筑》。
⑥ 光绪《四会县志》编四《水利志·围基》。

4. 推广抗风浪、护基堤的措施。

明清时期广东沿海在抗御风浪冲击基堤方面亦摸索和总结出若干行之有效的措施。其一,在迎风浪基堤旁系以稻秆、苇茅等捆把,或大树连梢系于堤旁,这是防御风浪直接冲击堤岸的好办法。珠江三角洲在这方面积累了成功的经验,史称当地人民为防御"风浪鼓击,震撼基身",易于决堤,"则用稻秆、苇茅及树枝、草蒿之承,束成捆把,编浮下风之岸而系以绳,或伐大树连梢系之堤旁,随风水上下以破啮岸巨浪,巨浪势力坚,捆把树木势柔,……则巨浪止能排系捆把,而基身晏然"。[①] 其二,在基脚池塘蓄水,或基围内蓄水,也起到抗风浪、护基堤的作用。因为基脚池塘蓄水或围内蓄水,可"令平岸以助内力,虽有烈风莫之能害也"。[②] 其三,在堤外旁"种海木护围",如海南琼山县沿海堤岸都有种海木护堤之经验,因为密植海木可以防御海潮对堤岸的冲击,是护堤的良策,故当局立禁不得损毁,并规定"岸旁余地俱种海木围护",且奉道宽勘验。[③] 该县灿梅村于万历年间修筑了八百余丈的堤岸,可障田千余亩,堤旁种有"海木护岸,立禁不许损伤"[④]。大抵粤西沿海及海南沿海都因地制宜在堤防外旁种植草木,保护海堤的安全。可以认为,明清时期广东各地采用的有关抗风浪、护基堤的措施,不仅在此时对堤围、堤岸建设发挥了重要的作用,而且对当代也还有一点参考价值和意义。

四、涵、窦、闸、关等配套设施的完善

堤围工程建设与发展,离不开涵、窦、闸、关等配套设施的改进及完善,明清时期广东的堤围、堤防建设已取得了长足的进步,其配套设施工程也大大改进了建筑方式及技术水平。主要表现在两个方面:一是配套设施由以往土木为主,改为石、灰建筑;二是配套设施的修筑方式与技术有了显著的提高。

1. 筑石涵。

涵是堤围工程的配套设施之一,其功能和作用是"以时启闭"、"资

---

① 参阅光绪《桑园围志》卷一六《杂录上》。
② 参阅光绪《桑园围志》卷一六《杂录上》。
③ 参阅咸丰《琼山县志》卷三《舆地六·水利》。
④ 参阅咸丰《琼山县志》卷三《舆地六·水利》。

灌溉,便排放",达到"旱有所济,涝无所患",①利于生产之目的。宋元时期,广东各地堤围多筑木涵,元末明初以后逐渐改筑石涵,由于各地堤围所处的自然条件差异,其修筑的方法亦略有不同。以韩江三角洲为例,海阳县南门涵,创筑于明成化年间,后经多次修筑、改进,至乾隆年间便日臻完备。该涵是引韩江水入三利溪,以灌溉近城西北厢各乡之田。设于城南关外堤旁,涵洞外称"阳涵",内为"阴涵"。其修筑之法是,先为"堵筑涵门",再于"涵之内筑护堤十丈,而左右两墩外则植木三层,每层以竹络石,以蒲贮蛎,其未密者卷茅以塞其隙。涵之上设板、设闸、设墩,涵之外复设矶,皆有程度"②。可见,海阳县南门涵的建筑结构相当完善、合理和坚固,为粤东沿海一重要之石涵。澄海县南堤之新涵,修筑于明万历年间,也是粤东一重要之石涵。原来南堤冠陇有一涵,"广七尺许,入水不多,所济不广,且设立未得其法,未几沙淤水塞,涵为废址"。新涵"改徙上方"建筑,因应韩江水流势,改进筑涵方式及结构,其设计的方式是"浚为沟涵,广一丈二尺,石砌其旁,下浚使深,毋致淤塞,掩大石于上,以利通衢,中用木闸,以时启闭",遇旱则启之,遇涝则闭之,"三都(上外、中外、下外三都)并受其福"。③ 显然,南堤新石涵的修筑方法与技术都有了很大的改进和提高,其经济效益亦可观。以上是韩江三角洲最具代表性的石涵例子,由此可见,明清时期该地区筑涵技术有了长足的进步与提高。

2.筑石窦。

石窦是堤围工程的配套设施之一,其功能和作用大致与涵相同,即以时启闭,便于排灌,"雨则泄内潦,旱则引潮溉浸"④,保障农业生产。明清时期,珠江三角洲北部的堤围多修筑石窦,作为排灌系统的配套设施,有如韩江三角洲多修筑石涵一样。从文献资料看,大约元末明初,西江下游沿岸等地堤围已逐渐将以往的木窦改筑为石窦,明中叶以后则进一步推广,一般的堤围设窦一至二座,大的堤围则设三四座以上。高要县景福围等 25 个围共设窦 72 座,平均每围近三座

---

① 【明】《筑南堤新涵沟碑记》,嘉庆《澄海县志》卷二五《艺文·碑记上》。
② 光绪《海阳县志》卷六《契地略五·水利》。
③ 嘉庆《澄海县志》卷二五《艺文·碑记上》。
④ 道光《高要县志》卷六《水利略·堤工》。

窦①。跃龙窦、腾蛟窦等都是高要县乃至珠江三角洲著名的大石窦。大概由于窦的作用重要,故专门设有"窦总"一职加强管理,与圩长、堤长相提并论。筑窦的技术,由木窦改筑石窦是一大改进,其结构设计亦甚讲究,如万历年间的修筑,乾隆十八年(1753)重修的高要县跃龙窦,其工程"自窦址至堤面砌石七层,高二丈八尺,长六丈九尺,厚八丈三尺,内外如一,并月堤小窦,一切木石材悉易旧以新"②,计用工 5100余石,费银 600 余两,可见该窦的规模不少,筑工坚固,效益颇佳。

3. 筑石闸。

石闸也是堤围工程的配套设施之一,其功能和作用大抵与涵、窦相类似,即以时启闭,旱则蓄水灌溉,涝则宣泄内潦,保障农业生产。广东修筑石闸历史悠久,而且分布面也广,珠江三角洲,韩江三角洲和粤西、海南沿海的堤围,均有修筑石闸设施。宋绍兴年间(1131—1161)粤西雷州修筑的大型石闸,十分著名,该石闸由郡守何庚督修,"开渠建闸,伐石叠砌,长三丈,阔一丈五尺"③,名曰西湖东闸。明清时期,广东各地堤围、堤岸根据其所处自然条件和需要,因地制宜,修筑了众多的大小石闸或木闸,以资抗洪潮,防旱涝,利灌溉。明洪武初年,雷州海康、遂溪等县大力修筑沿海大堤及水闸,即海康南堤、海康北堤和遂溪堤,并在海堤上建筑大型水闸,其中遂溪堤长 4520 丈,设水闸 8 所之多。万历年间,再一次大规模重修千里大堤并水闸,水闸全部用石砌筑,史称大堤堤岸"从底修筑,高达倍前,内河渠闸口,俱用石砌"④,石闸工程质量有了进一步的提高。珠江三角洲的堤围甚多,设置水闸自然也很多,特别是西、北、东三江及其支流出海水道一带的堤围,都普遍修筑了大小水闸。道光年间,"乡围甚密"的顺德县因应防洪涝潮、资灌溉的需要,各堤围因地制宜设置大小水闸多座。其中桂洲围建闸最多,大闸 7 座,小闸 3 座,共 10 座;其次玉带围建闸 5座。通常大的石闸有三道闸门,如玉带围迳口石闸即是,称"三眼大石闸",一般水闸多为"一眼石闸",设闸门一道,其规格"计高二丈,阔九

---

① 参阅道光《高要县志》卷六《水利略》。
② 道光《高要县志》卷六《水利略·堤工》。
③ 康熙《海康县志》上卷《建置志·城池》。
④ 道光《遂溪县志》卷二《水利》。

尺"，皆为石砌筑。各水闸均"专派人看守"，以"司启闭"。① 韩江三角洲一些堤岸也兴建了石闸，以资防洪潮及灌溉的需要。如万历年间澄海县南桥修筑石闸，就是一例。该县南桥一水通大河下达海，下外都之田借以灌溉，但"常苦洪泛冲溢，无所捍御，又潮汐往来，禾苗咸枯，是以耕获无收"。由于闸筑于南桥"水之隘口"处，既"可杀水势"，又"资一都之饶裕"，"从此污莱皆变为膏腴"。② 可见，南桥水闸充分发挥了防洪潮、资灌溉的作用，使下外都的生产一片兴旺。

4. 筑关。

关与闸相类似，其功能和作用似乎更大一些。韩江三角洲通常在堤岸或水道冲要之处筑关，关设墩、门闸各若干，每门设闸板，与珠江三角洲多眼大石闸相类似。筑关的目的在于"备蓄泄"、"通舟楫"③，既防御洪潮，灌溉田园，又方便通舟，发挥其多项功能的作用。关的结构因地制宜，如海阳县龙门关，"凡四墩，为门三，长六丈五尺，中广一丈四尺，设闸板以备蓄泄"。下江东关则"为墩二，为门四，中广二丈，长四丈有奇"。有的关可通舟楫，如隆溪都庵埠大堤建筑的大鉴关，除灌溉大鉴乡的田园外，还"可通舟楫，为入庵埠便道"④。可见关也是堤围、堤岸工程的又一配套设施，其多方面的作用也是显而易见的。

此外，还有滚坝，其功能和作用与关、闸相类似。滚坝的设计有门，门中有闸，以司启闭。海南沿海的堤岸亦有筑滚坝设施。如康熙五十一年（1712），海南琼山县顿林都苍茂圩岸，筑有三门的滚坝，坝中设三门，每门设一闸，坝上架桥，可通行人。这种滚坝类似三门的关或三眼的闸，是多功能的，效益颇佳。史称琼山县顿林都所"筑滚坝，启三门，架桥于上。水大从坝泄去，小则蓄以溉田，称两利焉，五图士民赖之"⑤。乾隆中年，该县城南河北冲口亦筑有滚坝，以调节上流水源，又在下流之下窑口砌筑石闸，以时启闭蓄泄，起了惠农田、通商旅的作用。⑥ 以上情况说明，明清时期广东沿海的堤围、堤岸工程的配套设施日趋改进与完善，这也是堤围、堤岸建设中的又一进步及其技术的

---

① 民国《顺德县志》卷四《建置略三·堤筑·水闸附》。
② 嘉庆《澄海县志》卷二五《艺文·碑记下》。
③ 参阅光绪《海阳县志》卷六《舆地略五·水利》。
④ 参阅光绪《海阳县志》卷六《舆地略五·水利》。
⑤ 咸丰《琼山县志》卷三《舆地六·水利》。
⑥ 咸丰《琼山县志》卷二六《艺文·记》。

提高。

五、筑堤经验的日臻成熟与创新意识

　　明清时期,广东人民在长期的堤围建设实践中不断探索和改革,积累了一套相当完善而成熟的筑堤经验,并提高了筑堤的创新意识,主要表现在以下方面。

　　1.择时间。

　　农业水利建设,特别是堤围工程建设,十分讲究动工时间的选择。既要考虑农忙时节需要大量劳动力的投入,又要避开洪水盛期不利于施工。明初以来,王朝国家根据各地的实际情况,规定了每年修筑农田水利的时间,谓每年秋成后"乘农隙修治水利"[①],"令有司秋成时修筑圩岸,疏浚陂塘,以便农作"[②]。广东根据中央政府的规定及本省江河水流与海潮涨退的规律,确定岁修时间,选定在每年十月至十一月以后动工修筑农田水利,即于"冬晴水涸之际,通力合作,各自培筑"[③]。如肇庆府承各县规定"每岁定限十月望间起工,腊月望间止工"[④]。广州府承沿海各县通常也安排在秋冬季节兴修水利工程,"抢筑水基"、"待秋高潦尽,水落决口岸露,乘势并筑大基,费省而民不劳"[⑤]。可以认为,这是最佳的兴工修筑基堤的时间,既不妨碍农时,又大大节省了修筑的经费与劳动力,是明智的举措。

　　2.选基址。

　　筑新基堤或堵筑深潭决口等,都要正确选择合适的基址,方能确保堤围工程的质量与安全。这是广东堤围建设中一个行之有效的措施与经验。广东人民在长期实践中已认识和掌握到因应各地的土质、水流、风势诸自然条件,选择地质坚实,受洪潮大而影响相对较少,与民居相距适宜的地段,作为基址的方法和技术。珠江三角洲在这方面积累了丰富而可行的经验,选择新基址的原则是,除了上述的条件外,一般来说基堤位置以"远筑离岸三二里"为宜,"切勿逼水,以致易决"。具体而言,基址打桩位置"须俟秋冬水涸日,于基外照潮退至尽处水

---

①　参阅《清经世文编》卷一〇六《工政一二·水利通论》。
②　《明会典》卷一九九《工部一九·河渠四·水利》。
③　光绪《四会县志》编四《水利志·围基》。
④　光绪《四会县志》编四《水利志·围基》。
⑤　光绪《桑园围志》卷一六《杂录上》。

痕,树密桩以盛石",然后砌筑基堤,如此所筑基堤才能"坚久稳固"。否则,"若从潮上水痕树桩"筑基底,"非徒无益而又害之"①。从文献记载来看,该地区还将所筑基堤的位置与作用分为三种类型,即将近邻河滨的堤围的"外基"称为"缕堤",离河岸一至三里的堤围的"内基"称为"遥堤",又将各堤围之间的"横间基"称为"格堤",从基堤的名称即大体上知其所处的位置及所起的作用。至于选择决堤深潭基址位置,则有更为复杂的讲究,关于这一点前面已有论述,这里从略。

3. 定规格。

基堤工程的规格要求与堤围整体质量有密切关系。从历史上看,广东沿海的堤围随着时间的推移,河床的变迁,水患的加剧,其筑堤的规格要求也发生很大的变化。总体而言,因应自然条件的变迁与实际需求,各个时期大体上都定出堤围修筑工程的规格要求。宋代西江下游及三角洲西北部一带,水患较轻,故其修筑的堤围大多较为低矮、单薄和分散,一般堤高三五尺就可以防御洪涝,保护农业生产,最高的也不过一丈左右。元代中后期,水患日渐增多,筑堤的规格也相应增高,为一丈至一丈二尺左右。明清时期广东水患日益加剧,珠江三角洲的堤围普遍增高培厚,一般的堤高已增到一丈五尺或二尺以上,有的甚至接近三丈。值得指出的,这个地区的人民群众从长期的探索中,总结出修筑坚固基堤的规格要求,即基堤的高度与其底、面宽度的最佳比例,以通常修筑一丈五尺高的基堤最为合适,其规格要求是,"堤底以八丈为度,面以五丈为准,高以一丈五尺为凭,每堤一丈应用土九十七方半",史称这个规格标准是"防河至坚之策"。② 如果筑堤的高度有改变,则其底面的宽度亦相应作改变。以堤高一丈二尺为例,其最佳的规格应为"底阔七丈,面阔三丈"为准。③ 这些都是筑堤工程的行之有效的经验。

4. 筑堤法。

修筑基堤还须讲究选土、施土、夯碣等方法与技术要求。珠江三角洲在这方面也积累了丰富的经验。一是选土。据道光《南海县志》《江防》所载,筑堤必须严格选土,"必择好土,毋用浮杂沙泥",其泥土

① 参阅光绪《桑园围志》卷一〇《工程》。
② 参阅光绪《桑园围志》卷一六《杂录上》。
③ 参阅光绪《桑园围志》卷一六《杂录上》。

应"干湿得宜",不能过干或过湿。无论筑新基抑或修旧基,皆"以老土为佳",即使老土不足而新土,基面上亦须"寻老土盖顶",以防基堤被雨淋冲溃。可见选土一环也直接影响到基堤工程的质量。二是施土。施土讲究得法,才能确保筑堤的效果。珠江三角洲在施土筑堤方面,十分注意基底薄施土的方法,他们认为基底薄施土,"夯杵行硪",方能坚实。"凡筑堤之事,底必薄其土,土薄遇硪,铁石斯坚,准是加工,层叠相乘,而脉发无患"①。换言之,修筑基堤,必须于基底层层薄施土,并"夯杵行硪",使其工筑坚实,这是筑堤成功的又一经验。三是夯硪,即"夯杵行硪"。筑堤还须掌握"夯杵行硪"的技术要领。这是筑堤技术的重要一环。但不同的基堤,其"夯杵行硪"的要求也有不同。大致而言,基堤可分两类:其一是"加帮之堤",即在原基堤上修筑,"加卑培薄",将基堤加高拓宽。其法是,先"将原堤重用夯杵密打数遍,(使之)极其坚固,而后于上再加新土"②,层层"夯杵行硪",才能使基堤坚固;其二是"创筑之堤",即筑新基,其法是"先将(基底)平地夯深数寸,而后于上加土建筑,层层如式夯杵行硪,务期坚固"③。以上两种夯硪的办法是针对筑土堤而言,是从长期的实践中总结出来的好经验。至于修筑石堤还有另一套技术要求,也积累了不少经验,前面也作了专门论述,这里不赘述。

此外,广东各地在长期护堤的实践中,积累了许多防御洪涛风雨的好经验,概况而言,有四防:昼防、夜防、雨防、风防。兹将珠江三角洲总结出来的护堤"四防"之法略述如下:

其一,昼防。所谓昼防,是指白天在堤上巡防,检查并清除堤上的隐患。广东沿海每年五至八月,"两多水涨",各地堤围无不加强巡查,特别是地处河流要冲或险要的堤段,白天"常以人巡堤上,搜獾洞,实鳝孔,灌柳枝,堆土牛,而于要害之处,则尤宜积桩草、苘麻、柳梢等物以备之"④。可见白天有专门人役在堤上巡视,察看险情,并备有护堤抢险的物料,以防不测。

其二,夜防,即晚上在堤上巡防。夜防要比昼防困难得多,因为晚

---

① 参阅光绪《桑园围志》卷一六《杂录上》。
② 参阅光绪《桑园围志》卷一六《杂录上》。
③ 参阅光绪《桑园围志》卷一六《杂录上》。
④ 参阅光绪《桑园围志》卷一六《杂录上》。

间漆黑一片,发现险情不容易。为此,必须在堤上"设灯竿","定信地",派出专门人役分工负责。具体的操作是,将巡防的基堤划分信地,"大约堤长一里宜分三铺,铺各三夫,而里以数计,铺以号编夫,各分其信地,而又铺十有长,里十有官。当夫汛至,而堤有欲决之势,则铺长鸣金,左右铺夫奔而至,至即运土,中下桩埽,以抢御之。倘一长之夫力不胜,则铺长宜振其金,而官督其十里之夫,以齐来料备夫"①。于此可见,巡防基堤信地的划分及其分管员役编制,即每里堤段设三铺,每铺设夫三人,每十铺设铺长一人,每十里设官督率。巡防时倘遇险情,铺长鸣金为号,召集左右铺夫,甚者则由官督领其十里之夫役前来抢救,组织颇为严密。顺便指出,清初政府对地方防洪护堤亦十分重视,规定"令地方官农隙督民修补,倘遇江水骤涨,遣员巡查,以防(基堤)冲决"②,这也推动了广东各级官府加强对沿海堤围的巡视与检查。

其三,雨防。这里是指防御大雨或暴雨对堤围的冲刷破坏。从记载资料看,雨防之法大体上与夜防的措施相类似,其不同之处,因应雨防的需要,必须在基堤上每"二铺之间""更设一窝铺,使夫雨有蔽,而劳者亦可以暂息也"③。换言之,窝铺是巡防夫役避雨场所,供他们休息之用,并为其在雨中巡堤护堤提供了必要的条件。

其四,风防。"四防之中风为剧",防风护堤乃是最艰巨最困难的任务,广东沿海承季候风地带,每年春夏季节往往发生台风或暴风,伴随暴风而至的是暴雨"水发",偶遇海潮涨发,则对沿海的堤围、陂塘等水利设施造成极大的破坏。为防御大风对基堤的冲击破坏,各地也积累了许多"风防"的经验。其法是做好风防的准备工作,"宜于平时预束桔藁、翘薪、柳枝、蒿藜等物以为把,而贮于两岸之上。及其水发风狂,则自下风之岸,将所束之把浮系于树,以柔浪而杀其势"④。前面论及有关抗风浪、护基堤的措施时,亦提及或以大树连梢系之堤旁,随风水上下以破啮岸巨浪,亦是护堤之策。

总之,做好充分的"四防"准备工作,积极防御狂风恶浪对堤坝的

① 参阅光绪《桑园围志》卷一六《杂录上》。
② 参阅光绪《桑园围志》卷一七《杂录下》。
③ 参阅光绪《桑园围志》卷一六《杂录上》。
④ 参阅光绪《桑园围志》卷一六《杂录上》。

破坏,就能达到防灾护堤的预期效果,或尽可能减少堤围的损失。在当时的物质条件与技术水平还受到一定制约的情况下,这也不失为一个行之有效的办法。

以上详细论述了明清时期广东珠江三角洲、韩江三角洲、粤西沿海等地堤围修筑方式的改进,筑堤技术的提高,护堤方式的改进与提高,涵、窦、闸、关等配套设施的完善,筑堤经验的日臻成熟与创新意识,由此得出以下两点结论。

第一,明清时期广东沿海的堤围、堤防建设在宋元基础上有了长足的进步,无论在堤围修筑的方式,抑或修筑的技术层面上,都有了极大的改进与提高,特别是砌筑石堤、堵筑决口等新技术的发明,及护堤经验的成熟等,都标志着最具特色的广东堤围建设业已后来居上,进入全国的先进行列,甚至超过了江南的发展水平。

第二,明清时期广东沿海特别是珠江三角洲的堤围建设不仅在此五六个世纪内,对抗御洪、涝、潮、旱等患,保护农耕与民居安全,促进社会经济发展都发挥了不可或缺的重要作用,而且对当代堤围、堤防建设还具有一定的参考价值与现实意义。珠江三角洲基塘商品经济正是在堤围建设中充分发展并得到安全的保障,载石沉船截流堵口与堵筑决口的技术发明与运用,直到当今沿海防汛抢险、堵截大范围决堤时,依然具有参考价值及被采用,并获得显著的成效。

以上两点可从一个侧面反映广东人民在堤围建设中的智慧、勇于改革创新的意识与精神,及艰苦奋斗的美德,值得充分肯定。

第四章 陂塘工程建设的蓬勃
发展与修筑技术的改进

陂塘渠圳等设施是农田水利工程建设的重要组成部分。明清时期,广东陂塘工程建设主要分布在粤北、粤西等山区、丘陵、盆地、台地和高亢地带,并在宋元基础上获得了迅速的发展。明清政府推行鼓励垦荒和发展农田水利的政策,对促进广东各地陂塘的发展起了重要作用。而宋代前后广东的陂塘建设也为明清时期的进一步发展奠定了良好的基础。值得指出的是,明清时期广东因应经济全面开发的需要,在大力开发山区、丘陵、盆地、台地和高亢地带农业经济的同时,积极兴修陂塘农田水利工程,并不断改进陂塘的修筑方式及技术,改筑土陂为石陂、灰陂,改进和完善陂塘灌溉系统,推动了全省陂塘工程建设的蓬勃发展。

第一节 陂塘工程建设的蓬勃发展

广东的陂塘水利建设有悠久的历史。在宋代前后,粤北等山区丘陵地带兴修陂塘工程已有一定的规模。明清时期,广东经济的全面开发,推动了山区等地陂塘水利建设的发展。政府劝农兴水利的政策与各级官员的倡筑举措,也促进了各地陂塘建设的蓬勃发展,并改进和提高其修筑的方式及技术水平。

一、陂塘工程建设发展的原因

广东的陂塘建设历史悠久,它比沿海的堤围工程的兴建还要早得多。相传东汉时期,粤北山区连州龙口村袁氏兄弟修筑了龙腹陂,这似乎是广东最早兴修的一项陂工程。后梁时期,连州牛田的邪陂和鸡笼关的彩陂,皆由尚书黄损督修的。① 隋代时,高明县杨梅都冯家白氏创筑了金钗陂,可灌田数十余顷。② 宋代粤北、粤东、粤西山区因应农业的开发,修筑陂塘灌溉设施逐渐增多,其地位也日益重要,有"灌田多藉陂水"之称。③ 值得注意的是,宋初广东已采用石矶修筑陂、渠工程,即"石陂"、"石渠"工程,筑陂方式及技术有了改进和提高。如北宋天禧年间(1017—1021),粤北南雄县知县凌皓率众修筑石渠,"伐石为渠,堰水溉田五千余亩"。④ 北宋崇宁年间(1102—1106),该县又"伐石筑陂,引水灌田"⑤,名为"连陂",这是广东历史上记载较早的著名的石陂之一。

　　明代以来,广东经济逐步深入和全面开发,进一步推动了陂塘水利工程的蓬勃发展。本省各地出现了兴建陂塘渠圳等工程的热潮。究其原因,除因应经济发展的需要和明清政府施行鼓励农田水利建设的举措外,还同本省各级官员重视兴修水利、推广修筑陂塘的技术和经验不无关联。

　　1. 督领乡民兴修陂塘水利工程。

　　大抵自宋代以来,广东各级主要官员似乎都有"兴水利,劝农桑"的传统,政府的考核也以此业绩为依据。明初,各级官员在恢复和发展本省农业经济中,无不将"农以水为命"⑥和"渠塘堤堰为惠农之要"⑦摆在任内"劝农"的日程上,"凡县属都鄙土宜水利悉心料理"。⑧由是不少府、州、县长官亲自督率乡民大众兴修农田水利。如洪武三年(1370)新任南雄知府叶景龙督率乡民修筑陂渠工程,史称他率民"于(府)城西河塘村地筑陂,引凌水灌田五千余亩,民号'叶公陂'",⑨这是明初粤北的知府督修的一大型陂渠工程,灌溉效益达五十余顷。洪武二十七年(1394)始兴县令王起督领乡民"筑陂塘,兴水利",劝课

---

① 参阅同治重修《连州志》卷二《陂渠》。
② 参阅光绪《高明县志》卷一〇《水利志·陂塘》。
③ 参阅道光《广宁县志》卷一二《风俗志》。
④ 道光《直隶南雄州志》卷六《名宦列传·凌皓》。
⑤ 道光《直隶南雄州志》卷六《名宦列传·凌皓》。
⑥ 道光《直隶南雄州志》卷二一《艺文·文纪》。
⑦ 道光《遂溪县志》,序。
⑧ 万历《飯下都疏通水利碑记》,同治《乐昌县志》卷一〇《艺文志》。
⑨ 道光《直隶南雄州志》卷六《名宦·叶景龙》。

农桑,使人民得以安居乐业,直到清中叶人们仍不忘记他的功绩,称颂其陂为"王知县陂"。① 万历二年(1574),该县县令杨应隆亦积极倡筑农田水利,"劝里甲勤务农",筑堤修陂,发展农业生产。② 值得一提的是,清嘉庆年间南雄直隶州知州罗含章督领乡民大兴农田水利的典型事例,他在任内"为民请求水利",将修筑陂塘工程摆在劝农之首位,亲自踏遍州境勘测规划,倡筑水利,并接连不断地慷慨"捐廉倡筑",带动人民群众掀起了修筑水利工程的热潮,获得显著的成效。史称他"捐廉倡筑新旧陂塘四十六处,并已获享其利"。在他的倡导下,州民亦"闻见而起",努力兴修水利,"欣然不惮老瘁,勤勤恳恳乃如此"。③ 这无疑是明清史上广东府州一级行政长官督领人民修筑农田水利的最具代表性的事例。此外,一些粤籍的致仕归里的官宦之家,也热心于家乡农田水利事业,往往带头"大兴水利",使乡民蒙受灌溉之益。如永乐年间(1403—1424)嘉应州(今梅州)万安都人廖睿"出巡四川"后,"归里大兴水利,疏流灌溉白土、甫心、杨古、壮霸田数百亩,乡民至今赖焉"④。可见他领头修筑的这项水利工程,直到清中叶后还发挥其灌溉数顷农田的效益。

2. 教民筑陂。

明清时期广东山区经济发展不平衡,信息闭塞。有些地区的水利建设十分落后,乡民不懂得筑陂灌溉。赴任的各级官员对这些地区起了沟通信息的作用,他们介绍外地经验,采取"教民筑陂",以利农耕的举措,起到了积极的作用。如万历中期龙门县教授出身的苏诏,就在该县指导兴修水利,教乡民以筑陂的技术,使其获得灌溉之益,史称其"教民筑陂,设车灌溉,民蒙其利"⑤。明代翁源县县令吴世宝在任期间亦大力"劝农桑、兴水利",他亲临现场,"教民筑铜鼓陂以灌田"⑥,得到了颇佳的效益。还有前面提及的,清中叶南雄直隶知州罗含章领导并教乡民筑陂塘修渠圳。这些事例都有利于促进粤北山区农田水利建设的发展。

① 道光《直隶南雄州志》卷六《名宦·王起》。
② 道光《直隶南雄州志》卷六《名宦·杨应隆》。
③ 道光《直隶南雄州志》卷二二《艺文·陂文》。
④ 光绪《嘉应州志》卷二三《人物·廖睿》。
⑤ 民国《龙门县志》卷九《县民志五·人物》。
⑥ 嘉庆《翁源县志》卷一一《宦绩略》。

3. 推广外地筑陂法。

广东各地除继承前代推广石陂工程外,还学习和仿效外地的"筑陂法",以推动本地区的水利建设。清初嘉应州(今梅州)就是一个有代表性的例子。如乾隆年间(1736—1795)武德将军林奕孟在嘉应州积极推广台湾的筑陂法和经验,他仿效台湾筑陂技术,倡议捐筑,因应该州金盘堡银场溪一水之地势,修了"三十六陂","其中大圳陂灌田租四十八石,石陂溉田租二十一石,马陂溉田租二十余石,高圳陂溉田租二十八石,低陂溉田租十石"①。这是推广外地筑陂经验,因地制宜发展山区陂塘水利事业的典型事例。事实上,自明代以来,许多来自水利先进的江南地区的官员,在他们奉命到粤任职期间,往往带头教民筑陂或推广外地修筑水利的经验,克服山区的落后闭塞,这无疑是促进本省山区水利建设的又一因素。

4. 鼓励民间兴修或管理水利的措施。

明清时期广东采取积极措施鼓励民间兴修水利,对管理水利的夫役也给予一定的优惠。通常的办法是采取"免役"的措施,鼓励民间修筑水利。如清初嘉应州(今梅州)实行"修圳免役"的措施,参加修筑水利的乡民可以优免当年之徭役。据乾隆十四年(1749)的记载,该府给予莆心乡参与"修圳"之民工以"免役"的优待,并将此举刻石成碑,以彰其功。② 其他地区亦有采取这种鼓励民间兴修水利的办法。至于管理水利工程的夫役也有相应的优惠待遇,如明中叶雷州府规定,凡承担管理水利的夫役享有"优免差役"的待遇。据弘治年间(1488—1505)雷州通判熊魁的报告,徐闻县"申设塘长,塘甲,优免差役,巡守灌田"③,换言之,担任塘长、塘甲、田甲之类的夫役,可免其本人之"差役"。总而言之,以上措施无疑对本省各地陂塘水利建设起到了促进作用。

综上所述,我们从广东地方官员重视和推广修筑陂塘水利工程的方式、技术与经验的层面,分析和论述了明清时期广东粤北、粤西等山区、丘陵地带农田水利建设蓬勃发展的原因。由此可见,不仅国家鼓励农业与农田水利建设的政策对广东发展水利工程起了重要作用,而

---

① 光绪《嘉应州志》卷五《水利》。

② 参阅光绪《嘉应州志》卷五《水利》。

③ 宣统《徐闻县志》卷一《舆地志·水利》。

且地方政府也相当重视贯彻这些政策,并推行相关的措施与优惠办法,对兴修水利的发展起了积极的促进作用。这也是顺应明清时期广东经济进入全面发展的历史趋势与要求使然。

二、筑陂技术的改进及其特点

明清时期广东的筑陂工程,继承了宋元时期的修筑方式和技术,结合各地的自然条件与农业开发的实际情况,因地制宜,不断改进筑陂方式和技术,提高其修筑的水平,并取得了超越前代的进步与发展。

1. 推广修筑石陂工程。

广东的陂塘建设历史悠久,特别是石陂、石渠的修筑,早在北宋时代粤北山区的南雄等县就已出现,且有一定的规模。但宋元时代这种石陂修筑工程毕竟还少见,一般仍以修筑土陂为普遍的形式。入明以后,广东粤北、粤西等山区、丘陵、盆地、台地和高亢地带,各自根据其自然条件和经济发展水平。采用土、木、石、灰等材料,修筑陂渠水利工程,总的发展趋势是,筑土陂的逐渐减少,而筑石陂或灰陂的则逐渐增多,最后筑石陂或灰陂取代筑土陂,成为普遍的形式。概括而言,明初仍以筑土陂为主,自明中叶后,筑石陂或灰陂的工程不断增加,清初本省各地以石、灰沙筑陂日益增多,及至清中叶进一步推广修筑石陂、灰陂水利工程,并成为主要的修筑形式。

大约到清末,粤西沿海开始采用钢筋和三合土(即水泥)等新材料修筑陂塘工程,从而使筑陂的方式与技术提高到一个新的台阶。尽管此时期采用新型建材修筑农田水利设施,似乎还局限在个别地区,但从农田水利建设的角度看,却是修筑方式与技术的一大进步,它开创了近代运用新材料进行农田水利建设的先河。

2. 筑陂方式灵活多样。

广东各地从实际出发,因地制宜,采取灵活多样的方式,大力修筑各种类型的陂渠工程,充分发挥其适应本省各地不同自然条件的农田灌溉的效益,颇具特色。

一是根据各地的自然条件与实际,修筑各种类型的陂渠工程。大致可分为陂与车陂两类。先说筑陂的情形。一般的陂,其功能是障水灌溉,这是本省各地最普遍的一种筑陂形式。前面已提及,广东筑陂已有悠久的历史,隋唐以前且不说,就宋代而言,北宋天禧年间

(1017—1021)粤北南雄县修筑的凌陂工程,"代石为渠,堰水溉田五千余亩"①。崇宁年间(1102—1106)修筑的连陂工程,"伐石筑陂,引水灌田"②。以上两处陂工程都采用石材修筑,且有一定规模,是著名的石陂工程。北宋中后期惠州府亦劝民"种麦垦荒田,修陂塘"③,发展生产。南宋端平(1234—1236)初年,海南琼山县修筑的岩塘陂,是一大石陂工程,"石高一丈二尺,阔三丈八尺,架桥砌陂为堤,延袤二百余丈",可灌溉农田"数百余顷",④可见石陂的规模很大。明代以后,随着广东经济的深入而全面的开发,特别是垦殖业的发展,广东的陂塘水利建设,自北向南,自山区向沿海地带蓬勃发展。大抵明初以筑土陂为多,明中叶以后筑石陂和灰堤日渐增多,清初以后则进一步推广,其修筑的方式及技术也有了改进和提高。关于这一点后面还要论述,这里不赘述。

再说筑车陂的情形。筑陂设车,是适合山区丘陵地带梯田的灌溉的另一种形式。从文献记载看,广东筑车陂工程的地域分布相当广,从粤北、粤中到粤西及海南等地,到处都可见有车陂或树陂的灌溉设施。关于车陂的筑法亦多有记录。如嘉应州所筑的树陂(即车陂),其法是"从半溪打松桩,垒石作陂,以阻遏上流,傍岸开缺成隘",并在隘口处设车(水车),"水至隘奔注奋迅,始激车使转",⑤提水入圳或渠,以灌溉农田。从化县筑车陂灌溉之法,兼顾舟楫往来之便,十分讲究。据万历年间所载,该县在溪流中所筑陂置筒车,"用竹木茅柴横置江中,中通一路,以便舟楫往来,待水满陂,用筒车激之,不劳力而水自运,灌溉之利神而且溥"⑥。由此可见,从化县利用流溪河充沛的水资源,筑陂置车灌溉,效益甚佳。

值得指出的,广东各地还根据其自然条件及实际需要,在一村或一乡中,或设"一陂一车",或设"一陂多车",甚至"多陂多车",而以设"一陂一车"较多。如嘉应州(今梅州)因应山区水利灌溉的需要,除设一陂一车外,有筑一陂多车的,该州石坑堡东官流辉陂为一陂六车,

① 道光《直隶南雄州志》卷六《名宦列传·宋·凌皓》。
② 道光《直隶南雄州志》卷六《名宦列传·宋·连希觉》。
③ 万历《广东通志》卷三八《郡县志二五·惠州府·名宦》。
④ 咸丰《琼山县志》卷三《契地六·水利》。
⑤ 光绪《嘉应州志》卷五《水利》。
⑥ 万历《广东通志》卷一六《郡县志三·广州府·水利》。

"计管水车六座"①，以便灌溉。也有筑多陂多车的，该州李坑堡罗洲坑村，道光年间"各造村陂水车共一十三座"②。又松口堡仙口乡，共筑"小陂水车两座"，"中陂水车两座"③。可见，嘉应州为发展山区农业，因地制宜建筑多种形式的有一定规模的树陂（即车陂），以满足山区梯田灌溉的需要。这从一个侧面显示了粤北山区因地制宜建设农田水利事业的一个特色。

此外，在粤东丘陵地带还有在陂上分水道，在陂下设水车灌溉的，如潮阳县修筑兰湖陂即是，乡民根据地势高低不同的农田灌溉之需要，在筑陂时规划"陂上"、"陂下"、"陂右"分水道设水车，陂下设水车。据称该陂"陂上之水灌深洋、新浦地等乡，陂下之水车灌莲塘、屯内等乡，陂右分灌仙陂等乡"④，虽然这里还不清楚陂下所设的水车是否大筒车，但筑陂设车，并分多水道灌溉各处高低不同的农田，支持农业生产的发展，这是从实际出发，注重灌溉效益的又一种筑陂设车的形式。

二是根据山区地势特点修筑多级陂渠（圳、沟）水利工程。粤北山区，地势崎岖，群山林立，溪流源长，当地人民因应山地梯田种植的需要，"因地疏筑，以备灌注蓄泄，为民生利"，修筑多级陂渠水利工程，以灌溉分散而又高低不同的山间梯田，遂形成一水多陂的灌溉网络的格局。明中叶海阳县东里（成华年间始隶饶平县）修筑四级陂渠水利灌溉工程就是典型的例子。据称，东里的溪流发源于乡北尖峰和大幕二山，自西东流，乡民因应地势高低走向，自上而下修筑起呈阶梯形的四座陂，即四级陂，"上为第一陂，下为第二陂，第三为乌涂陂，第四为陈白陂"⑤。时人陈和斋记云，"吾乡之北，有山壁立，横亘山阴，平曰宽衍，有溪自西而东折，古筑四陂，其最下则为陈白陂，即第四（陂）云，陂有沟"⑥，便于灌溉山间之梯田。这是明万历年间以前粤东北山区修筑的呈阶梯形的四级陂渠水利工程，有效地解决了山区地形复杂的水利灌溉的难题。嘉应州（今梅州）亦根据地势特点，沿山间溪流建筑多级的树陂（即车陂）。如乾隆年间武德将军林奕孟于该州全盘堡银坳溪

明清侨乡农田水利研究——基于广东考察

---

① 光绪《嘉应州志》卷五《水利》。
② 光绪《嘉应州志》卷五《水利》。
③ 光绪《嘉应州志》卷五《水利》。
④ 光绪《潮州府志》卷一八《水利》。
⑤ 万历《东里志》（饶平县）卷一《疆域志·水利》。
⑥ 万历《东里志》（饶平县）卷一《疆域志·水利》。

一水"倡议捐筑"树陂,他仿台湾筑陂法,沿溪水修筑阶梯形的多级树陂,合计有三十六陂。① 清远县迥岐善化乡同样因应地势走向,筑起一河数十陂之多。该乡水源来自怀集、广宁二县诸山间河流,自三坑墟而下,为使"高岸(梯田)可资灌溉",于是在该乡附近沿河筑陂,设置水车,"一河遥筑五六十陂,灌田六七十顷"②。以上这种"一水多陂"的自成系统的小型灌溉网络工程,在广东山区农田水利建设中颇具特色,它显示了粤北等地人民因地制宜、创新筑陂方式的智慧与才能,为开发和利用山区水资源、发展农业经济作出了贡献。

三是根据沿海丘陵、低坡度地带修筑不同类型的组合陂工程。如粤西沿海丘陵、台地,河溪多发源于高山深谷,上游两岸地势高,下游地势较平坦,直至出海,为此因应农田灌溉之需求,通常在上游修筑车陂,于下游修筑平岸陂,成为两种类型的陂组合灌溉系统。清代恩平县在潭流水修筑车陂和平岸陂的组合形式就是其中有代表性的例子。潭流水发源于该县龙潭九凸丛山中,潭流村上游"两岸皆高山",下游则较平坦开阔。明清以来该县根据这里的地势特点,潭流村以上河段多筑车陂,"下至圣堂,皆筑平岸陂,灌田甚多"③。其筑陂的方式是,在河上游筑陂设车,通常是"植木垒石横截水(流),而筑隘口于近岸,水越隘口势益喧,乃设车当隘以通之",提水入沟以灌溉农田。这种车陂与嘉应州的树陂大致相类似。下游筑平岸陂,即在河岸筑陂,"陂平两岸,圳开岸旁,水为陂障,则分流入圳,而注入田"④。这种平岸陂是以陂障水入圳灌田,不必设车提水,甚为便利。茂名县修筑车陂亦颇为发达,该县"东西北多山,田畴种植,高高下下,必资小溪水灌溉,或垒以石,或树以桩,则蓄水者陂为要。南路平衍河广处,以竹木艺茅遏之,(设车)转水溉田曰车陂"⑤。开平县修筑车陂的情形亦然。史称该县自雍乾年间以来,因应农业发展的需要,掀起了筑陂设车的热潮,"东北至宅梧,西北至尖石,(车陂)所在多有"⑥。

顺便指出,本省车陂的分布甚广,南北皆有。海南的车陂称为"车

---

① 参阅光绪《嘉应州志》卷五《水利》。
② 光绪《清远县志》卷五《经政·水利》。
③ 民国《恩平县志》卷三《舆地二·川》。
④ 道光《恩平县志》卷四《疆域·陂圳》
⑤ 光绪《高州府志》卷一〇《建置三·水利》。
⑥ 民国《开平县志》卷一二《建置略六·水利》。

坝",也是农田灌溉的主要设施。琼山县修筑车陂甚多,有博冲车坝、迈容车坝、曲水车坝等。这些车坝都是根据所在低坡度的地势和实际,筑坝设车,升水灌田。如博冲车坝,在县东南顿林都,系在河上"作坝转车升水溉田"①。迈容车坝则在县东南苏寻都,在溪中筑坝,"引溪(水)作水车,灌田千余顷"②,可见其效益相当可观。

3.筑陂技术的提高及其特点。

明清时期广东筑陂技术在宋元基础上有了进一步的改进和提高,其进步与特点表现在以下方面。

一是截流筑陂方式的改进。粤北、粤西山区多崇山峻岭和险要峡谷,河溪水流深浅缓急莫测,对此,各地人民从实际出发,因地制宜,采取多种有效的截流筑陂的方式。其一,砌石筑陂,在河溪水流相对缓慢或水浅的情况下,通常以砌石或垒石的办法,即可截流筑陂,这是最普遍的截流筑陂的方式。其二,打木桩垒石筑陂。在河溪水流湍急或水流较深的情况下,必须打松木桩截流,然后砌石筑陂,方能成功。粤北等山区州县往往采取这种截流筑陂的方式,效果颇佳。前述嘉应州从化县的筑陂方式即是。如嘉应州乡民多在湍急的河溪中"打松桩"垒石作陂截流,然后在陂旁岸开隘口设水车,提水入渠,灌溉高亢梯田。或直接引水入圳,灌溉农田。从化县流溪河水资源丰富,但"水势甚急",自明代以来当地乡民采用打木桩截流的办法,"居民以树木障之,作水车以灌田"③,效益甚佳。粤西开平县也采用这种截流筑陂的方式,据康熙年间(1662—1722)的记载,该县截流筑陂是在急流的河中"用松桩植木、垒石,横截水面",然后于近岸"筑隘口"、"设竹车",提水入沟,灌溉农田。④ 从文献资料上看,本省各山区州县,凡在湍急河溪中筑陂灌溉,似乎多采取这种打木桩、垒石截流的筑陂的方式,并获得颇佳的效益。其三,以藤篑装石截流筑陂。这是在湍急的河溪中截流筑陂的另一种方式。如万历年间(1573—1620)博罗县在宁集都溪口截流筑陂即采用这种方式,史称该都乡民"以藤装石百余篑,横置溪

明清侨乡农田水利研究——基于广东考察

---

① 咸丰《琼山县志》卷三《舆地六·水利》。
② 咸丰《琼山县志》卷三《舆地六·水利》。
③ 重刊康熙《从化县志》,《山川志中》。
④ 参阅民国《开平县志》卷一二《建置略·水利》。

口壅水",并修筑配套设施如陌、塘陂、大陂等,可灌田"三十余顷",[①]其效益显而易见。以上截流筑陂的方式,都是广东各地人民根据山区自然条件,因地制宜改进截流筑陂的技术,使之达到适合当地灌溉的最佳效益,这是本省山区农田水利建设的一个特点。

二是进一步提高修筑陂渠工程的技术水平。明清时期广东各地在宋元基础上,进一步提高了修筑陂渠水利工程的技术水平,主要表现在以下方面。

第一,妥善解决了山区地形复杂险峻条件下修筑陂渠工程的技术难题。如嘉庆年间(1796—1820),粤北南雄直隶州在复杂、险峻自然条件下筑成绕穿四岭长达二十余里的咸丰陂川工程就是典型一例。据称,该州姚塘、绮逢二村有田二千余亩,但"水无源头,田俱苦旱",以往靠天雨耕种,常常歉收或失收。为要在遥远的崇山峻岭中"引苍石河水广资(二村农田)灌溉",就必须在苍石河上筑陂,并开凿长达"二千余里,绕穿四岭"的引水渠,这是一项异常艰巨,难度极大的水利工程。时任知州罗含章亲自督修这项高难度的陂渠工程,"经履勘",集思广益,制定一套由下而上,绕穿四岭的新的筑陂开渠的方案,并取得成功。据称,"其兴作之法,由下而上,凿通三岭,继买坪坑之田,清路既成,方凿第一岭,而作陂头"[②],终于完满地完成了这项复杂而难度大的陂渠工程的修筑任务,解决了二十余顷农田长期靠天灌溉的难题,并获得了丰收,故名曰咸丰陂。

又如乐昌县发明"松桩排沙法",解决了西坑山石陂屡遭山洪冲决的难题。西坑山石陂是该县最大的石陂,又名官陂,位于县治东北三十里西坑山峡谷,陂水南流至县前,合武水灌田百余顷。陂始建于洪武二年(1369),自后屡修屡崩。顺治十七年(1660)创筑石陂,宽一丈八尺,长四十余丈。次年,在"陂之下又加余石抹底,以固厥基"。未几,又遭山洪冲激,"复坏陂脚"。为何坚筑石陂,又加固陂脚,仍难逃被山洪冲毁之厄运? 究其原因,乃石陂迎面受西坑山洪带沙石的冲击,陂脚易被冲毁,即所谓"官陂源自西坑,两山夹峙及陂,而始出坑,以石作陂,横激其怒,不坚而圮,坚亦圮也"[③]。为此,当地人民总结经

---

① 万历《广东通志》卷三五《郡县志二二·惠州府·水利》。
② 道光《直隶南雄州志》卷二二《艺文·陂文》。
③ 同治《乐昌县治》卷三《山川志·水利》。

验教训,因地制宜,发明以"松桩排沙"的办法,保护陂头免受山洪夹沙石的正面冲击,并取得良好的效果。据载,康熙五十四年(1715)该陂"大加修治",此次修筑工程总结以往的经验,"乃以松桩排沙,自上流而斜堰之,则不激其怒,而为工易成",亦即在石陂上流打松桩排沙,让西坑之水通过松桩斜缓地流入陂内蓄之,这就保护了陂头免受山洪的正面冲击,"不圮者经年"①,工程质量颇佳。乐昌县从实际而出发,因地制宜,改进传统的建筑方式,发明新的筑陂护坡的方式及技术,解决了长达三个多世纪以来官陂屡遭冲毁的技术难题,为农业的发展作出了贡献。

以上事例从一个侧面反映了明清时期广东山区人民在筑陂的方式及技术上的改革、创新精神,并取得了显著的进步。

第二,善于根据山区农田分散、地势复杂的实际革新筑陂的模式。粤北山区因应各地梯田分散且高低不平的灌溉所需,探索灵活多样的筑陂模式,有大陂小陂的配套、上陂下陂的配套和陂圳渠的配套等多种模式。如饶平县在信宁都驿边新塘所修筑的大小陂组合工程,是为了顾及不同层面而又分散的农田灌溉的需求。据称,新塘大陂之下"分为四小陂",大陂"灌田三千余亩",四小陂"各灌田三百余亩"。② 这种大小陂灌溉系统有利于促进山区乡村农业生产的发展。

龙门县在谭田堡黄田村修筑的上、下二陂,是因应黄田村上下两大片农田的需要而设置的,该上下陂合共灌田数百顷,③效益亦佳。这种一村二陂的模式,在其他地方也有所载。嘉应州在松口官坪修筑的官陂,是一陂多圳多渠的模式,更合适山区乡村分布零散的小片农田灌溉的需求。此项筑陂工程始建于正德三年(1508),工程十分艰巨,"凿山通水,大分五圳,小决三十七支",亦即筑陂一座,开凿川五条,圳下又开小渠共三十七条,合共灌田"一千三百三十六亩"。④

天启年间(1621—1627),番禺县下良、园下两村所筑的社塘陂,也是一陂多水道的陂圳灌溉工程。这是因应低坡度高亢地势而筑的,初为"土筑",乾隆年间(1736—1795)改为石筑。据称"下良村田亩稍高,

---

① 同治《乐昌县治》卷三《山川志·水利》。
② 光绪《潮州府志》卷一八《水利》。
③ 光绪《潮州府志》卷一八《水利》。
④ 光绪《嘉应州志》卷五《水利》。

在圳左右，园下田亩微低"，为利用圳下灌溉两村农田，于是在地势较高的下良村圳水上筑陂障水，"分为三道，南分水一道，阔一尺，灌下良圳左田亩，中分水一道阔七尺，直流顺注园下田亩"，即南北二水道"三分"，灌地势稍高的下良村圳左右的农田，中水道"七分"，灌地势低微的园下村农田，号称"三七分流"。[①] 这种根据地势高低及田亩分布数量，按1∶2∶7的分流量，分三水道进行设计的陂渠灌溉工程，是符合科学原则的，也是富有效益的。

可以认为，以上根据地势高低、农田分布状况，创筑灵活多样的陂圳灌溉模式，也显示了广东人民在农田水利建设中的智慧。

第三，兼顾灌溉与通舟之便利原则，修筑永久性的或季节性的陂工程。为了充分利用河溪之水资源，本省许多州县在修筑陂渠工程时都十分注意将农田灌溉与通舟运输相结合，使其发挥更大的经济效益。其筑陂的方式大致有两种，其一是于半江之面筑陂，兼顾灌溉与通舟之利，如南雄州赤岑村修筑瑞丰陂即是一例。赤岑村旁有浈昌水流过，该村在浈昌水上筑陂即兼顾灌溉与通舟之利。其法是该陂"分半江之面而开（筑）之"，"邀浈昌半江之水面储之，（陂）高且固也"，而另"半江之面"则供"通舟楫，便上下（往来）也"。[②] 亦即是筑陂障浈昌半江之水，用以灌溉农田，而另半江之水，供舟楫往来，达到既灌溉农田，又通舟运输之双重目的。这是永久性的陂，全年均可灌溉兼通舟。其二是按季节性筑陂或拆陂，灌溉与通舟定期轮换。如嘉靖年间（1522—1566）南雄府崇仁都所筑的涧头陂，就是季节性的陂，即"夏秋筑（陂障）水灌田，冬春（拆陂）通流行舟"。[③] 换言之，每年夏秋农忙季节，筑陂障水溉田，到冬春农闲季节，则拆陂通舟运输，灌溉与通舟定期轮换，充分利用水资源为农村经济服务。

第四，创筑陂塘系统配套水利工程，各地形式多样。如陂塘涵沟配套工程，兼顾"灌溉、养鱼"之利。这是根据山区自然条件与灌溉需要，充分利用水利配套设施，发展农业和养鱼业。如嘉应州有一些乡村修筑陂塘沟配套设施，以兼顾灌溉和养鱼之利。其结构和修筑的方式是，筑陂障水，筑塘蓄水，塘堤下设涵及水沟（即水渠），以为启闭、排

---

① 光绪《广州府志》卷六九《建置略六·水利附》。
② 道光《直隶南雄州志》卷二一《艺文·文纪》。
③ 道光《直隶南雄州志》卷一〇《水利》。

灌之用。水塘蓄水兼养鱼,堤塘中设笕以出水,以防塘水满涨溢。这种陂塘涵沟的配套水利设施,体现了山区因地制宜发展农业和养鱼业的需要,很有特色。史称其"灌溉之塘,蓄水有陂,泄水有涵","雨多涨溢,则有笕以出水,塘满不溢",其涵有"则例","涵有上中下,用水时次第开涵,放几分,留几分,灌田养鱼两不相妨"。① 可见这种配套水利设施在设计上颇有新意,其修筑的技术与方式亦颇有创意,它综合利用了陂、塘、涵、笕、沟的功能,实现了山区农村常年蓄水、养鱼、灌溉的目的,这是山区人民的智慧与创造性的表现。

又如车陂与涵堤的配套工程。如粤西沿海开平县,山坡地势复杂,旱涝情况日趋严重,为解决复杂地形中农田灌溉与排涝的难题,该县因应低坡度山地与高亢地带水利灌溉的需要,修筑了陂、堤、涵、车等系统配套工程。据载,该县"大河"背面"一二区"地势高,"大河"南面"傍穿二小川",地势低,而"二小川"两岸坡地常遭旱涝,难以得到小川水灌溉。为此,康熙年间(1662—1722)该县在大河通向二小川入口处,修筑一座五十余丈的涵堤,以障大河之水,堤中筑石涵以调节大河入小川的水流量,防止二小川附近农田遭受涝灾。另外,在石涵以下二小川岸旁,修筑车陂,以提水灌溉地势较高的坡地,解决了坡地农田受旱的问题。据称,此处"筑陂(设车)急水入垧,灌田四十余顷"②,促进了当地农业生产的发展。这种涵堤与车陂配套的水利工程,发挥了障水防涝、提水防旱的功能,解决了靠近沿海低坡度山地及河谷低洼地带的农田常遭旱涝的难题,确保了山坡地与河川低洼地带的农田得到灌溉。

再如坡、闸、渠的配套工程。这是海南沿海地区为适应高亢坡地与低平地带的灌溉、预防旱涝灾害而修筑的配套设施。如清中叶以前,琼山县在兴政乡修筑的大潭陂,就是一段多闸多渠的配套工程。据称,该陂"开九闸,随旱涝开闭,灌田七十余顷"③。亦即是修筑一陂、九闸、九渠的水利灌溉设施,其效益是显而易见的。该县烈楼都修筑的桥冲陂也是一陂多闸多渠的系统灌溉工程,该陂"开七闸,灌田六十

---

① 光绪《嘉应州志》卷五《水利》。
② 民国《开平县志》卷一二《建制略·水利》。
③ 咸丰《琼山县志》卷三《舆地六·水利》。

顷"①。它与大潭陂的设计结构大致相同,只是闸渠及灌溉面积略少一点而已。

以上所述明清时期广东各地修筑的陂系统配套灌溉工程,分别代表了粤北、粤西和海南等地山区、丘陵、高亢坡地和低平山坡地、水田等效益较大,修筑方式较典型的陂系统灌溉设施,其特点是因地而异,因地制宜,因应实际需求,构筑不同的陂系统配套设施,充分发挥其功能,达到灌溉、养鱼、通舟等多种经济效益,为本省农业经济作出了应有的贡献。这也从一个侧面显示了广东人民在农田水利建设中的创造性和修筑技术的进步。

为了说明明清时期广东各地陂圳建设的情况,兹选择各地有代表性的例子编制各式简表以供参考。

表 8　明清广东各地陂建设简表

年代	地区	名称	位置	修筑人	规格	灌田面积(顷)	资料来源
洪武二年(1369)	粤北乐昌县	官陂	县治东北30里	知县索彦胜	宽1.8丈,长40余丈	1000	同治《乐昌县志》
洪武三年(1370)	保昌县	叶公陂	城西河塘村	知府叶景龙		50余	道光《直隶南雄州志》
道光(1821—1850)以前	曲江县	方伯陂	大旺岑山麓	乡人		数百	光绪《曲江县志》
同治(1862—1874)以前	连州	平陂	东江村	乡人		20余	同治《连州志》
康熙二十年(1681)	粤东普宁县	礤下陂	上社寨数乡	乡人		30余	乾隆《普宁县志》

①　咸丰《琼山县志》卷三《舆地六·水利》。

年代	地区	名称	位置	修筑人	规格	灌田面积(顷)	资料来源
雍正(1723—1735)以前	惠来县	西港陂	县西新埭村			500	雍正《惠来县志》
光绪(1875—1908)或以前	饶平县	军民陂	信宁都钱塘社等乡	乡人	长5里	30余	光绪《潮州府志》
同上	博罗县	栢塘陂	宁兵都	乡人		30余	光绪《惠州府志》
成化(1465—1487)以前	东莞县	罗家陂	大林迳边	乡民罗寘	渠长90丈,筑堑200丈	数百	民国《东莞县志》
天启年间(1621—1627)	番禺县	社塘陂	下良、园下二村			灌二村田	光绪《广州府志》
乾隆(1736—1795)以前	新会县	关江古陂	何村凤林里	乡人		700—800	道光《新会县志》
乾隆十一年(1746)	香山(中山)县	罗婆陂	县南	县令张汝霖重修		数百	光绪《广州府志》
洪武三年(1370)	粤西新兴县	观登陂		乡民梁子斌	广50亩	70余	道光《肇庆府志》
永乐年间(1403—1424)	高明县	罗塘陂	罗塘村	乡人	右圳20里	150余	同上
道光(1821—1850)以前	恩平县	鸡婆陂	县北莲塘乡	生员冯会清		200余	道光《恩平县志》

年代	地区	名称	位置	修筑人	规格	灌田面积（顷）	资料来源
光绪（1875—1908）或以前	茂名县	旺村山口大陂	县北旺禄乡	乡民陈辉东		1000	光绪《高州府志》
南宋端平（1234—1236）	海南琼山县	岩塘陂	县东南博点塘乡	乡人	石陂高1.6丈，阔3.8丈	数百余	咸丰《琼山县志》
洪武十八年（1385）	儋县	湳丹陂	县东零春、天堂等村	乡人		10余	民国《儋县志》
光绪（1875—1908）	临高县	和隆陂	蚕村	乡人		10余	光绪《临高县志》

注：乐昌官陂、新会关江古陂、茂名旺村山口大陂等灌田千顷或七八百顷似乎是编者之估算，有夸大之嫌，其他曲江方伯陂、东莞罗家陂等也有类似之处，值得注意。

本表选择明清粤北等地区一些较有代表性的陂工程作为个案进行分析，从中可见其修筑的年代、位置、创筑人、规模及其灌田效益。由此说明这个时期本省各州县陂工程的发展及其修筑方式与技术的进步，其灌田面积也相当可观，少则十顷，多则百顷以上。这些陂的灌田面积似乎与中小型堤围的护田面积相若。这表明陂在本省农田水利建设中的地位与作用之重要性。当然，发展是不平衡的，以上各州县修筑的陂也有不少是一般的，或灌田面积较小的。此外，各州县由于受到自然条件及水资源的开发利用程度诸因素的制约，其陂塘的建设和发展也存在一定的差异。为了进一步说明问题，兹选择清代粤北等地区部分较有代表性的州县，将其筑陂数及灌田面积进行统计比较，以供参考。

明清侨乡农田水利研究——基于广东考察

表9　清代各地陂数及其灌田面积简表

灌田面积（顷） 陂数（个） 地区	1（或以下）	2	3	4	5	5—10	10—20	20—30	30—40	40—50	50—100	100—150	150—300	300—400	500以上	总陂数	其中无实数的陂数	资料来源
粤北嘉应州	46	2	1			2	16		1		1					79	10	光绪《嘉应州志》
南雄州	2	2		1		15	9		1							36	7	道光《直隶南雄州志》
乐昌县						1	4			2	1					9	1	同治《乐昌县志》
大埔	10	16	10	4	5	31	4									51	1	光绪《潮州府志》
粤西罗定县	2	1		1		4		5	3	2	1	1				49		民国《罗定县志》
四会县	7	1	3	2	2	4	2									24	6	光绪《四会县志》
高明县	2	1	1	2	2	23	20		1	1	2	1				53		光绪《高明县志》
阳江县	2	1	2	2	3	5	3								1	18		民国《阳江志》
粤东饶平县			4		2	4	4	3		1	1					12		光绪《潮州府志》
陆丰县						8	4			4	1		1			13		乾隆《陆丰县志》
粤中番禺县	2	1		2		1	4			4	1				1	21	5	同治《番禺县志》
增城县	1						3				24					34	6	同治《增城县志》
海南琼山县	2					2	2			1	2				1	13	4	咸丰《琼山县志》
儋县	1						1									5	1	民国《儋县志》
合计	77	23	22	7	10	92	80	8	5	8	35	3	1	2	3	471	41	

说明：（1）乐昌县的总陂数，据光绪《韶州府志》所载为39个，比同治年间统计9个大为增长；（2）高明、番禺、琼山等县载有灌田面积500顷以上者，似乎是编者的一种估算数字，不无夸大之嫌，仅供参考。

表中列举的广东各地陂数及其灌田面积数,以清中叶或以后为主,均为各地区较有代表性的例子,从中反映了这个时期本省陂建设的发展概况,及其在农业发展中的地位与作用。

陂或陂塘建设深受山区自然条件及水资源分布与开发利用程度的制约,其发展不平衡。大致而言,陂或陂塘在农田灌溉中的地位与作用亦不尽相同。一是以陂为主,陂在农田灌溉中占主要地位,如乐昌、大埔、罗定等县,这些县或者基本无塘堰,或者塘堰甚少。二是陂塘兼备,以陂略多,如嘉应州、南雄直隶州、番禺县和琼山县等,据载这些州县的陂塘数比例,依次为嘉应州 79∶54,南雄直隶州 36∶11,番禺县 21∶10,琼山县 13∶11。这里陂似乎略多一点,但塘堰也占有一定的比重,在农田灌溉中发挥积极的作用。三是陂塘堤并用,以陂塘为主。在沿海或靠近沿海之低坡度山地、丘陵、高亢地带的州县,往往因地制宜,采取陂塘与堤围并用的方式,其中以陂塘为主,堤围次之,如增城、陆丰、儋县等,这些县的堤围不多,大部分农田主要靠陂塘灌溉。四是陂塘堤参半,或约略相当。如番禺、高明、阳江、琼山等县,这些县的堤围较多,但山地、丘陵、高亢地的农田亦不少,故陂塘与堤围在农田灌溉中都占有重要的地位。五是陂塘少、堤围多。如四会、饶平及上表以外的南海、顺德等县,这些县份陂塘不多,甚至基本没有,大部分或几乎都是堤围,主要依靠堤围的排灌系统发展农业生产。

从表中可见,清代本省各地所筑的陂工程大小不一,这显然是受到了种种因素的制约。就其灌田面积而言,表中的统计资料表明,在总数 417 个陂中,按其灌田面积计算,10 顷以下的陂有 231 个,占总数的 55.39%;10 顷至 50 顷的陂有 101 个,占总数的 24.22%;50 顷以上的陂有 44 个,占总数的 10.55%;无实数的陂有 41 个,占总数的 9.53%。如果按灌田面积 10 顷以下为小型陂,50 顷以上为大型陂,其余为中型陂,那么清代广东(以表中 14 州县为例)所筑的陂以中小型占大多数,大型陂只占 10% 左右。这反映了本省山区丘陵地带陂工程建设受各种因素制约的特点。

值得注意的是,广东各地陂工程建设取得了长足的发展及成效,但还有部分地区由于特殊的自然或其他因素,几乎不修筑陂塘,这些县份或者依靠充沛的山间河流、溪涧的天然灌溉,如粤北的和平、永安(今紫金)等县即是,史称"大抵和平环邑皆山,其灌溉之水皆自四山而来,不事陂塘矣"。"永安亦在万山中,与和平相似,亦无陂塘。长宁亦然,惟沿长溪作转轮车取水上渠,其渠大小五十余所"①。或者凭借发达的堤围灌溉系统进行生产,如珠江三角洲冲积平原上的南海、顺德及韩江三角洲的海阳(今潮州市)、澄海等县即是,这些县份地处江河出海地带,有发达的堤围设施可资排灌,自然就不用陂塘灌溉了。

表10　清代阳江县陂建设简表

年代	陂名	位置	修筑人	规格(尺)			灌田面积(亩)	备注
				高	广	长		
康熙三十八年(1699)	大垌陂		生员费翰				数百	纵横十余丈
道光(1821—1850)	洗脚陂	县东南二里					数百	
同上	洞头河陂	虎头垌	乡人				溉本村田	
同上	青勘斜陂	雁村都绵阳垌	乡人				溉本村田	
道光至宣统(1821—1911)	麻雀山陂	丹载村	乡人	6	3	6	500	石筑
同上	狗尾陂	报村	乡人	8	4	15	700	石筑
同上	蛇山陂	端陶村	乡人	8	6	30	400	石筑
同上	那濑埠陂	那濑埠村	乡人	8	4	10	200	
同上	朗尾寨陂	朗尾寨	乡人	10	3	60	10	石筑
同上	马鞍陂	马鞍山	乡人	15	3	60	700	
同上	深水河陂	深水河	乡人	10	2	20	500	石筑
同上	猪奶坑陂	木湖	乡人	8	4	20	500	石筑
同上	老邓陂	高岗村	乡人	20	4	100余	1000余	
同上	凤凰陂	凤凰村	乡人	6	20		50—60	陂圳长5里

①　光绪《惠州府志》卷四《契地·山川》。

年代	陂名	位置	修筑人	规格（尺）			灌田面积（亩）	备注
				高	广	长		
道光至宣统（1821—1911）	河峒陂	河峒	乡人	6	4	200	1000余	
同上	空濠陂	岗背	乡人	5	4	100	300	石筑
同上	南栢陂	河岗	乡人	5	4	70	300	石筑
同上	军屯河陂	军屯河	乡人	5	4	100	400	
同上	洋边陂	洋边村	乡人	8	8		800余	陂圳长数十丈
同上	那罗河陂	石柱村	乡人				1000余	陂圳长六七里

　　说明：本表根据道光《阳江县志》和民国《阳江志》编制。阳江县的陂圳多修筑于清中叶以后，以中小型规模为主，它在粤西沿海或接近沿海各州县陂圳中具有一定的代表性。

表11　清中叶以后韶州陂塘圳简表

地区	陂	塘	圳	坑	溪	泉	资料来源
曲江县	72	8	7	4	1	4	光绪《韶州府志》
乐昌县	39		1		1	3	同上
仁化县	13	6	5			11	同上
乳源县	42	10	21	3		18	同上
翁源县	168	20	10				同上
英德县	15	5		4			同上
合共	349	49	44	11	2	36	同上

　　表中列举清中叶后韶州府六县陂塘圳数，时间上大致自嘉道年间至同治年间。表中资料显示，韶州府六县的陂塘建设及其结构在粤北山区中具有一定的代表性。就陂塘结构而言，六县的总陂数与总塘数之比为 7.12:1，陂数约占 86%，塘数约占 14%，它大致反映了粤北山

区陂塘建设的一般情况及其特点。具体而言,在六县的农田灌溉中,以陂为主,塘占比例不大的,如乐昌、曲江、翁源等县,乐昌有陂无塘,曲江、翁源的塘约占 11%—12%。陂塘兼备,塘占有一定比重的,如仁化、英德、乳源等县,仁化的塘占 46%,英德、乳源也占 1/3 和 1/4 左右。总而言之,在北江流域的韶州府中,陂在农田水利灌溉中占据主要地位,发挥了重要的作用,这是一个特点。

三、筑塘方式的改进及技术的提高

明清时期广东的筑塘工程,在宋元基础上也有了迅速的发展,其规模和数量仅次于陂,成为山区等地带农田水利灌溉的重要设施。前面已详细地考察了本省的筑陂情形,其实陂与塘是有密切联系的,文献上往往是陂塘并称的。即因应当地自然条件,宜筑陂者便筑陂,不宜筑陂者则筑塘,也有陂塘并筑者。史称"(有溪水者)筑陂障水……其无水可陂者,乃开为塘"①;或曰"筑川水以为陂,塞坑水为塘者"②,利用不同水源,分别修筑陂塘。前面提及的修筑陂塘渠圳组合系统工程,则是在进一步的层次上,根据复杂的自然条件,利用和发挥陂塘渠圳的组合方式与功能,改造客观自然环境,达到充分利用水资源,灌溉高度和坡度不同、分布杂散的农田的目的。以下就明清时期广东各地筑塘的方式及技术进行深入的论述。

1. 筑塘工程的进一步扩展。

如前所述,广东的陂塘建设和发展,比之堤围更有悠久的历史。宋代西江下游高要等县沿岸的堤围建设正处于起步阶段时,从粤北、粤西至海南的塘堰建设已经十分兴旺了。据《宋史·河渠志》称,开宝八年(975)海南琼州(琼山县)知州李易报告云:"州南五里有度灵塘,开修渠堰,溉田二百余顷,居民赖之。"③可见这个具有一定规模的度灵塘,灌溉效益相当可观。从化县县北三十里的白水塘,亦为粤中一大水塘,据称该塘"宋时所凿,计广八十余亩"④,直到清代还发挥灌田的效益。值得一提的是,宋绍兴二十六年(1156),海康县修筑的特侣塘,

---

① 道光《直隶南雄州志》卷二二《艺文·陂文》。
② 民国《开平县志》卷一二《建置略六·水利》。
③ 咸丰《琼山县志》卷三《舆地六·水利》。
④ 重刊康熙《从化县志》,《山川志中》。

这个著名的大塘,"广田十八顷",由"宋知军事何庚开渠、筑堤、建闸桥导流,以灌东洋田四千余顷"①。以上各例是宋代广东南北各地兴修塘堰热潮中的典型例子,说明此时期塘堰的建设颇具规模。

明清时期广东各地的塘堰建设在宋元基础上又有了进一步的发展。主要表现在塘堰建设的地域分布更加扩展,利用各种水资源修筑的塘堰数量更多,且更有成效。本省各地山区、丘陵、盆地、高亢地带分布甚广,除了有大小河、溪之外,还有许多山坑、山涧、山泉及雨水等丰富之水资源,各地不断总结和吸取前人的经验,因地制宜,充分利用这些水资源,修筑了很多大小规模的塘堰工程。以从化县的塘堰建设最为突出,且富有成效。该县明初以来,在前代基础上,总结经验,因地制宜,掀起了修筑塘堰的热潮。如洪武年间(1368—1398),在县北二十五里开凿了鱼江塘,"计广四十亩"。正德年间(1506—1521)在县东五十里开凿杨州寨塘,"计广八十余亩",是粤中一大水塘,可资灌田甚广。又在溪水不及的乡村,乡人纷纷筑塘蓄水,以灌农田。史称该县山村"(流溪)水之所不能至者,村人各(筑)有塘以蓄水,(故)塘之名不可胜数"②。

粤西雷州"地原高亢,水易涸竭",自宋至明清,这个地区都一直大力修筑塘堰、渠闸,以为蓄水灌田之计。海康县就是明显一例。明初以来,该县已修筑了不少塘堰,据康熙年间(1662—1722)县志中"陂塘"的统计,即有"渠二、陂七、堰闸四、塘十有八"③,可见其修筑的塘堰数量占多,在农田灌溉中发挥了重要的作用。前面提及的特侣塘自宋代创筑以来,经历明清时期的不断修筑,其塘渠闸灌溉系统已得到很大的改进和完善,成为粤西一大著名的塘渠水利工程。海南儋县也盛行筑塘灌田,其中不乏大型的水塘,如明代该县道南村开筑的大塘即是,史称该塘"周围约百余亩,自明朝时凿成,塘水汪洋……相距五六里邻村皆赖之"④。可见道南村塘是广百余亩的特大水塘,可灌溉五六里邻村的农田,是海南最具规模、富有效益的大水塘。

---

① 道光《遂溪县志》卷二《水利》。据称末几,后守戴之郎"以何渠近山易湮,乃别开一闸导流而南,至东桥,与西湖渠合,沿渠筑堤……开八渠以分灌溉"洋田。另塘堤"开(支渠)二十四渠",以灌塘"东北上游之田"。

② 重刊康熙《从化县志》,《山川志中》。

③ 康熙《海康县志》上卷《星候志·陂塘》。

④ 民国《儋县志》卷二《地舆·井塘》。

顺便指出,明清广东各地修筑的塘堰工程有其差异与特点。一是山区与沿海州县有一定的差异。一般来说,山区州县修筑的塘堰数量较多,但规模较小,灌田面积不大,如嘉应州(今梅州)、南雄直隶州石城(今廉江)等即是。而沿海州县似乎相反,其所筑的塘堰数量可能较少,但规模较大,灌田面积较广,如惠来县、番禺县、琼山县等即是。本节附表《清代广东部分州县筑塘数及其灌田面积》的统计资料充分说明了这一点。二是各州县的发展不平衡。除上述所提及的州县筑塘数或多或少以外,这里主要指无塘堰或极少塘堰的州县,要比无陂或陂极少的州县更为突出。究其原因,主要是受其所处的自然条件的制约,或开发、利用水资源的方式有所不同。据相关的方志记载,无塘堰的州县有平远、翁源、乐昌、澄海、海阳、潮阳、陆丰、广宁、西宁(今郁南)、德庆州、东安(云浮县)、罗定、高要、新兴、新会、东莞、恩平、开平、清远、增城、新安(今宝安县)等①;塘堰极少的州县有饶平、连州、封川、开建(今封开县)、三水、花县等②,各有塘堰一二口。以上州县,都是根据其自然条件,因地制宜,或者修筑陂渠水利设施较多,依靠其灌溉农田,或者修筑堤围为主,兼有少量陂渠等设施,主要靠堤围排灌。故修筑塘堰甚少,或基本上不修筑,这也是本省各地农田水利建设中的差异及特点。

此外,筑塘堰与筑陂有所不同,主要是受其自然条件的制约。通常而言,凡有河、溪、圳、坑之水源,即可筑陂开渠灌溉农田。而塘堰往往是在远离河溪之处开筑,所谓"其无水可陂者乃开为塘"。故塘堰多筑于荒闲之地或田野上(除天然的山塘或筑陂障水开塘蓄水的情形以外),用以蓄水(包括山涧泉水和雨水等)备灌溉。这些塘堰除一部分规模较大的外,似乎较多的为中小型的,粤北山区的塘堰大概属于这种类型。

值得指出的是,广东各地人民在农田水利建设中,都充分利用各

明清侨乡农田水利研究——基于广东考察

---

① 参阅资料依次为:嘉庆《平远县志》、嘉庆《翁源县志》、同治《乐昌县志》、嘉庆《澄海县志》、光绪《海阳县志》、光绪《潮阳县志》、乾隆《陆丰县志》、民国《广宁县志》、道光《西宁县志》、光绪《德庆州志》、道光《东安县志》(今浮云县)、民国《罗定县志》、道光《高要县志》、道光《肇庆府志》、道光《新会县志》、民国《东莞县志》、道光《恩平县志》、道光《肇庆府志》、光绪《清远县志》、嘉庆《增城县志》、嘉庆《新安县志》(今宝安县)。

② 依次为光绪《潮州府志》卷一八《水利》、同治重修《连州志》、重修道光《肇庆府志》、嘉庆《三水县志》、重刊康熙《花县志》。

种自然条件,特别是荒闲之地修筑塘堰,甚至不惜工本购买民田开筑水塘,以解决筑塘"苦无其地"之矛盾。粤北南雄直隶州在这一方面颇为典型。其利用荒闲之地修筑塘堰有多种形式。一是"官荒地段",即利用乡村附近之官荒地开筑塘堰。如嘉庆二十二年(1817)南雄州石坑村申请利用附近官荒地筑塘就是一例,该村以大河坑土地晴旱雨涝为由,向县府申请"于就近官荒地段开塘",灌荫本村"大河坑田十余亩"等,同时按规定承诺该塘基所占用之官地,应"承纳赋税"①,换言之,石坑村是有条件地利用官荒地筑塘的。二是"田旁隙地",即利用这些荒闲之地修筑塘堰。该州大岭村就是在附近田旁隙地开筑塘堰的。据称,该村附近有"二百余石"之农田极为干旱,所谓"三日不雨,辄称旱暵",为解决苦旱难题,该村请准州府,许其利用"田旁有隙地数百余石"开筑为塘,以灌荫附近苦旱之地,使农业生产获得丰收,故名晋丰塘。② 三是"硗田"、"荒田",即利用荒弃土地修筑塘堰。该州长迳村为解决附近农田缺水灌溉难题,请准州府利用长迳村侧"硗田一段"(计十九亩六分),"筑塘蓄水,计可灌田九十余亩",按规定,凡受"灌田之业产,须按其受灌田面积分摊"塘粮"。③ 这也是有条件地使用荒弃之地修筑水塘。四是荒废旧塘,即利用已荒废日久的旧塘,重新开筑,以解决附近久旱之农田的灌溉问题。如该州拱桥村后土名大窝,原有塘一口,灌溉附近百余亩之田。但该塘早已为"沙砾壅积,久而废为荒圮",遂致附近农田"无可引灌"。为此,村长"呈请开凿",修复为塘,使附近农田受灌得益,故名景丰塘。五是贫瘠民田,即购买价廉的民田开筑为塘。这是在没有水资源可利用,又缺乏荒闲之地的情况下不得不为之。从文献上看,"买田开筑"塘堰,通常是购买低洼、贫瘠之类的下等田,以减轻筑塘的费用,亦即减轻受益农户之负担,因为买田之费用和筑塘之工费皆由受益农户来承担。这种情形在南雄直隶州较为常见,其他州县亦有不少相类似之例子。兹将嘉庆年间南雄直隶州买田筑塘的情况列表于下,以供参考。

---

① 参阅道光《直隶南雄州志》卷二二《艺文·陂文》。
② 参阅道光《直隶南雄州志》卷二二《艺文·陂文》。
③ 参阅道光《直隶南雄州志》卷二二《艺文·陂文》。

表 12　嘉庆年间南雄直隶州买田筑塘情况简表

年代	塘名	位置	塘地来源	开筑人	灌田面积
嘉庆二十一年（1816）	义丰塘	城南金冈村	买田开筑	士民陈仰文等	数十亩
嘉庆二十二年（1817）	大丰塘	长迳桥	旧系荒坝	士民邓成勋等	九十余亩
同上	汇丰塘	城南老虎唐	买田开筑	村民黄拔林等	五百余亩
嘉庆二十三年（1818）	济丰塘	城南大水洞村	买民田开	村民马西石等	数百余亩
同上	育丰塘	同上	官荒地	同上	数百余亩
同上	渐丰塘	同上	官荒地	同上	数百余亩
嘉庆年间（1796—1820）	仁丰塘	金岗村	买田开筑	村民顿作圣等	数十亩
同上	长丰塘	同上	同上	民人陈咸章	七十余亩
同上	信丰塘	同上	同上	民人陈景享等	二百余亩
	道丰塘	同上	同上	民人吴朝向等	一二百亩
	德丰塘	同上	同上	同上	一二百亩
	怡丰塘	同上	同上	同上	一二百亩

说明：本表根据道光《直隶南雄州志》卷一○《水利》编制

　　表中可见，嘉庆年间（1796—1820）南雄直隶州筑塘 12 口，其中"买田开筑"的占 9 口，占总数的 75%，其余 3 口为官荒或荒坝地，虽不必购买开筑，但水塘竣工后却要由受灌户承担"塘粮"，即"分塘粮于所灌之田"[①]，由受益业户按灌田面积大小分摊"塘粮"。这无疑是该州农田水利建设中的一个特色。当然粤北山区各州县买田筑塘的情况也是常见的，就是粤西地区也有类似情形。如雷州海康县高亢之地就有"买田开塘"的记载，如柯四苟塘在宋时由乡人开筑灌附近农田，明初曾重修，后淤浅为田，本乡附近农田无以为灌。为此，万历四十一年

---

① 道光《直隶南雄州志》卷二二《艺文·开大丰塘记》。

(1613)县丞捐俸"买田开塘",塘"广六亩",解决了该乡水利灌溉问题。①

　　2.筑塘方式的改进与技术的提高。

　　广东各地修筑塘堰历史悠久,积累了丰富的经验。明清以来,在王朝国家鼓励农耕和农田水利建设的推动下,本省各地都掀起了修筑陂塘水利工程的热潮,明中叶后进一步推广使用石、灰材料修筑塘堰,或"伐石为堤"、"采石砌筑",或以灰沙、灰石修筑塘堤,大大提高了筑塘工程的质量。更重要的是,各地多村在修筑塘堰水利工程时,认真总结经验,因地制宜,从实际出发进行规划,为图改进筑塘的方式,提高筑塘的技术,并因应经济发展的需要,创筑多功能的塘堰模式,或塘渠闸配套组合模式,使塘堰在经济开发中发挥最大的效益。其法主要有:

　　一是按田开塘。即按农田之多少,确定开塘的数量。换言之,是从农田灌溉的实际需求来规划筑塘的数量及其规模。开筑多了,是一大浪费,开筑少了,则不敷灌田之需。这一点与筑陂似乎有所不同。如清初永安县(今紫金县)山区,其农田水利灌溉主要依靠陂塘设施,大抵有河溪者筑车陂灌田,若"水浅不可车"者,或无河溪可用者,则"向皆(筑)有池塘蓄水,以备不雨"。其筑塘之法,"大抵一处田若干,即开塘若干,田各自为业,塘则共资灌溉"②。这一按田开塘的原则和办法,无疑是合理的和切合实际的。事实上,各地开塘,特别是买地开筑,似乎都遵循这一原则,这是广东人民在兴修水利的实践中总结出来的经验,故史称"前人立法,尽善尽美"③。

　　二是修筑多功能的塘堰。改革传统的功能单一的筑塘方式,充分利用塘堰蓄水灌溉,兼发展有经济价值的养殖业和种植业等,这是广东人民从实际出发,规划农田水利建设的又一特色。综观各地情况大致有三种形式:其一,灌田兼养殖鱼虾。如前面提及的清初永安县(今紫金县)开筑的塘堰即是,据称其"塘则共资灌溉","兼可以养鱼虾"④,一举两得,其法甚善。嘉应州(今梅州)各地开筑的塘堰颇多,塘主往

---

① 参阅康熙《海康县志》上卷《星候志·陂塘》。
② 道光《永安县志》(紫金县)卷一《地理·山川》。
③ 道光《永安县志》(紫金县)卷一《地理·山川》。
④ 道光《永安县志》(紫金县)卷一《地理·山川》。

往利用塘灌溉兼养鱼,其法是于塘堤下设"涵","用水时次第开涵,放几分,留几分,灌田养鱼两不相妨"①。海南儋县的情况亦然,该县开筑的塘堰亦为灌溉兼养鱼虾。如城南土五大塘养鱼甚多,"每岁拦纲窜捕者二三次,其水灌田二十余顷",灌溉及捕捞的效益相当可观。该县七坊村南的七坊大塘,面积约五十方里,除供灌溉本村农田外,"塘中(所养)鱼虾甚多,鲤鱼、鳝鱼为尤多",每年春夏之交,乡民前来捕鱼,俗称"开塘"。② 此外,粤西州县所开筑的塘堰,也有灌溉兼养殖的情形。其二,灌田兼种植莲藕、苇草等。琼山县圆山村之圆山塘,又名环龙塘,是一口多用途的大塘,"乡人筑(塘)堤,灌田数十顷",又于塘中"杂植荷花,(兼养)鱼虾甚咸"③。儋县兴仁里所筑的长方塘,"长五十余文,阔五丈余,水深三四尺",该塘灌溉兼种苇草,"塘生苇草,可制草包,旱时塘水可资灌田"④。该县光村之莲藕塘,除供农田灌溉外,还"种莲满塘","每年可获莲子之利"⑤。这些都是因地制宜,发挥塘堰多功能的作用,使其获得最佳的经济效益。其三,灌田兼种菜牧牛,即利用塘水灌溉、种植和牧牛等。广东各地修筑的塘堰,似乎都有一些相类似的例子,其中儋县在这方面颇为突出,如县北之天堂塘,除可资本村农田灌溉外,还可"多种瓮菜,每年天堂村获菜之利太少"⑥。该县新村塘,"塘水可资灌溉,种菜,牧牛亦需此塘水"⑦。又案江村之英帽塘,"旱时一则可资灌田,一则可供近村牧牛饮料"⑧。以上说明,明清时期广东各地人民在兴修农田水利中,善于总结经验,因地制宜,修筑多功能的塘堰,以促进当地农业生产和农村副业的发展,这是筑塘方式进步与筑塘意识提高的重要表现。

三是修筑塘堰配套水利工程。广东粤北、粤西山区丘陵高亢地带居多,地势相当复杂。仅靠修筑一般的陂塘,往往无法解决在复杂地势中灌溉的难题,必须因应当地的复杂自然条件,修筑相应的塘堰配

明清侨乡农田水利研究——基于广东考察

---

① 光绪《嘉应州志》卷五《水利》。
② 民国《儋县志》卷二《地舆·井塘》。
③ 咸丰《琼山县志》卷二《舆地六·水利》。
④ 民国《儋县志》卷二《地舆·井塘》。
⑤ 民国《儋县志》卷二《地舆·井塘》。
⑥ 民国《儋县志》卷二《地舆·井塘》。
⑦ 民国《儋县志》卷二《地舆·井塘》。
⑧ 民国《儋县志》卷二《地舆·井塘》。

套设施,提高蓄水与引灌的技术水平,方能达到预期的目标。粤西雷州特侣塘配套工程就是其中的一个典型。该配套工程是由特侣塘、特侣渠、西湖渠及众多的塘闸、渠闸与支渠等组成,成为完整的蓄水和引灌的系统水利工程。特侣塘渠水利工程的修筑,是因应粤西雷州"地原高亢,水易涸竭",万顷东洋田经年面临"苦旱"与"咸潮"的严重威胁的情况下,将特侣塘储蓄的水源,通过漫长而又恶劣的高亢燥涸地带,引灌到濒海的东洋田上。这里引灌的技术难题是,在高亢燥涸的自然环境下,如何避免大小渠道"易湮"之虞,如何调节水流顺利通过涸竭之地,引灌东洋田。明代雷州府在宋代基础上,总结经验,对特侣塘渠配套设施进行了重大的技术改造,解决了渠道引灌与塘闸调节水流两大技术难题。其一,对特侣渠引灌系统全部改用石筑。万历三十年(1602)雷州府推官高维岳奉命督修特侣塘渠工程,针对以往引灌渠道"易湮"和水流易涸等问题,他决定将塘渠重新改用石筑,"添石砌浚"①,大大提高了塘渠系统工程的质量和引灌的效益,初步解决了长期以来存在的问题。其二是于特侣塘创设闸板、定立水则。特侣塘原设塘闸十一处,各闸皆有名称、规格尺寸,其中以第十一闸"卜札大闸"最关利害。为合理调节水流,引灌洋田,万历三十二年(1604)高维岳重新以石料改筑塘闸、渠闸,创设闸板,定立水则。史称是时特侣塘闸"采石砌筑,始设闸板,立石碑定为上中下三则,以时启闭"②。另外,特侣渠分渠八渠、支渠二十四渠皆设有闸,"凡渠首尾悉为闸,以资出纳"③,其中,"东建万顷闸以拒水,启南亭闸以泄水"。至此,特侣塘渠引灌系统工程已初步完成了技术改造,不仅大小渠道改用石筑,工程质量大为提高,而且创设闸板与水则后,可以根据实际需要更合理地依次蓄泄,调节水流,达到最佳的引灌洋田及上游农田的目的。这无疑是粤西人民在修筑塘堰配套工程中创造能力的发挥及技术水平的提高的具体表现。关于明中叶发明和运用水则问题,以下还要论述,这里从略。

除雷州特侣塘特大的配套工程外,还有众多的有一定规模的塘堰配套工程。如海南琼山县修筑的塘溪车陂配套工程就是其中一例。

① 道光《遂溪县志》卷二《水利》。
② 道光《遂溪县志》卷二《水利》。
③ 道光《遂溪县志》卷二《水利》。

该县在梁陈二都修筑的塘襟塘，是由湳天塘、梁老溪（即梁老都之水溪）和车陂或水车（位于月塘、梁沙村等）组成的配套水利灌溉工程。据称，平日湳天塘的水流入梁老溪，月塘、梁沙等村在溪旁修车陂，置水车引灌下流农田。每当春夏间为灌溉塘周围大片地势稍高的农田，便将梁老溪月塘、梁沙等村的车陂堵塞，即"塞车"，"使（溪）水上壅，塘水中涨溢，（可）灌田数百顷"①。即通过梁老溪"塞车"，使塘水涨溢，引灌附近数百顷农田。这种有一定规模的塘溪车陂配套灌溉系统，适合引灌塘上、塘下地势高低不同的农田，有利当地农业生产的发展。粤北嘉应州莆心乡修筑的新菴塘，是由塘、陂、圳组成的配套水利工程。据载，永乐年间"乡人前御史"廖睿，致仕归里，"大兴水利"，在莆心乡修筑新菴塘，塘"周围一千一百五十丈"，在塘堤下流"作陂疏圳"，分灌莆心、杨方状、白土乡农田"三十五顷二十五亩"②。这项水利工程直到光绪年间还发挥灌溉农田的效益，得到乡民的称颂。

　　四是创设塘闸"水则"和塘涵"则例"。"水则"和"则例"是塘闸和塘涵"司启闭"的准则，亦即根据塘身蓄水量和引灌农田的实际需求，依则（通常设上中下三则）启闭，合理蓄泄，使蓄水和引灌都能达到理想均衡的预期目标，更有效地发挥塘堰在农田水利灌溉中的作用。自宋至明中叶，广东各地的塘堰工程建设已有迅速的发展，大小规模的塘堰设施不可胜数，但塘堰的闸、涵的管理与启闭方式仍然十分落后，往往凭直觉或经验进行操作，即如特侣塘闸亦如此，"其时应如何启闭，无一定水则"③，因而常常造成雨涝时受二十四坑水之特侣塘溢涨，淹没塘上之农田，干旱时引灌塘下万顷洋田又供不应求，影响了农业生产。经过长期的实践探索，雷州人民终于改革传统的启闭方式，根据塘身的淤浅程度及塘上塘下灌溉的需要，创设科学管理塘闸启闭的技术准则，即"水则"。万历三十二年（1602），雷州府司理高维岳在选定特侣塘西南阜下的"最关利害"的第十一闸（十札大闸）重新采石砌筑后，"始设闸板，立石碑定为上中下三则，以时启闭"④。这是文献上有关广东创设塘闸"水则"的最早记录。大概由于依则启闭、蓄泄显现

---

①　咸丰《琼山县志》卷三《舆地六·水利》。
②　光绪《嘉应州志》卷五《水利》和卷二三《人物》。
③　道光《遂溪县志》卷二《水利》。
④　道光《遂溪县志》卷二《水利》。

其优越性与效益,故雷州府及时推广设立"水则"这项技术发明,万历三十六年(1608)决定将特侣塘第二至第十闸,一律以石重修砌筑完固,"令(其)俱仿上中下三则为蓄泄"①,即设置闸板"水则",依上中下三则司启闭。可以认为,万历年间特侣塘创设闸板"水则",是本省塘堰建设中塘闸管理及启闭方式的一大进步,大大提高其管理的科学性与启闭的技术水平。

雍正十年(1732),雷州府根据特侣塘"塘身又(淤)浅于前"的情况,且面临塘上塘下灌溉中存在的问题,进一步改革该塘闸板的设置,并"就其(水)则而变通用之"②,即从实际出发灵活运用水则,使塘中常时水与准则向平,又发挥塘渠灌溉的最佳效益。关于此次特侣塘闸板与水则改革的原因、程序及操作要求,文献上亦有详细记载。史称"查悉(特侣塘)从前(万历年间)用闸板五块,每块宽八寸,积水四尺,遇雨过多,山溪泛涨之时,未免有伤塘上田禾,(遂)定为用闸板三块,积水二尺四寸。其启闭惟以旧碑中字(中则)为准则"③。其闸板启闭的操作要求是:其一,"若雨潦水过中字(中则)之上,则提二板泄水,以免塘上(农田)淹没";其二,"若天旱水落中字(中则)之下,则提一板以资塘下灌溉";其三,塘身"常时水与中字相平,则三板俱闸,不许擅开,亦不得堵塞"。④ 这是特侣塘闸板及水则的又一次改革,是在上一次的基础上更改和完善的。究其原因,主要是自万历以来,随着时间的变迁与水土流失的影响,特侣塘进一步淤浅,由是带来了不少问题,故不得不因应这些变化情势更定塘身蓄水的准则及调整闸板的数量,并制定闸板启闭的操作要求。以上这些,都充分表明广东人民在塘闸的管理和操作上的科学性及技术水平的显著提高。

此外,明清时期粤北等地在修筑塘堰中也多有设置塘涵"则例",即水则,仍分上中下三则,用水时依则"开涵",以供灌溉之需,同时亦保持塘身一定水位。清初以来嘉应州(今梅州)修筑塘堰、设置塘涵"则例"最具代表性。该州筑塘众多,塘堤下皆筑有石涵或灰涵等,并置有"则例"。各乡村都定有一套依则开涵的管理办法。史称该州山

---

① 道光《遂溪县志》卷二《水利》。
② 道光《遂溪县志》卷二《水利》。
③ 道光《遂溪县志》卷二《水利》。
④ 道光《遂溪县志》卷二《水利》。

表 13　清代广东部分州县塘堰数及其灌田面积简表

单位:塘堰:口,面积:亩、顷

地区	年代	塘堰数	20亩以下	数十亩	80—100亩	1顷	2顷	3顷	4顷	5顷	6顷	8顷	数顷	10顷	20顷	30顷	40顷	50顷	70顷	80顷	数十顷	100顷	200顷	400顷	700顷	数百顷	备注	资料来源
嘉应州	光绪年间		22	5	11	1	3	2				2				1	2				2						无实数塘2	光绪《嘉应州志》卷五《水利》
南雄州	嘉庆年间	10		4			2		1	1			3				1											道光《南雄直隶州志》卷一○《水利》
大埔县	光绪年间	4							1			1		1	1													光绪《潮州府志》卷一八《水利》
曲江县	同上	9						8			1	1																光绪《韶州府志》卷一一《舆地略·水利》
惠来县	雍正年间	5												1			1						2				无实数塘1	雍正《惠来县志》卷三《山川·陂塘》
番禺县	同治年间	10				2								1				3	1						1		无实数塘2	同治《番禺县志》卷一八《建置略·陂塘》

地区	年代	塘数堰数	20亩以下	数十亩	80-100亩	1顷	2顷	3顷	4顷	5顷	6顷	8顷	数顷	10顷	20顷	30顷	40顷	50顷	70顷	80顷	数十顷	100顷	200顷	400顷	700顷	数百顷	备注	资料来源
化州	光绪年间	15											2	13														光绪《化州志》卷二《陂塘》
石城县(廉江县)	清末	29		7		7*	4	2		1	1		3	3													无实数塘1	民国《石城县志》卷二《舆地志下·水利》
徐闻县	宣统年间	20				1			1				1	1			1				1	1	1				无实数塘13	宣统《徐闻县志》卷一《舆地志·水利》
琼山县	咸丰年间	12											2				1			1	1	1					无实数塘2	咸丰《琼山县志》卷三《舆地六·水利》
儋县	宣统年间	18								1																4	无实数堰17	民国《儋县志》卷二《地舆·井塘》

塘"其涵乡村各有则例"，涵分有"上中下"三则，按规定凡"雨多（塘水）涨溢"泄水，或农田灌溉"用水"时，均依则"次第开涵，放几分，留几分"，由塘主与受益户"议定"。① 可见嘉应州各乡村都很重视塘涵的管理，并制定了依则开涵的制度，这也是筑塘技术与管理水平提高的表现。这里值得一提的是，嘉应州（今梅州）所筑的塘"各有业主"，先是塘主以"养鱼"为主，其后则灌溉兼养鱼，为此必须在塘堤下设置涵，其涵有"则例"，依则启闭，从而确保"灌田、养鱼两不相妨"②，于此可见设置塘涵"则例"的重要性，也说明多功能的塘堰对塘涵启闭的操控技术提高了要求。

明清侨乡农田水利研究——基于广东考察

表 14　明清广东部分州县筑塘情况简表

地区	年代	名称	修筑人	位置	规格	灌田面积	资料来源
嘉应州（梅州）	永乐年间	新菴塘	御史廖睿	万安都莤心乡	周围1150丈	三十五顷二十五亩	光绪《嘉应州志》卷五《水利》
大埔县	清代	大塘	乡人	县西南白堠甲		二千余亩	光绪《潮州府志》卷一八《水利》
曲江县	同上	相公岩塘	乡人	樟树潭车子坳		六百余亩	光绪《韶州府志》卷一一《舆地略·水利》
花县	康熙年间	陂塘	乡人	何岑堡		二十余顷	康熙《花县志》卷三《水利》
惠来县	雍正年间	北山洋塘	乡人	县西北北山洋村	广百丈	溉田百余顷	雍正《惠来县志》卷三《山川·陂塘》
番禺县	万历年间	英山陂塘	乡人	横沙堡		灌田七百顷	万历《广东通志》卷一六《郡县志三·水利》
高明县	清代	蒲竹陂塘	乡人	深水村		数百亩	光绪《高明县志》卷一〇《水利志·陂塘》

---

① 光绪《嘉应州志》卷五《水利》。
② 光绪《嘉应州志》卷五《水利》。

地区	年代	名称	修筑人	位置	规格	灌田面积	资料来源
化州	清代	东庸大塘	乡人	木格婆双塘尾		千余亩	光绪重修《化州志》卷二《陂塘》
石城县	同上	鸡公埇塘	乡人	一区石东团		六百余亩	民国《石城县志》（廉江）卷二《舆地志下·水利》
徐闻县	明初	李家塘	官修	县东李家村		灌田四百余顷	宣统《徐闻县志》卷一《舆地志·水利》
琼山县	清代	圆山塘	乡人	圆山村		灌田数十顷	咸丰《琼山县志》卷三《舆地志六·水利》
儋县	同上	土五大塘	乡人	县南土五村		灌田二十余顷	民国《儋县志》卷二《地舆·井塘》。

四、筑井的规模及其发展

广东各地打井灌溉，也有悠久历史。它是陂塘工程以外又一重要的蓄水灌田的水利设施。明清时期本省在大兴农田水利建设中，也很重视因地制宜打井汲水灌田。如粤北少州府之曲江、乐昌、翁源等县都有筑井的记载，曲江县方志中水利项下将"井、塘、陂"列为一目，可见其对筑井的重视。该县所筑芦溪水井，规模不小，可"灌田千余亩"[1]。乐昌县县东黄冲所筑的水井，"久旱泉益涌出，灌田数百余亩"，又乌雅井亦"灌田二百余亩"[2]。翁源县方志水利项目下列出了"井、泉、陂、圳"[3]，井排在首位。广州府之从化县亦盛行筑井汲水灌溉，据康熙年间记载，该县打井之数"不可胜数"[4]，是粤中筑井较多的县份。当然，由于山区水资源充沛，有利于发展陂塘水利工程，故陂塘数量不

---

[1]　光绪《韶州府志》卷一一《舆地略·水利》。
[2]　同治《乐昌县志》卷三《山川志》。
[3]　嘉庆《翁源县志》卷五《山川·水利》。
[4]　重刊康熙《从化县志》，《山川志中》。

断增加,而井数反而较少。

　　值得指出的是,粤西雷州和海南地区,由于地处低坡度的丘陵和高亢地带,土地相对平衍,但土层易于干燥,很适合打井汲水灌溉,筑井就成为这里农村灌溉的重要方式。徐闻县筑井汲水灌田颇有代表性。该县所筑的井,以其可资灌田面积计,多承规模较大的井。据载,清中叶后全县筑井九口,其中汲水灌田十顷以上的大井有四口。县东的塘北井,可汲水"灌田四百余顷"[①],即使这个估算数字略有偏高,也算得上是徐闻县乃至本省灌溉面积最大的特大型水井。其余大井分别为县西的讨南井,"泉源涌溢,灌那社田数百顷"[②];县西戴黄市的龙眼六角井,"泉源盛大,值天大旱,数里之内,皆来提汲,可济田数十顷";县南的潭蓬村石井,深有二丈,"济田千余亩"[③]。可见徐闻县修筑的大井较多,有利于高亢干燥地区农田的灌溉。

　　海南儋县修筑的水井也很多,井与塘一样在农田水利建设中占有重要的地位,故县志水利项下列有"井塘"一目。清代该县开筑水井十一口,就其灌田面积而言,似乎多是大中型的水井,其中县北的流沙井,可汲水"灌田八十余顷",陈村马兰老井,可"灌溉稻田数千顷(亩)",沙锅岑遂图井,亦"可灌数千亩"。这些都是规模宏大、灌田甚广的大井。其余的水井,大多可灌田数顷至十顷左右,算是中型的水井。总而言之,明清时期粤西徐闻县和海南儋县无疑是广东修筑水井规模较大、数量较多、灌溉效益颇佳的地区,显示其筑井技术的高明及因地制宜大力发展"井塘"水利灌溉的特色。兹将清中叶以后儋县筑井分布及其灌田面积列表于下:

表15　清代儋县水井分布及其灌田面积

井名	位置	灌田面积	备注
高龙井	王五市大园坡崇文里		
书村井	书村前	约数百亩	井深三尺

---

　　① 宣统《徐闻县志》卷一《舆地志·古迹》。
　　② 宣统《徐闻县志》卷一《舆地志·古迹》。
　　③ 宣统《徐闻县志》卷一《舆地志·水利》。

井名	位置	灌田面积	备注
流沙井	县北流沙村	八十余顷	
那罗井	湳源村附近	可灌两熟田一千担禾左右	
官地大井	官地大村	可灌两熟田三千余担禾	
杨土井	杨土村	可灌两熟田一二千担禾	
新春村井	新春村		有柳树千余棵
陈村马兰老井	陈村	可灌稻田数千顷(亩)	
南翠井	不详	灌田数百亩	
谢堦井	不详	灌田数百亩	
新井	不详	灌田数百亩	
遂图井	沙锅岑附近	可灌数千亩	
陈家井	不详		
龙滚井	不详		

说明:本表根据民国《儋县志》卷二《地舆·井塘》编制

第二节 渠圳沟与涵窦闸修筑方式的改进 及其技术水平的提高

渠圳沟及其相关的涵窦闸等都属于"引水"管道工程设施,其功能或作用是将天然的水源或陂塘的水源引灌至指定的农田。一般而言,它多是陂塘的配套设施,因为陂塘障水或蓄水后,必须依靠渠圳沟等引水管道,才能将水源输送到农田,故有"作(筑)陂疏圳"、"筑陂开沟"或(车陂)取水上渠之称。当然,也有独立修筑渠圳沟设施,以为灌溉农田的,即所谓"修渠溉田"、"凿沟引水"灌溉等。明清时期广东各地在修筑渠圳沟等设施中,继承了宋元时期的方法和经验,并适应本省经济全面开发的需要,进一步改进其修筑的方式,提高其启闭与引灌的技术水平。

一、渠圳沟修筑方式的改进与技术的提高

如前所述,广东修筑渠圳沟水利设施已有悠久的历史。宋代本省

修筑渠圳沟工程已有一定的规模和水平,明清时期在此基础上进一步改革其修筑的方式及技术,使之成为农田水利建设中的一个重要组成部分。兹分别略述于下:

1. 筑渠。

广东筑渠历史悠久,南宋绍兴年间(1131—1162)雷州修筑的特侣渠就是著名的水利工程之一。据称,是时雷州知军事何庚"开渠、筑堤、建闸导流,灌东洋田四千余顷"①,故称"何公渠"。未几,后守戴之邵"以何渠近山易湮"为由,"别开一闸导流而南至东桥,与西湖渠合,沿渠筑堤",又"开八渠以分灌溉"。②由是特侣渠共开二十四渠,分灌东洋田。可以认为,雷州特侣渠是宋元时期本省修筑众多水渠中最有代表性的。

明清时期随着广东垦殖业的发展,在农田水利建设中兴起筑渠的热潮,各地为发展农业生产,都因地制宜修筑了不少颇具规模的渠道,并推广采用石筑的方式,大大提高了石渠工程的质量,更有效地发挥其引水灌溉的作用。其中万历三十三年(1605)雷州特侣渠采用石筑方式,重新改筑最为典型。这项改筑工程由雷州推官高维岳督修,特侣渠全渠重新"添石砌浚",即渠堤以石砌筑,渠身浚深疏通,使其发挥"导特侣塘水"、"灌东洋万顷田"之作用。这是明代粤西一大引水石渠,是本省灌溉面积最大的水利工程之一,对雷州半岛洋田的农业发展起了至关重要的作用。

东莞的王家渠是一项规模较大的引水渠道工程,始筑于宋代,由乡人王氏率众修筑,故名王家渠。该项引水工程系于深溪山"山腰凿渠,引龙潭之水,纡迴三十余里至大汾头,灌田数十顷"③。明清时期因渠身淤浅,屡次修筑,其中乾隆年间(1736—1796)进行了一次大规模的修筑,重新疏浚渠道,加固渠堤,直到清末还发挥其引水灌溉数十顷农田的效益。该县在大林迳边修筑的罗家陂渠工程,也是省内灌溉面积较大的设施。这项规模颇大的陂渠工程,是明初由乡人罗亶修筑的,据称"修堰二百余丈"为陂障水,再"凿渠九十余丈",竣工后可引水

明清侨乡农田水利研究——基于广东考察

---

① 道光《遂溪县志》卷二《水利》。
② 道光《遂溪县志》卷二《水利》。
③ 民国《东莞县志》卷二一《堤渠》。

"灌田数百顷"①。像东莞王家渠、罗家陂渠这样规模较大的引水渠,明清时期广东各地也修筑了不少,这是因应农业生产迅速发展的重要举措之一。

应当指出,除上述修筑规模较大的水渠外,明清时期本省各地还修筑了无数的中小型水渠,以适应农业生产的需要。这些水渠,有的是属于陂塘配套的引水渠,有的是从河溪"引水"或"取水"的渠道。关于陂塘配套的引水渠,前面已有论及,不必赘述。这里着重介绍一下"作渠导水"的情形,亦即根据各地的自然条件,因地制宜修筑大小水渠,直接从山涧、河溪引水灌溉分布比较平衍的农田,或者在河溪旁设置大水车,将水提上水渠,灌溉位置较高的梯田或山坡地。据万历《广东通志》称,"海丰、和平、长宁(今新丰县)、永安(今紫金县)四邑,作渠导水,不借陂塘,而海丰东西南三面借潮以济"②。可见惠州府四县是靠筑渠引水灌溉,而不用陂塘。该府方志则说明其作渠导水的原因及方法,谓"和平环邑皆山,其灌溉之水皆自四山而来,不事陂塘矣","永安亦在万山中,与和平相似,亦无陂塘,长宁亦然。惟沿长溪作转轮车,取水上渠,其渠大小五十余所"。③ 这些县份自然环境独特,四面环山,水源充沛,修筑大小水渠即可引水灌溉,故不必修筑陂塘。位于较高的梯田和山坡地,则要在河溪之旁设置水车,提水上渠,达到灌溉之目的。其实,这种作渠导水或作渠、置车、导水的方式,在粤北、粤西、海南各地也是常见之事,前面相关节目亦有提及。总之,可以认为这种作渠导水的方式是本省各地因应自然条件和农业发展的需要,进行农田水利建设的又一特色。

2.修圳。

圳同渠、沟一样,都是引水管道,各地称谓不同,但无严格的区分。赤溪(今台山)县称"土人或别筑沟、渠,分泄其水,以资灌输者曰圳"④,可见圳亦称沟、渠。恩平县亦称"通水于田者"曰圳,一般的陂塘多修筑圳或渠、沟,以便引水灌田,故有"作陂疏圳"或"陂圳"之称。明清时期广东各地因应农业发展的需要,大兴农田水利事业,修筑了许多大

---

① 民国《东莞县志》卷二一《堤渠》。
② 万历《广东通志》卷三五《郡县志二二·惠州府·水利》。
③ 光绪《惠州府志》卷四《舆地·山川》。
④ 民国《赤溪县志》卷三《建置·水利》。

小水圳设施，其中不乏规模较大的水圳项目。如万历十四年（1586）粤西西宁县修筑东西二圳就是一项较大的引水工程，该县县城周围一带历来水源奇缺，"东西外延环数十里，悉童涸不毛"，"荒秽逋负，连年莫支"，为此县府督率乡民"相源润，因地宜，凿山通圳，缘亩导流"①，修成东圳和西圳，引山泉水灌溉县城东西数十里之农田，使"旷土荒田尽为利薮"，成为"富庶"之地。明代嘉应州（今梅州）南江堡修筑的郑仙宫圳，也是一项规模较大的引水工程，可"灌田数千亩"②。嘉庆年间南雄直隶州湖芳窑等乡重修旧有的陂圳，疏浚水圳二十余里，可灌溉近乡"田畴千余亩"③，亦为有一定规模的引水工程。此外大埔、乐昌等县也有一些较大的水圳设施，下面还要提及，这里从略。

值得注意的是，遍布本省各地更多的是一般的水圳，即灌溉面积数十亩至数顷或以上的中小型水圳。据载，正德初年粤西泷水（罗定）县在兴修农田水利中，一共开凿水圳四十八（处）④，可见其在灌溉中所起的重要作用。大埔县的农业生产主要靠陂圳灌溉，修筑的陂圳很多，其中开圳有八处，大多是灌田百亩至数顷之间的中小水圳，只有蔡仙圳一处是属较大的水圳，灌田达三千余亩。⑤ 大抵省内各地凡有修筑陂塘的通常也开圳引水灌溉，故修圳的地方极多。由于本省山区、丘陵地势复杂，沿海地带易受洪涝潮的影响，故开筑水圳不仅异常复杂、艰巨，而且修筑技术要求也高。以下着重分析其修筑的方式及管理的制度。

一是山区修圳难度大、要求高。由于粤北等山区自然条件异常复杂、恶劣，要将深山溪谷中的陂水（筑陂障水）引出灌田，往往要穿绕山岭，绵亘数十里，因此开凿水圳绝不是一件轻而易举之事。如洪武二年（1369）乐昌县修筑之官陂正是一项极其复杂艰巨的陂圳水利工程。该水圳"从（县东北三十里）西坑山峡中来，南流至县前，合武水灌田百余顷"⑥，换言之，水圳要穿绕若干个山岭，绵亘三十余里，方能引灌百余顷农田。其开凿工程之复杂而艰巨，不言而喻。前面提及嘉庆年间

---

① 道光《西宁县志》卷三《舆地下·水利》。
② 光绪《嘉应州志》卷五《水利》。
③ 道光《直隶南雄州志》卷二二《艺文·陂文》。
④ 民国《罗定县志》卷五《官绩》。
⑤ 参阅光绪《潮州府志》卷一八《水利》。
⑥ 同治《乐昌县志》卷三《山川志·水利》。

南雄直隶州修筑的咸丰陂圳,也是在险峻、恶劣自然环境下,开凿绕穿四岭、长达二十余里的水圳,是一项可灌二千余亩的较大的引水工程。① 以上是粤北山区修圳难度大、要求高的最具代表性的例子。文献资料显示,本省其他地方也还有不少相类似的情况,这说明在农田水利建设中,修圳是一项极其重要而艰巨的水利工程。

二是沿海地区修圳或许是多功能的配套工程。靠近沿海地带,往往受到洪、涝、潮的影响,因而所修的水圳要求具有引灌和防洪、涝、潮的功能,这就需要修筑相应的配套工程,如圳、塘、基闸的组合配套工程。清中叶粤西开平县开筑的长塘圳就是这种圳、塘、基闸配套的水利工程。该县水边村易受洪、涝、潮的影响,该村在村南修筑一口长塘,并在塘旁开筑一条水圳,抵达出海的河流。又在水圳入河之处,修筑一基堤,堤下设水闸。平时或干旱时,水圳引长塘水灌溉本村附近农田,潮涨时开闸引河水入塘,直至"水入盈塘"止,起了蓄水的作用。倘遇洪涝时,则"闭闸可以防堵外水之汛入"②,预防塘圳两岸的农田免遭洪涝之伤害,真正发挥了多功能的引灌、蓄水、防洪涝的作用,这一点与山区水圳多引水灌溉的单一功能似乎有所不同。粤西雷州沿海修筑的水圳、水渠,往往都在首、尾设置闸板,除司启闭外,还有防咸潮之作用。当然,沿海修圳配套工程还只是其中的一部分,有不少水圳就是引灌的单一功能,与山区的水圳并无差异,这是值得注意的。

三是初步制定修圳的管理制度。明清时期广东山区,特别是粤北山区,不仅大力兴修陂塘,而且重视陂圳等设施的维修和管理,并初步定出相关的管理制度。如乐昌、大埔、嘉应州(今梅州)、南雄直隶州等州县,一般官陂圳或重要的陂圳、圳等,都设有相关的维修、管理制度,其内容大致是:(1)设立管理员役,如陂头、陂甲、圳甲等,每年佥选一次,如大埔县白堠溪蔡仙圳,"岁举一人为圳甲"执役;③也有每三年佥选一次,每年轮流执役,如乐昌县官陂圳,每三年选十七陂头,每年由六甲陂头承管。④ (2)制定管理员役的职责,陂头、陂甲、圳甲等负责陂圳的管理与维修,如乐昌县官陂规定,洪水之后,陂甲须将水圳"淤沙

---

① 参阅道光《直隶南雄州志》卷二十二《艺文·陂文》。
② 参阅民国《开平县志》卷十二《建置略六·水利》。
③ 参阅光绪《潮州府志》卷十八《水利》。
④ 参阅同治《乐昌县志》卷三《山川志·水利》。

挑开",或有"冲决之处,即刻日修复,务使水利(灌溉)不断"①。嘉应州(今梅州)南口堡每年金选"巡圳十人",负责郑仙官圳的巡查、维修与管理②。(3)规定管理员役的待遇,陂甲、圳甲每年有一定的酬劳,如大埔县规定圳甲的"酬费由受益户计田出谷"支付。③嘉应州亦规定"巡圳"人役的费用仍由该圳受益户"计亩敛谷"摊派。④

四是鼓励民间修圳。为鼓励民间兴修水利,地方官府采取相应的措施,如乾隆初年嘉应州官府鼓励乡民"作陂疏利",采取"修圳免役"的措施,⑤以激励乡民积极修筑水利。乾隆十一年(1746)琼山县府规定,凡修筑河溪农田水利者,"例得免其杂役"⑥。其他县份也有一些鼓励修水利的相类似的情形,但似乎尚未形成普遍推行的鼓励机制。总的来说,明清时期广东各地在修圳和管理方面取得了明显的进步,并有其显著之特色。

明清侨乡农田水利研究——基于广东考察

表16　清代大埔县水圳的分布及灌溉面积简表

圳名	位置	灌田面积
下历圳	县西南 35 里,同仁甲	100 余亩
高圳	县西南 45 里,同仁甲	100 余亩
白富圳	县西南 90 里,大产甲	200 余亩
乌槎圳	县西 100 里	300 余亩
大洋圳	县西北 20 里,永兴甲	300 余亩
葵坑圳	县西南 60 里,同仁甲	400 余亩
黄坑圳	县西南 55 里,同仁甲	500 余亩
蔡仙圳	县西南 45 里,同仁甲	300 余亩

说明:(一)本表资料系根据光绪《潮州府志》卷十八《水利》编制的。(二)该县除蔡仙圳为灌田面积较大的水圳外,余皆为灌田 1 至 5 项的中小型水圳,反映了大埔县山区农田水利建设的特点,即因应复杂而险峻的

---

① 参阅《乐昌县志》卷三《山川志·水利》。
② 参阅光绪《嘉应州志》卷五《水利》。
③ 参阅光绪《潮州府志》卷一八《水利》。
④ 参阅光绪《嘉应州志》卷五《水利》。
⑤ 参阅光绪《嘉应州志》卷五《水利》。
⑥ 参阅咸丰《琼山县志》卷三《舆地六·水利》。

地形,以修筑小型陂圳为主,以解决农田水利灌溉问题。

3. 开沟。

沟也是引水管道之一,其功能与作用大致与渠、圳相若。通常而言,修筑陂塘必须开沟(或渠、圳)引水灌溉,而山间的溪水、坑水、泉水等,也须通过开沟(或渠、圳)才能将水引灌到乡村附近的农田,故有"筑陂开沟"[①]、"凿沟引水"[②]或"凿沟通泉"[③]之称。明清时期,广东各地大兴农田水利,因地制宜凿沟引水,其中不乏颇具规模的大沟,且凿沟技术也有了明显的提高。如清代嘉庆年间南雄直隶州姚塘、倚逢二村修筑的陂沟工程,需要在层叠的山岭中开凿一条绕穿四岭、长达二十余里的水沟,就是一项难度极大、技术要求很高的凿山开沟工程。该二村乡民实行"按亩出钱出工"的办法,解决了凿沟工程的费用后,其"兴作之法"则采取"由上而下"开凿山岭的技术,先"凿通三岭"开成沟路,然后"方凿第一岭",接通陂头,完成了"绕穿四岭"、绵长二十余里并异常艰巨的引水沟工程,从而使得历来"水无源头,田俱苦旱",大约"二千余亩"的二村农田获得灌溉及丰收。[④] 这说明粤北人民已经掌握了在复杂、险峻山区自然环境下开凿穿山越岭的水沟的方法和技术,为开发山区农业经济创造了前提条件。

嘉应州(今梅州)雁洋堡在石壁山麓开沟引水,也是一项十分艰巨、技术要求较高的开沟工程。正德年间(1506—1521),该堡乡民为解决附近农田长期苦旱的难题,于是在遥远的石壁山麓筑陂开沟,完成开凿一条较长的引水沟工程,并获得显著的效益。史称雁洋堡乡民"就乡(以外较远)之石壁山麓筑陂开沟,引松溪水环乡四五里灌溉田畴,瘠土成为沃壤,乡人至今(光绪年间)赖之"[⑤]。可见这项凿沟工程的质量较高,自竣工后三四百年间还能发挥灌溉的效益,使雁洋堡之瘠土变成了沃壤。以上是粤北山区开凿的较大的水沟工程,实际上这里开凿较多的还是中小型的水沟,这种情形与修筑渠、圳相类似。

---

① 光绪《嘉应州志》卷二三《新辑人物志》。
② 光绪《潮阳县志》卷四《水利》。
③ 道光《直隶南雄州志》卷二二《艺文·陂文》。
④ 参阅道光《直隶南雄州志》卷二二《艺文·陂文》。
⑤ 光绪《嘉应州志》卷二三《新辑人物志》。

一般来说,广东沿海地区开筑的水沟似乎是规模较大的工程。究其原因,可能是由于靠近滨海的乡村缺乏淡水,或受"近海咸卤"的影响,居民的生活与农业生产均需要大量淡水供应。此外,沿海乡镇人口稠密,种植经济作物或粮食作物的农田相对集中,故需要开筑较大的引水沟工程,才能满足实际的需要。明代以来,粤东潮阳等县所开筑的水沟都是规模较大的引水工程。弘治初年,潮阳知县王銮督修的三条水沟颇有代表性。

其一,王公沟。潮阳县直浦都径头等村,因"村故无泉,汲者动经数里,民甚苦之",为解决村民生活和生产用水,弘治二年(1489),知县督民"凿沟引水",开出长达 650 余丈的引水沟,受惠面"八里有奇","由是人便于汲,田得灌溉"①,故名王公沟。据载,该沟于乾隆二十六年(1761)经"复疏凿"维修后,直到清末仍然能发挥引水的效益,足见其开凿工程质量优良。

其二,仓头沟。亦在潮阳县直浦都,原是明初或以前开筑的业已淤浅的水沟,"广四丈,流长四十余里"。为解决沿沟居民生活和生产用水,弘治初年知县督民重新"开沟"仓头沟,并在原沟基础上"增辟五丈",扩宽后大大增加了水流量,使附近农田"复得灌溉之利"。可见此次重修仓头沟引水工程,挖深扩宽四十余里,也是有相当规模的。

其三,通济港水沟。潮阳县门辟村通济港一带,历来多受沿海咸卤的影响,禾田经常歉收,村民要到十里以外之地汲水饮用。为此,知县督民于通济港"筑堤御潮",预防受咸潮之害,又规划在十里以外处"凿沟通泉",引水灌溉农田三千余亩,又使村民便于汲水,从而促进了当地农业的发展,"瘠土变为沃壤"②。

其四,鲤鱼沟。海阳县(今潮州市)修筑的水南鲤鱼沟更是一项特大的水沟工程。鲤鱼沟大约修筑于宋代,从"鲤鱼沟右有堤"便知晓。明代以来,曾不断进行维修,濒河一面筑堤保护,故鲤鱼沟维修工程,往往是既修沟又修堤,任务特重。康熙中年,鲤鱼沟堤溃决,祸及全沟二十八乡。雍正八年(1730)巡道、知府、知县规划大规模修筑,并由县丞、邑绅督工。鲤鱼沟堤方面,在石碑脚饶平县界为起点,长达 3173

① 光绪《潮阳县志》卷四《水利》。
② 光绪《潮阳县志》卷四《水利》。

明清侨乡农田水利研究——基于广东考察

丈，"各甃以石"，全部改筑为石堤，使其更好地起到护沟的作用。鲤鱼沟修筑方面，其沟口的修筑方式及技术，十分精细和讲究，沟口长15丈，采用打石、木排桩的措施，立石墩4座，设闸门3座，上架桥长6.5丈，史称沟口修筑，"纯砌以石，沟口长十五丈有奇，钉桩排，木石入地五尺，上高一丈二尺，立桥墩四，为门三，板闸蓄泄。桥长六丈五尺，翼以灰墙为扶阑，中广一丈四尺。堤旁建屋三间，以居司闸"[1]。另外，为保护沟堤，于上流涧溪筑石矶三座，以缓水势。又修筑溪口乡涵口二处，等等。此次沟、堤大修，"计费白金三千一百八十余两"，工程质量，"靡不牢实"，竣工后"保卫庐舍二十八乡，良田三万余亩，易草莽而膏腴"。[2] 换言之，鲤鱼沟此次大修筑不仅确保了沿岸二十八乡，良田三万余亩的安全，而且促进了农业生产的兴旺，这无疑是清代粤东沿海最具规模的一项水沟修筑工程。

粤西水沟的修筑不多。海南各县则修筑了一些中小型的水沟。如嘉靖中期琼山县在御史海瑞的主持下修筑了两条水沟：一条是官隆图田沟，"水自乐万至鸡头等处，迤逦十余里，灌田甚广"；另一条是官隆图青草沟，"广一弓，长十余里，灌田二百余石"。[3] 从二水沟的引灌面积来说，似乎多属于中小水沟。清代儋县修筑的水沟较多，较大的水沟只有一二处，如在县南十八里修筑的赵家沟，可"灌田三十余顷"，应是一项较大的水沟工程。在黑墩村开筑的黑墩沟，也可"灌溉数千亩"[4]。余皆为较小的水沟。

此外，筑涧也是一项引水管道工程，它往往与陂塘组成配套工程，或从河溪中引水灌溉。明清时期本省各地都筑有一些涧引水工程，但比之渠、圳、沟工程来说，筑涧的地区分布似乎并不广。如嘉应州石扇堡修筑的陂涧引水工程，是粤北山区一项较为复杂而艰巨的引水工程。该堡乡民先在堡之西北真武嶂筑陂头，然后"凿石作涧，纡迴曲折十余里"[5]，即沿山岭迂回曲折筑涧十余里，将陂水引至本乡塘肚里一带灌溉农田。可见筑涧工程的复杂和艰巨。在雷州徐闻县，因应高亢

---

① 光绪《海阳县志》卷二一《建置略五·堤防》
② 光绪《海阳县志》卷二一《建置略五·堤防》。
③ 咸丰《琼山县志》卷二《舆地六·水利》。
④ 民国《儋县志》卷二《地舆·井塘》。
⑤ 光绪《嘉应州志》卷五《水利》。

地势、水易干涸,当地大力兴修溪、涧引水管道,以解决田园灌溉之急需,故有"田园灌溉大半取资溪涧"①之称。

表 17　清代儋县水沟的分布及灌田面积简表

名称	位置	灌田面积
赵家沟	县南十八里	灌田三十余顷
黑水沟	高地村后	灌溉本村东南北一带
书村沟	书村东	附近之田可资灌溉
黑沟	藤根村	旱时可塞水入田
黑墩沟	黑墩村	可灌溉田数千亩

说明:本表根据民国《儋县志》卷二《地舆·井塘》编制。

二、涵、窦、闸修筑方式的改进及技术水平的提高

在陂塘系统中,涵、窦、闸等皆属于"司启闭"、"资灌溉"的配套水利工程。本省各地凡修筑较大型的陂塘或渠圳工程,都设置有涵、窦、闸以司启闭,并随着农田水利发展的需要,不断总结经验,不断改进其修筑方式,提高其技术水平。

1.筑涵、窦。

明清时期随着农业和农田水利的日益发展,除堤围系统外,陂塘系统所属之地区也兴修涵、窦设施,与其陂塘工程相匹配。一般来说,涵的砌筑主要是在陂塘或河堤的配套工程,涵有木涵、石涵和灰涵三种,明代以后普遍采用石涵或灰涵。本省筑涵主要分布在山区和沿海两个地区。在粤北山区修筑水塘,尤其是规模较大的水塘,都要在塘堤下砌筑涵,以司启闭。如嘉应州善于因地制宜,在修筑水塘时注意兼顾水利灌溉与养鱼增利之效益,故请求在塘堤下筑涵。其修筑的方式是,在塘堤下砌筑一至数个石涵,即所谓一塘多涵,是较为常见的一种形式,有的水塘"安五涵,次第放水"②。为合理利用塘水灌溉兼养鱼,必须科学地操控塘涵的启闭,故在塘涵设置"上中下三则",根据实际情况,依则司启闭。各乡"各有则例"③执行,充分发挥了山区水塘多

① 宣统《徐闻县志》卷一《舆地志·潮汐》。
② 光绪《嘉应州志》卷五《水利》。
③ 光绪《嘉应州志》卷五《水利》。

功能的作用,并反映了嘉应州(今梅州)人民对塘涵设计方式的改进及技术水平的提高。

在粤西沿海修筑的陂塘,也有在陂塘堤下砌筑石涵,组成为配套的引水工程。如开平县在长静都修筑的陂堤,便在堤下砌石涵。其法是:在该都大河上修筑"大堤长五十余丈,以障大河之水,堤中砌石涵,下用松桩,上用方石,涵广二尺六寸,高三尺余"①。可见该堤涵构筑坚固,且有一定的规模。为使涵沟引入的水能够灌溉到沟旁地势稍高的坡地、农田,遂在堤涵下流修筑车陂,即"筑陂(置车)激水入埒","运车升水灌溉"坡地农田达二十余顷。② 这实际上是一项较典型的由障水、引水、提水诸环节组成的陂涵配套灌溉工程,即在河上筑堤障水,在河堤下筑涵引水,又在堤涵下流筑陂置筒车,提水如渠,分别灌溉附近坡地农田,以受益面广达二十余顷。可见,此项陂涵配套工程颇具规模。在粤西沿海各地,在自然环境较复杂、低坡度田地分布集中而河溪水资源丰富的乡村,往往修筑这一类陂涵工程,以适应广阔的坡地农田发展生产之需求。

在陂塘灌溉系统中,除筑涵外还有筑窦,以司启闭。本省筑窦工程以惠州府较多,其他地区则少有记载。据载,在循州一带,乡民或许在河堤上筑窦,用以灌溉堤下之农田。如遇河水上涨,则开窦疏涨,以免农田受浸。故史称"窦以疏涨,且溉堤下之田"③,于此可见窦的功能与作用,与涵大致相类似。由于文献上有关筑窦方面的记载甚为缺乏,故惠州府或其他地区的筑窦工程的具体情形就不得而知了。

2. 筑闸。

闸也是陂塘系统中不可或缺的配套设施之一,如同涵、窦的情形一样。闸的功能主要是司启闭,利灌溉,便通舟,预防旱涝。特别是在沿海或接近沿海之州县,较大的陂、塘、堰、渠、圳或河、湖、溪等,往往都因地制宜,筑闸以供排灌。故有陂闸、塘闸、堰闸、渠闸、圳闸及河闸、湖闸、溪闸等诸多名称。明清时期随着农田水利事业的迅速发展,广东各地修筑各类闸的配套水利设施不仅日益增多,而且筑闸的技术水平也有了显著提高,尤其是明中叶后创设闸板,定立"上中下"水则,

---

① 光绪重刊《肇庆府志》卷四《舆地一三·水利》。
② 光绪重刊《肇庆府志》卷四《舆地一三·水利》。
③ 光绪《惠州府志》卷四《舆地·山川》。

根据需求依则司启闭,是筑闸技术上的一大发明,它进一步提高了水闸管理与操作的科学性及技术水平。

(1)陂闸。在陂堤下设石闸或木闸,以司启闭,有一陂筑一闸,也有一陂筑多闸,以适应农田灌溉之需求。海南琼山县所筑的陂闸,既有一陂一闸,也有一陂多闸,其中一陂多闸的多为规模较大的工程。清代该县兴政都修筑的大潭陂,即为一陂九闸的配套水利工程,据称是"陂开九闸,随旱涝开闭,灌田七十余顷"[①]。又该县烈楼都的桥冲陂,则为一陂七闸,是"陂开七闸,灌田六十顷"[②]。可以认为,琼山县修筑一陂多闸水利工程颇有特色,它是因应当地农田分布较为密集,为预防旱涝及满足农田灌溉需要而采取的一项举措,其效益也是不错的。

在粤东普宁县也有修筑陂闸等水利设施,这里以一陂一闸为主,其作用自然是为了灌溉各乡村的农田,但也为了均分水源,防止"乡民争水"。原来粤东沿海有些地方,因自然条件的原因,淡水资源供不应求,常常发生争夺陂圳水利的争执。如普宁县县东黄坑村修筑的东陂,供马前山等四乡农田灌溉之用。大概由于水源不足,清初以来常常发生"乡民争水"的事。雍正五年(1727),县府为解决乡民争水灌溉之难题,下令在东陂陂堤下修筑"石闸",并制定出开闸分水、灌溉四乡农田的规章。其法是,规定四乡田亩"按日设石闸(及开闸)均分(陂水),轮流灌溉"[③],亦即是每日开闸灌溉一乡之田亩,每四日轮流一次,周而复始,这就确保四乡农田都得到合理的灌溉,从而免除了"乡民争水"事件的发生,有利于农业生产的发展。可见这里修筑陂闸,尤其是在水闸的利用和管理方面,确实是一举两得,有其高明之处。从文献记载看,除上述海南和粤东一些州县外,粤北和粤西地区很少见有这方面的记载。大概是由于陂塘系统中闸与涵、窦的功能和作用大致相若,各地都从实际与习惯上出发修筑陂闸或陂涵、陂窦,故其地区的分布自然就出现不平衡的现象。

(2)塘闸。在塘堤下筑闸,以司启闭,其功能与陂闸大致一样。广东粤西沿海及海南地区修筑塘闸较多,一般大的水塘都筑石闸或木

---

① 咸丰《琼山县志》卷三《舆地六·水利》。
② 咸丰《琼山县志》卷三《舆地六·水利》。
③ 重刊乾隆《普宁县志》卷一《水利》。

闸,以司启闭。前面提及的雷州特侣塘所修筑的塘闸,无疑是最具代表性的。特侣塘与塘闸始筑于宋代,塘广四十八亩,"建闸导流,灌东洋田四千余顷"[1]。是时,塘闸共筑木闸十一座,以司启闭。随着时间的变迁,"塘身业经淤浅,不及从前水之多",而塘渠受损坏亦相当严重。为此,明清时期雷州府两次对特侣塘闸进行大规模的修筑与改革,目的是改进对塘上农田及东洋田的灌溉,支持农业生产的发展。万历年间,雷州府对特侣塘第十一闸,即规模最大的卜札大闸进行技术改革,一是将原来的木闸改为石闸,二是创设闸板、水则,谓"设闸板定上中下水则,以时启闭",[2]即闸板分三则,提板放水或关闸蓄水。闸板水则的发明和应用,无疑是司闸技术上的一大进步,它使得水闸的操控与管理更为科学和实际,并提高了引水灌溉的效益。在完成卜札大闸修筑和改革后不久,雷州府又进一步将特侣塘第二至第十闸进行同样的改造,即一律改筑石闸,俱设闸板定"上中下三则"[3],以司启闭。以上是明万历年间广东塘闸司闸技术的一大改革,它从一个侧面显示水闸建设水平的提高,有其积极的意义。

雍正年间,雷州府又对特侣塘进行改革,亦即对万历年间制定的闸板水则进行改革。主要原因是特侣塘经历了一个多世纪后"塘身又(淤)浅于前",若按原来设定的闸板三则司启闭已行不通了,需要"就其则而变通用之"。换言之,要适当调整原来的闸板数量并定出新的启闭准则,如卜札大闸,以前用闸板五块,每块宽八寸,现改为"用闸板三块,积水二尺四寸,其启闭惟以旧碑中字为准则"[4]。其操作之法,一是若遇雨潦塘水过"中字"之上,须提二板泄水,以免淹没塘上周围之农田;二是若遇旱水落"中字"之下,须提一板,以资塘下东洋田的灌溉;三是平时塘水与"中字"相平,则三板不动,关闸蓄水。[5] 经过雍正年间对特侣塘塘闸及水则的进一步调整与改革,制定闸板水则的操作原则和措施,使特侣塘塘闸的启闭蓄泄功能更符合实际的需求,从而确保了塘上、塘下广阔农田的灌溉,预防旱涝的影响。这说明广东人

---

① 参阅道光《遂溪县志》卷二《水利》。

② 参阅道光《遂溪县志》卷二《水利》。

③ 参阅道光《遂溪县志》卷二《水利》。

④ 参阅道光《遂溪县志》卷二《水利》。

⑤ 参阅道光《遂溪县志》卷二《水利》。

民在掌握塘闸水则的技术与管理水平方面又有了进一步的提高。兹将清中叶雷州特侣塘各闸名称及规格列简表于下,仅供参考。

表18 清中叶特侣塘闸建设简表(单位:尺)

闸名	内、外阔	内高	外高	备注
第一金鸡闸				万历年间呈豁
第二苧闸	内1.6 外1.7	2.4	2.4	
第三孟山闸	内1	1.6	1.2	
第四小山北闸	内3	2.5	3	
第五小山南闸	内1.8	2	2.6	
第六南东闸				清初已废
第七南山闸	内1.1	1.3		
第八迈奏闸	内0.8	1.6		
第九南亩闸	内1.6	2.2		清初已废
第十水门闸				
第十一卜札大闸	内7.2	6.2		跨石为桥

说明:本表根据道光《遂溪县志》卷二《水利》编制。

(3)堰闸。它与塘闸的功能和作用大致相若,通常是在堰堤下筑闸,以司启闭。明清时期粤西雷州地区修筑的堰闸较多,其他地区似乎少有记载,如康熙年间海康县修筑的农田水利设施中,堰闸就有四座。[①] 徐闻县修筑的塘堰甚多,故其所筑的堰闸也较多。洪武十八年(1385),海康御史黄惟一向明政府奏准修筑位于县西南之清水堰闸,竣工后可引水灌溉附近"讨网等处"农田,成为明初经中央政府批准修筑的一座有名的堰闸。[②] 清代徐闻县修筑的堰闸不少,其中记有堰闸名称的有大水上下二堰闸(在县东十里)、麻栏堰闸(在县东十里)、龙门堰闸(在县东五十里)等[③],从其灌溉面积看,似乎多为灌田顷余至

① 参阅康熙《海康县志》上卷《星候志·陂塘》。
② 参阅宣统《徐闻县志》卷一《舆地志·水利》。
③ 参阅宣统《徐闻县志》卷一《舆地志·水利》。

数顷的中小型堰闸工程,但其在县内分布较广,适宜在高亢易涸之地带引水灌溉农田,在发展农业生产中起了重要之作用。

(4)渠闸。即在渠堤下筑闸,以资出纳。通常而言,较大的水渠往往都筑闸以为排灌。前面提及雷州高亢地带修筑的塘渠较多,因而在渠的首尾筑闸也较多。特侣塘渠及支渠都修筑了不少闸,以分灌溉。塘渠"开八渠以分灌溉,东建万顷闸以拒水,启南亭闸以泄水",又"开二十四(支)渠以沃东北上游之田,凡渠首尾悉为闸,以资出纳"。[①] 这些渠闸先是修筑木闸,至万历年间一律改筑石闸,并创设闸板,立石碑定水则,以司启闭,这是渠闸司闸技术的一大改革,也是司闸管理水平的提高和进步,具有重要的意义。关于这一点前面已作了专门的论述,这里从略。值得指出的是,粤西雷州人民在长期实践中,已摸索和总结出筑塘、开渠、筑闸以解决高亢地带农田灌溉的经验和方法,谓"因民所利……深其塘以蓄水,多其渠以引水,渠各有闸以出纳水,三者相辅而行,故农人有灌溉之利,而无淹没(干旱)之患,而三者中渠为尤要"[②]。但自清中叶后,由于种种原因,特别是滥于垦殖,"渠之在田者,阡陌以渐而开","各渠大半夷而为田"[③],由是众多渠闸也不复存在,大大削弱了出纳水之功能,每当"大雨泛涨"时节,坑水猝至,[④]原来受灌之塘上农田和塘下洋田无不遭受淹没了。这是一个历史的教训。

(5)圳闸。即在水圳筑闸,以资开闸。其功能与渠闸大致相若。一般来说,较大的水渠往往筑闸司启闭,而水圳筑闸似乎不多见。大抵粤西开平县还有一些圳闸的记载,如该县水边村所筑的长塘圳就是一例。村民在村南"长形旧塘浚圳达于河",称为长塘圳。又在水圳入河之处筑堤基。"基底开水闸",以为开闭。圳闸的功能是,当潮涨时开闸"水入盈塘","遭旱可以渡(灌)田",若遇潦则闭闸以"防堵外水之流入"[⑤],侵害农田,可见其起到了蓄水灌溉与防范洪潦之作用。

以上是明清时期广东各地在陂、塘、堰、渠、圳中筑闸的一般情况。此外,还有在河、溪、湖中筑闸的情形,即河闸、溪闸、湖闸等,其功能和

---

① 道光《遂溪县志》卷二《水利》。
② 道光《遂溪县志》卷二《水利》。
③ 道光《遂溪县志》卷二《水利》。
④ 特侣塘之水源,来自十二坑之水。
⑤ 民国《开平县志》卷一二《建置略六·水利》。

作用是利用河、溪、湖的水资源以资农田在灌溉与预防洪涝、旱的影响。

（6）河闸。广东内河，特别是沿海内河筑闸较为常见。其作用主要是，通过河闸司启闭，以利灌溉或通舟。如海南琼山县城南河，始修于明代或以前，其河"由（城）东门桥迤逦而北，下达海口"。原来南河下流未筑水闸，当潮落时下流河水辄涸，不利于农田灌溉。为此，乾隆初年该县兴工修筑，在河上流北冲口筑滚坝，使二潭水流入河内，上流水源充裕；在河的下流与潮水相接之下窖口，修筑石闸，河闸"随时开闭，水少蓄其势，使不遽下，多则泄之，庶下流源源可继矣"，又河闸可通舟，达到了"惠农田，通商旅"①之目的。由此可见，修筑南河石闸的作用与效益是相当明显的。

值得一提的是，珠江三角洲腹地河涌甚多，因而在河涌堤下修筑各种类型的水闸也不少，其中顺德县尤为盛行筑闸，作为农田水利建设不可或缺的重要部分，故县志中水利项下专门列有"水闸附"一目。如桂洲围（位于桂洲堡）河涌交织，共筑有水闸六处、小闸三处，以司启闭。光绪年间又在"围内开浚新涌，增建水闸，名曰文德闸，直通大海……"②可见在河涌基堤修筑水闸之发达。这也是顺德县农田水利建设的一大特色。

（7）湖闸。在湖堤下修筑水闸，以导湖水灌溉农田。广东各地大小湖泊是可资灌溉的水源，当地人民往往在湖堤下筑闸、开渠，引水灌溉附近农田。如海康县城西湖，早在南宋绍兴年间便修筑了东西二闸，东闸在西湖之东，"开渠建闸，伐石叠砌，长三丈，阔一丈五尺"，闸上筑桥以通行人，名为惠济东桥。西闸在西湖之西，"开渠建闸，导西湖水由西山坝灌白沙田，（闸）砌石长二丈，阔一丈"③，闸上仍筑桥以通行人，名曰惠济西桥。明清时期海康县城西湖东西渠闸，因日久损坏，曾进行了多次修筑，修砌坚固的石闸，疏浚湖渠，使其发挥引水灌溉农田的作用。归善县（今惠阳县）城有一湖，宋治平年间修筑湖堤二百丈蓄水灌田。入明以后，县府多次修筑湖堤并在钟楼堤下创筑关闸。如景泰年间将湖堤改筑石堤，嘉靖二十四年（1545）在北堤钟楼创筑水

明清侨乡农田水利研究——基于广东考察

---

① 参阅咸丰《琼山县志》卷二六《艺文·记》。
② 民国《顺德县志》卷四《建置略·堤筑·水闸附》。
③ 康熙《海康县志》上卷《建置志·城池》。

闸,修筑湖渠。据称"湖水穿城,以堤为蓄泄",于是"增(筑)关下版闸",以司启闭。万历十五年(1587)又将水闸改筑石闸,"易以石,崇三尺许,会水长盈"①,足资湖外农田之灌溉。

(8)溪闸。在溪水下流筑闸,以司启闭,可资灌溉,或可通舟。广东各地大小溪流甚多,明清以来当地人民因地制宜,采取多种方式,开发和利用溪水资源,修筑溪闸便是其中之一。如粤西石城县(今廉江县)于近城罗溪水下流修筑水闸就是有代表性的例子。乾隆初年石城县为充分利用罗溪水灌溉并通舟,决定在溪的下流筑堤置三闸,以司启闭。据称,该工程是"于(罗)溪下流审度形势,筑(堤置)三闸以储水,附近田畴得资灌溉,并司启闭,以通小舟"②。可见,在罗溪水下流修筑三门闸以利灌溉和通舟,效益相当显著。

以上考察了明清时期广东陂塘系统修筑水闸的情况。由此可见,此时期本省各地筑闸工程种类繁多,筑闸方式与技术、司闸技术与管理水平都比前代有了很大的改进与提高,这就大大提高了各类型水闸在发展农业生产、预防洪涝潮旱及通商旅中的作用和效益,它从一个侧面显示了广东农田水利建设的成就与特点。

---

① 乾隆《归善县志》卷三《山川·附陂堤》。
② 民国《石城县志》卷五《职官志·官绩录》。

第五章 | 农田水利设施的管理方式及其措施

　　明清时期,广东农田水利设施管理方式的改进和提高,也是农田水利建设事业蓬勃发展的一个重要方面。如前所述,此时期随着本省经济开发的全面深入,垦殖业和围垦业得到迅速发展,及至明中叶,特别是清中叶,由于天灾人祸而造成的水患日益恶化,本省农田水利建设任务更为紧迫与重要。无数的堤围与陂塘工程的兴修,都迫切需要加强其维修与管理工作,各地在因应和跟进此项艰巨而繁杂的工作需求时,大体上都能从实际出发,因地制宜,采取切实有效的措施,总结经验,不断改进与提高其维修、管理的方式,并取得了显著的成效。其主要的表现及特点是:(1)农田水利设施的管理工作不断加强,如堤围等各种管理章程的出现与日臻完善,各种管理措施也日趋具体和严密;(2)注重对农田水利设施的维修及防御灾患的工作,如加强对堤围、陂塘的保养与维修,及时做好防范洪涝灾害的破坏、保护水资源的工作等;(3)管理技术水平与方法的改进和提高,如设置闸门、闸板水则,合理利用和分配水源等。

第一节　堤围的管理方式及章程

　　明清时期,广东沿海,尤其珠江三角洲等地区,因应堤围和围垦业建设的迅速发展,以及明中叶以后水患的日益严重而面临日趋繁剧的"岁修"任务,都相应加强了对堤围的领导和管理,制定出切实有效的管理章程及措施。据记载,至迟在乾嘉年间珠江三角洲各地堤围已明显加强了对岁修的规划与管理。首先充实了堤围管理机构的员役,如桑园围设基局统管全国"岁修"事宜,乾隆年间设总理一员负责,全国分为十四段,每堡管理一段,其中属南海县九江等十一堡,顺德县龙山等三堡,每堡设首事一员、协理三四人不等。及至嘉庆末年,该围的总理和首事的编制大为增加,总理增至四人,首事增至二人,其由主要是因应日益繁多的岁修需要。据嘉庆二十三年(1818)桑园围的章程规定,总理由南海、顺德二县十四堡绅士"公举端方殷实者四人为之总理",其主要职责是须亲自"赴县请领"帑息,"同各堡绅士(首事、协理等)将围基顶险、次险先后缓急分段勘估",并督促其按期完成岁修任务。[①] 而各堡首事亦须相应执行并完成其分内相关岁修事宜,对总理负责,"各堡即将公正首事推出,办理收租、贺诞(海神诞)等事,俟十月请领帑息亦责成该首事赴领,所有是年修费等项银两,必须列款标贴庙前,凡一切行动应听基局商议",[②]并按时查核应修地段,估计所需修基费用,率领业户上基修堤。

西江下游高要、高明、四会、鹤山等县情况亦然。据道光初年广东分巡肇罗道的报告称,以上各县基围亦加强了岁修的管理,专门设置约正、围总"分司管理"岁修事宜,谓"各择围内殷实诚谨(绅耆)数人作为约正[③],并于每年八九月"设簿"分头登记,收齐围内业户上交修基费用,"定限十月望间起工,腊月望间止工,以八年为满",责成约正、围总完成当年岁修工作,于每年十一月初起听候本县主管官员"亲诣查勘"。[④] 以上可见,自乾嘉年间以来,珠江三角洲各县都因应堤围建设发展的需要,特别是防范洪涝潮等水患,而大大加强了对堤围的领导及岁修的管理。这是一个方面。另一方面是制定堤围的管理章程及其相关措施,特别是制定"救基抢险"和"巡基护堤"的章程及措施,这是堤围管理最重要的内容。以下作深入的分析和论述。

一、制定岁修抢险章程及措施

珠江三角洲堤围,特别是较大的堤围,似乎都制定了若干管理章程,其中尤以岁修抢险的章程最为突出而重要,因为它关乎堤围的安

---

① 参阅光绪《桑固围志》卷一一《章程》。
② 参阅光绪《桑固围志》卷一一《章程》。
③ 光绪《四会县志》编四《水利志·围基》。
④ 参阅光绪《四会县志》编四《水利志·围基》。

全与发展,关乎堤围的生产与居民的生命财产,决不能有所失误。就救基抢险章程而言,它主要是为了应对特大的洪涝灾害对基堤的破坏,采取应急的救灾或预防的措施,大致包括救基的物料准备、民工的金派、报警的方式及抢修的措施等。

1. 修筑物料的准备。

修筑或抢险必须要有物质条件,即修筑基堤所需的各种物料与工具等。据记载,清初以来珠江三角洲较大的堤围,大多很注重做好修筑及抢险救基的物质准备工作,为抗灾抢修提供有利的物质条件。如乾嘉年间四会县隆伏围就明确规定,围内业产、塘户必须承担修筑及抢修基堤所需之"桩木、米饭"等,并按其田亩"派捐",以备急需。① 道光十四年(1834),地处南海、顺德之桑园围章程亦载明抢修基堤之各项物料应"先事筹备",要求每乡备有"一丈二尺长、三四寸尾杉桩一百条,一丈杉桩三四百条",又谓"抢救饭食、桩料"等项须由围内各堡(段)"基主(业户)备应"②。之后,又规定附近基围各乡平时也要"预备太平桩",一遇有警,借之邻近救基。光绪十二年(1886)桑园围救基章程称,"附近基围各乡,不论大小贫富,平时均当预备太平桩至少三四十条,一遇有警,借之邻近(各乡)……借(者)必须于事后一月内照数归还"。③ 这就扩大了救基物料的来源,有利于应急抢修任务的完成。其他各县光绪年间大致亦采取相应的措施,规定"(倘)基堤一有危险坍塌,阖围(业户)均应(抢)救,其桩木、人夫、米饭、火把、(麻袋)各项,不分何塘,务必按税捐派、出夫、合力扶救"④。顺便指出,顺德龙山诸乡农户还专门在民居中置有"楼阁",以放置防洪救基之物料工具,其由是因"堤去其乡远,抢救(基堤)恒恃他堡",故"民舍率有楼阁,设避水具",⑤以供急需抢修之用。可以认为,珠江三角洲堤围地区都很重视防范洪涝灾害,做好抢险救基的物料准备工作。

2. 民工的金派。

修筑或抢险救基除了需要具备一定的物料条件外,还必须有足够

明清侨乡农田水利研究——基于广东考察

---

① 参阅光绪《四会县志》编四《水利志·围基》。
② 光绪《桑园围志》卷一一《章程》。
③ 光绪《桑园围志》卷一一《章程》。
④ 光绪《四会县志》编四《水利志·围基》。
⑤ 光绪《桑园围志》卷一七《杂录下·龙山》。

的劳动人手。由于广东各地的堤围主要是由民间修筑,所谓"向定民筑民修"①,故岁修或抢修基堤所需之民工主要是派自本围的业户,还有邻近各乡的农户(如应急抢修时)及雇佣有技术之工匠等。据桑园围章程称,明清以来该围凡"遇有坍决,多由基主(业户)修筑"。其金派夫役的方式,大抵因时而异,先是按堡(或按段)派工,其后按亩派工。如"明永乐时已有(桑园围)各堡助工之举",即按户或丁出夫,及至万历四十年(1612)修筑海舟基堤时便实行"计亩助工"的办法,即"(南海)十堡计亩派筑"②,根据业户田亩多少而定出夫人数。自后,珠江三角洲各地大体上都推行计亩派筑的办法。当然,计亩派工是一个编派原则,并非固定不变的。在执行中似乎是按本地本围的实际情况与需求而编派的,如清初四会县隆伏围规定,"计亩起夫,每亩出夫几名,则视修费多少为盈缩"③,可见是根据实际需要而灵活掌握的。至于远基乡民,因离基堤甚远,倘遇险派夫抢修不便,则将计亩派夫办法改为"派补桩木、米饭",作为"补夫之资"。据称"(四会)各塘(各围)业主远基不能临时请夫,前人议其派补桩木、米饭,以抵无夫救户之资"④。实行"派补桩木、米饭"的办法,实际上是一种代役形式,是解决远基业主派夫不便的权宜之计。

3.传锣报警之法。

广东每年水患大多集中在夏秋之间,对基围危害最甚,史称"江潦之决围基也,岁自四月中旬始,七月初旬止,吃紧在五六月,余潦不足虑也"⑤。为防范洪涝水患可能对基堤造成破坏,在当时气象预报极不发达情况下,及时发现基堤险情,并立即传报附近各乡业户抢救,是保护基堤安全,减少决堤损失之最重要而有效之举措。珠江三角洲在长期实践中总结出"传锣报警"的经验,并将其列入堤围救基章程中的首要条款。光绪十二年(1886)桑园围修订的"救基章程"对"传锣报警"的方式作了具体的说明,谓本围基局为及时做好传锣报警工作,已于先前"刊发救基图章分派各堡"执掌,"每遇基段有患,基主必须传锣报

---

① 光绪《四会县志》编四《水利志·围基》。
② 光绪《桑园围志》卷八《起科》。
③ 光绪《四会县志》编四《水利志·围基》。
④ 光绪《四会县志》编四《水利志·围基》。
⑤ 光绪《桑园围志》卷一六《杂录上》。

警,用红柬写明某处基段拆裂,或卸陷约(若)干丈,盖上图章,交传锣者挨传……"①亦即各基段倘遇有险情时,由该堡首事或绅士以红柬书面形式,载明基段的实际险情,盖上基局颁发之专用"救基图章",由指定的传锣者依次于附近各乡传送抢险救基信息,以便救基民夫即时前往出险地抢修。可见传锣报警之法是相当严密的。

4.部署抢救措施。

抢修是救基章程之主要内容。各地堤围对遇险抢修之举都十分重视,并根据实际制定切实可行之措施。据桑园围之规定,其抢修措施要点大抵有四:(1)各乡一闻"传锣到境","即当拨人往救",由绅士督带并选三五老农同带约束,并亲带局帖或绅士帖先到公所挂号,以便查核;②(2)遇事之乡在传锣后,必须在附近择一祠堂或庙宇,作为"救基公所"。于此与前来救基之各乡领队绅士等"妥商救法";(3)各乡救基人夫,原则上是分乡(堡)屯聚,即在指定公所附近庙宇、间铺、间屋等处"歇息造饭",并于驻处各竖立旗帜,上书明某乡(堡)"救基字样",以免混乱滋事;(4)遇事之乡,可按规定向附近各乡借调预备之太平桩等物料,以为救基抢修之用,并须于事后一月内照数归还。③ 以上措施表明,桑园围制定的救基抢修之法是十分周全而切实可行的,最具代表性。

二、加强巡基护堤的管理

加强堤围日常(特别是洪潦涨发期间)巡基护堤的管理,落实相关的措施,是确保堤围安全、保障农业生产与居民生活安全,防患于未然的一项至关重要的任务。因为明清时期广东各地堤围的修筑各有先后,规格要求不尽相同,而且保留了不少宋元以来旧的堤围,所以在清代江河及沿海水患越来越猖獗的情况下,除了制定上述"救基抢险"的章程外,还必须大力加强日常堤围"巡基护堤"的管理,以确保堤围建设的发展及其安全。这是堤围管理章程又一重要内容。珠江三角洲在这一方面积累了丰富的实践经验,综合而言,其巡基护堤的管理措施是:

---

① 参阅光绪《桑园围志》卷一一《章程》。
② 参阅光绪《桑园围志》卷一一《章程》。
③ 参阅光绪《桑园围志》卷一一《章程》。

1.加强巡基的管理。

在洪涝盛发时期,加强对基堤,特别是顶冲险要基段的巡查,及时发现险情或隐患,也是做好救基抢险的重要环节。据桑园围管理章程所载,巡基之法,民间有多种形式及丰富经验。概括而言,首先落实巡基夫役及分工。通常是推举各堡"老成持重绅耆",坐镇基岸公所指挥,雇请"强健、实心工役","划段巡基",并按基段险情分工巡视。大抵"要险者,四人巡百丈;平易者,四人巡二三百丈,四人更番巡视"[①],即四人一班轮值。同时备足黑夜巡基使用之"篝灯",及抢险应急用之"桩橛竹筐之物(料)"。倘若发现"坍裂渗漏"等险情,即报告领队绅耆,"飞报通围合力奔救"[②]。其次,责成基总、业户时刻稽查。为加强对基堤的稽查,在"西潦涨发"期间,围总"须责成(各堡或各段)该管业户及基总时刻察看"[③],以备不虞。如"遇有危急,(应)立时抢修,并即传锣通知各堡帮救"[④]。再次,将业户"看守"基堤果实与"巡查基地"相结合。珠江三角洲堤围历来有在基堤上种植果木之传统习惯,各堤围都鼓励业户在基堤上种植龙眼、荔枝等果树,并将水果成熟时"看守"果实与"巡基"结合起来,一举两得。因为"龙眼荔枝五六两月成熟,正当(洪潦)水发之时,业户日夕看守(果树),即可巡查基址"[⑤],也起了巡基视察之作用。这不失为巡基的一种可行易举之策。

2.加强护堤的管理。

明清以来,广东沿海尤其是珠江三角洲人民群众,在长期与洪涝灾害斗争中积累了丰富的抗风涛、护基堤的技术和经验,除了上述巡基的做法外,还有多种护堤的举措,主要包括严禁害堤(即严禁破坏基堤)和防范洪涛、维护基堤两个方面。

(1)严禁害堤。清初以来,广东督府为维护沿海基堤的安全,曾下令禁止破坏基堤。沿海府县亦作出相应的禁令,各地堤围亦制定章程申明"严禁害堤"事宜。大致而言,其主要内容是禁止砍伐堤树等项,如嘉庆二十二年(1817),广东总督阮元下令"严禁砍伐堤树,盗葬坟

---

① 光绪《桑园围志》卷一六《杂录上》。
② 光绪《桑园围志》卷一六《杂录上》。
③ 光绪《桑园围志》卷一一《章程》。
④ 光绪《桑园围志》卷一一《章程》。
⑤ 光绪《桑园围志》卷一一《章程》。

墓,私挖鱼塘"①,违者究治。广东督抚发布的禁令,主要是针对此时珠江三角洲等地堤围遭到越来越严重的破坏的情况,不得不以法令形式加以制止,同时也是对府县官府先前规定的禁令的回应与支持。其实,早在嘉庆二年(1797),广州府知府朱栋在制定桑园围章程时,业已指出当时堤围遭到破坏的情形,如在堤围"漆埋棺木"、"开挖池塘沟渠"、"私建窨穴"、"侵耕""基围内外根脚"、"纵放牛羊猪只侵损基工"、"偷检""护基石块"等,并对此制定相关的禁规,以资遵守。② 嘉庆二十三年(1818)桑园围总理罗恩瑾等在修订该围章程时,便根据督抚颁布的禁令,明确议定"严禁害堤,毋稍徇隐"的围规,③并列举了以往侵害基堤的严峻事例,以作为立规之依据。谓"查昔人筑围,围边必多余地,今已日就削薄而堤畔又开池种藕,或蓄养鱼苗;藕根最能坏礅,众莫不知。养鱼苗者,内水已浅,不能敌堤外盛涨之汪洋,最为堤害。更有堤上大树从而削伐,其根一腐,不数年而堤即冲决。又有贫民相率盗葬,习以为常,为害尤剧"④。可以认为,桑园围章程议定的"严禁害堤"的围规,既贯彻执行了督抚的禁令,又严防破坏基堤的行径,是维护堤围安全的一项重要举措。直到光绪年间桑园围章程仍一再申明这些禁规,督促人们遵守。

其次是禁止在基外沙坦开建砖窑厂。清初以来,随着社会经济的发展,堤围地区大量兴建民居,砖瓦需求有增无已,故各地不断兴建砖窑厂。桑园围章程禁止在基外坦地兴建砖窑,是其中之一例。其由是,因在基外海心沙坦或近旁坦地开设砖窑,势必有大量被"撒弃破裂苦窳碎砖"堆积坦边,一遇洪水,即"横截江流,激水冲射围基,为害更烈"⑤。由此可见,禁止在基外沙坦兴建砖窑的重要性和必要性。此外,还规定业户在基堤内外"犁耕锄种"的限度,即不得超过基内外五尺以内。之所以禁止基脚内外耕犁侵削,是因为于基脚内外耕犁最易破坏基身,故章程规定"凡有业户犁耕锄种,无论基内基外各要让耕五尺,许多不许少"⑥,以此确保基身不受侵削。以上这些措施无疑在一

---

① 参阅光绪《桑园围志》卷一一《章程》。
② 参阅光绪《桑园围志》卷一一《章程》。
③ 参阅光绪《桑园围志》卷一一《章程》。
④ 参阅光绪《桑园围志》卷一一《章程》。
⑤ 参阅光绪《桑园围志》卷一一《章程》。
⑥ 光绪《桑园围志》卷一一《章程》。

定程度上起到了防范破坏基堤、维护堤围安全的积极作用。

（2）采取多种护堤措施。珠江三角洲各地在长期防洪护堤的实践中，从实际出发，不断总结、探索、发明了不少防范洪流，保护基堤的方法和措施，并取得了一定的成效。大致而言，有几种民间通常采用的方法。第一，把稻秆、苇茅等捆把或大树连梢系于堤旁，以削弱风涛对基堤的破坏。沙田地区盛产水稻，收获后有大量稻秆积贮，而基堤两旁的泾地又多种苇茅、草蒿等草木，这些都成为当地围民用来防洪护堤的物料。据称他们"用稻秆、苇茅及树枝、草蒿之属，束成捆把，编浮下风之岸而系以绳"，或"伐（附近）大树连梢系之堤旁，随风水上下以破啮岸巨浪"。[①] 这种防洪方法在一定程度上起到了抗击风浪、保护基身的作用，而且就地取材、便于推广。第二，推广在基堤上栽桑种树的经验和方法，也是护堤之良法。珠江三角洲历史上有在基堤上种植桑果树木之习惯，而种植这类树木得法，将起到巩固基堤的作用，故府县官府都提倡在堤围上栽桑种树的做法，作为抗洪护堤之举措。如乾隆年间南海县九江主簿稽会嘉督修李村等决口基堤时，便提倡在基堤上种榕树以护基身，据载，是时南海李村基堤等决口二十三处，"九江主簿稽会嘉董役"修复决口基堤，并"于李村新堤种榕（树）夹道"，[②]既起护堤之作用，又可使民庇其荫，一举两得。嘉庆初年广州府知府米栋亦鼓励桑园围栽种桑树，以防牛羊害堤，据称，于堤"树外栽桑，固可以防范牛羊（害堤），并可以先得资利，仍不失桑园围本义"[③]。事实上，自清中叶以来，南海、顺德等各县推广在基堤上栽桑养蚕，日益发达，这不仅有利于护堤，而且促成了桑基鱼塘经济的发展，可谓利莫大焉。

此外，在基堤内蓄水亦是防范洪潦冲击的办法，因为洪潦盛涨，堤外水位高企，倘若及时于堤内蓄水，保持堤内外水位的相对平衡，就可以防范洪水对基身的压迫，起到了保护堤基的作用。时人总结这个经验说，在洪水盛涨时期，若于"基脚池塘悉贮水，令平岸以助内力"[④]，则可保护基堤，免遭洪水破坏。

---

① 光绪《桑园围志》卷一六《杂录上》。
② 光绪《桑园围志》卷一〇八《官绩五》。
③ 光绪《桑园围志》卷一一《章程》。
④ 光绪《桑园围志》卷一六《杂录上》。

总而言之,珠江三角洲人民在防洪护堤方面,不断摸索总结,积累了丰富的经验,发明了一些行之有效的方法,显示其在堤围建设中的智慧,值得肯定。

第二节 工人管理章程

明清时期随着广东堤围工程建设的迅速发展,堤围岁修的任务也日趋繁重,为确保堤围的安全,各地都十分重视岁修工程的质量,采取切实有效的措施,加强对赴役修筑民工的管理与监督,制定了所谓的"驭工人"的管理章程,并随着岁月的变迁,不断补充新的条款,对修堤民工提出了严格甚至苛刻的要求。兹择其要者略述之。

一、民工组织的管理方式

大抵明末以来,尤其清中叶以后,广东各地的堤围岁修任务越来越繁重,主要是工程紧迫,工作量大,"大工兴作,需工甚众",故对赴役民工的组织管理十分讲究,这是确保岁修工程完成的关键环节。清代珠江三角洲在这一方面最具代表性。如乾隆年间桑园围章程中便因应加强对岁修民工的管理和监督,专门议定"驭工人"的条款,即工人管理章程,其组织管理的条例颇为严密。

1.编列"字号",悬带"腰牌"。

通常各堡(乡)应役的民工,大多来自一般业户或雇佣的民工。按规定他们到工地后须编列字号,悬带腰牌,由"揽头"带领,集体行动和住宿。具体而言,他们"以二十人为一起,每起设揽头(多以围内人承揽)一人,仍由本堡首事保认,以专责成";"每起编列字号,以一字号住寮铺一间,深阔各二丈;每号给小牌二十面,各悬带(一面)以便查点"。① 另外,各字号的民工还要"登明住址、姓名、来历",编订成册,以便加强管理。

2.自备工具和炊具等物。

按章程规定,"每号"(二十名)民工,必须自带修筑工具和炊具等,其数量为"锄头、畚箕每号要十五件,大篓要十五担,担杆、锅、灶、碗

---

① 光绪《桑园围志》卷一〇《工程·驭工人》。

筷、柴火,自为预备"①。这些都由各堡(乡)赴役民工承担或摊派。

3.规定民工的待遇。

民工在应役期间享有一定的工食费的补助。如乾隆年间议定的待遇是,"每名每日议工银八分,另补自备器具银一分,共银九分,连饭食在内"②,即每名每日工食费九分,由围总或基局支付。

4.民工必须遵纪守法。

按章程规定,民工应遵守工地的规章制度,听从督理的指挥,不得聚众生事。首先要求民工"安分力作"或"勤力工作",不许以"老弱幼"者充数。其次要遵守工地开工、作息时间,按时吃饭、开工和休息。再次应遵守纪律,听从督理"指使"、"稽查"与监督。不得"懒惰、生事",禁止"酗酒逞凶,聚众赌博"及"私逃"等,违者必究。③

以上可见,堤围章程对应役民工的组织管理是十分严密与严格的,条例要求也是比较苛刻的,这在一定程度上反映了封建依附关系对民工人身的束缚。

二、开工程序及工银支放

珠江三角洲的堤围(尤其大堤围)岁修工程规模往往很大,工期紧迫,而应役民工是来自四周的乡民,且要编号集体行动,故必须分工协作,严格开工程序,统一指挥和行动,才能达到预期之目标。

1.开工程序。

按章程的规定,民工开工程序及要求都有相应的条例执行。一是鸣锣为号,吃饭开工。如乾隆年间南海、顺德等地大致规定普通泥工吃饭和开工的时间,"每日开工,听大厂五鼓后头旬锣造饭,二旬锣食饭,三旬锣到大厂……开工,至中午鸣锣食宴(午饭),复至晚鸣锣一律收工"④。可见工地上的民工,吃饭、开工、作息都有固定的时间,统一鸣锣为号进行。二是领腰牌开工。按章程规定,民工先到大厂或基厂,由督理按号发给腰牌,"每人领腰牌一个,始得开工","各工要挂起腰牌(工作),以便(督理)查点","至收(工)时候,将腰牌照人数缴回督

---

① 光绪《桑园围志》卷一〇《工程·驭工人》。
② 光绪《桑园围志》卷一〇《工程·驭工人》。
③ 光绪《桑园围志》卷一〇《工程·驭工人》。
④ 光绪《桑园围志》卷一〇《工程·驭工人》。

理"。三是按号派工,即分派工种及任务。民工到大厂除领取腰牌外,还要听候大厂督理安排工作,即按号分派工种、地点、任务,"或挑泥,或搬运,或舂灰墙(等),每日须听督理之人指使",如泥工则具体"编列某号落泥,某处某号取泥"①,以便民工按号有序地施工,以防混乱、窝工。四是工作量的计算。通常是按各工种实际工作的时间来计算,不同工种的计算法各有不同。如嘉庆年间规定,泥工的工作量从"清晨至朝饭收工,则算三分工,清晨至中午收工则算五分工,清晨至申一二刻收工则算八分工"②。"牛工"即带牛踩练之工,一人带牛三只踩练,分上下两班,每班皆按一日计算。大抵"自清晨练至中午放牛为上班,作一日算。自中午练至酉时放牛为下班,做一日算"③。从以上开工程序的要点来看,清代珠江三角洲堤围章程对民工开工程序及要求所制定的条文是十分严谨的,也是十分严格的,从一个侧面反映了岁修管理制度上的完善。这是确保岁修工程完成的必要条件。

2. 工银支放。

由于岁修工程规模大,使用的民工多,工种又多样,故有关工银的计算、支付办法及管理等项,都是相当复杂而重要的,必须慎重处之。上述民工各工种工作量的计算,只是为工银的计算与支放提供基础条件,工银的计算和支放还有一套相应的办法和手续,其要求也是相当严格的。据乾嘉年间的规定,工银的计算,因工种而异。如泥工,每名每天"工银"八分,自备器具者另补"器具银"一分,合共九分。牛工则"每日人工、牛工共银七钱二分",即"带牛之人饭食以及喂牛草料俱在工银之内",④换言之,包括带牛人一天的工银及三只牛一天的草料费和租赁费或买牛费的补偿。至于工银支放的原则和手续也有相应的条例,工银的支放不许一次发支银,有一定的限制。如道光年间规定,"各工每名照每日工价支银三分之二,扣留三分之一,五日一清算,不得踰额多支"⑤。实际上民工每人每天只许领工银三分之二,余下部分五天计算后付清。支银的手续大抵分两个步骤,先由大厂或基厂督理

① 光绪《桑园围志》卷一〇《工程·驭工人》。
② 光绪《桑园围志》卷一〇《工程·驭工人》。
③ 光绪《桑园围志》卷一〇《工程·驭工人》。
④ 光绪《桑园围志》卷一〇《工程·驭工人》。
⑤ 光绪《桑园围志》卷一〇《工程·驭工人》。

置"草纸大簿"即账本一本,每天"登记(开工)字号","注明某所工数若干,泥井若干,牛数若干,午后先交总理所(管财务)兑银,至晚同各(号)揽头到公所开支"[1]。而各号亦置"小簿"即记工本一本,每天由揽头登记"(本号)住址人数,(开工)牛数、艇数、(完成)工数"等项,于每晚随同督理交兑理所"支银",然后由揽头把工银发给民工,及至"完工之日,缴回此簿存核"[2]。由此可见,堤围岁修中工银支付的手续与管理也是相当严密和严格的,这也是防止经管人员弄虚作伪、营私舞弊、浪费岁修经费、保证工程如期完成的重要环节。

三、稽查、监督与奖罚制度

为在繁杂的修筑工程中防范管理员役弄虚作假、营私舞弊,同时激励民工勤力工作,遵守法规,堤围章程大多制定相关的稽查、监督与奖罚制度。

1.稽查、监督制度。

按规定,堤围管理机构专门议定对管理员役在工地履行职责中的稽查和监督,并责成围总及基段公所负责执行,以防范工地督理或董理首事及揽头人役等故意虚报人数、工数,徇情作弊,侵吞工银物料,克扣需索之弊端。一是经常"查点"开工人数。如乾嘉年间在南海、顺德等地,通常在岁修基堤工地上挂起招牌,提醒民工挂起腰牌,所谓"设竹牌悬起,标明各工要挂起腰牌,以便查点"[3]。大抵每天鸣锣开工后,"督理之人"或"督工之人"便巡视工地,"不时稽查",其法是"或于工人食饭时查点,或各督工一齐传工人查点,以免一人应数字号之弊","如有短少人数,未经报明,即将该号斥革,令招补充"[4]。这是对开工民工人数的稽查。二是对各工种人役"分司稽查"。大抵由董理首事及"打杂人等"分别对各工种施工人役进行巡查,"或稽查桩工,或稽查泥工,或稽查防守物料,均有专责,不可紊乱"[5]。其法是,"所有稽查之人,每人手执报签一枝,内书明稽查某项字号,常川巡查,使各工

---

① 光绪《桑园围志》卷一〇《工程·驭工人》。
② 光绪《桑园围志》卷一〇《工程·驭工人》。
③ 光绪《桑园围志》卷一〇《工程·驭工人》。
④ 光绪《桑园围志》卷一〇《工程·驭工人》。
⑤ 光绪《桑园围志》卷一〇《工程·驭工人》。

一望知为督工之人,不致懒惰"①。这是对各工种人役工作表现的稽查。三是对督工员役的稽查与处置。为防范督理、董事首事等督工员役营私舞弊、敲诈勒索,围总或基段公所通常对其采取调换或检举究治之措施,"或派实监某字号,或某日调换,以免与工人习熟,有徇情之弊"②,或发现"督理暗中需索"等陋规,允许检举揭发,"无得隐匿"③,并予以究治。这是对督工员役的稽查与监督。

2. 奖罚制度。

明末清初以来,随着珠江三角洲堤围建设的迅速发展,以及岁修任务的日趋繁重,为激励民工勤力工作,遵守规章法纪,各地堤围大都重视制定和实施奖罚制度,以保证修筑工程的进度与质量。其要点大致包括以下方面:

(1)规定招募民工的条件。自清初以来,尤其清中叶,各地堤围岁修的费用大多推行按田或按税出银的办法,然后由围总或基局于附近各堡各乡招募民工应役。为此,各堤围都很注重招募民工的条件,规定"勤力工作者方能应募",否则"随时斥退",亦不得以老弱幼者充数。还规定"应募"之民工,须由本堡(乡)首事担保。④ 这些应募条件,主要是确保赴役民工的素质,有利于岁修工程顺利进行。

(2)制订奖勤罚懒的奖罚机制。为激励修堤民工积极工作,防范怠工、窝工现象,禁止违规犯法行径的发生,必须严格实施相关的奖罚机制。据载,至迟在乾隆年间,桑园围章程便明确制定,"勤者分别奖励,惰者即革退",以激励或约束参与修堤的民工。之后,随着修筑任务的日益繁重,对奖罚条例的修订也日趋严厉与苛刻。大约自嘉庆以后,便加强了对民工的监管与处罚,章程规定"受雇之主",即应役民工,除须登记其"住址、姓名、来历"之外,还要"谨慎出入,遇夜即在公所旁寮歇宿"。务必遵守工地法规,"不得酗酒逞凶,聚众赌博,如有懒惰生事(者),听总理逐除,违抗者禀究"⑤,亦即对一般滋事者予以开除,严重违抗犯法者则上报官府究治。道光二十四年(1844),进一步

---

① 光绪《桑园围志》卷一〇《工程·驭工人》。
② 光绪《桑园围志》卷一〇《工程·驭工人》。
③ 光绪《桑园围志》卷一〇《工程·驭工人》。
④ 光绪《桑园围志》卷一〇《工程·驭工人》。
⑤ 光绪《桑园围志》卷一〇《工程·驭工人》。

新增惩罚的条款,规定"工人务宜安分力作,如有偷窃、赌博、酗酒及毁坏蓬寮等弊立即送官惩究。倘若私逃,亦惟担保是问,绝不姑徇"①。从条文看,首先是劝告民工须安分守己,努力工作。然后依照违规犯法情节之轻重,制定相关的处罚办法。除重申以往有关酗酒、赌博、懒惰生事的处罚外,值得指出的有两点,一是增加对"偷窃"、"毁坏蓬寮等"公物的惩究条例,须"立即送官惩究";二是增加对"私逃"者的处置条例,不仅要处罚私逃民工,还要追究担保人的责任。这显然是因应道光年间不断发生修堤民工破坏公物和逃亡的现象,而采取的相关的防范、严控与惩罚举措。文献资料表明,自清中叶起珠江三角洲修堤民工逃避服役、破坏公物,甚至表示不满和反抗斗争的现象,似乎逐渐多起来了,并一直持续到光绪年间及以后,成为社会上一个不可忽视的突出问题。究其缘由,是因为这个时期广东珠江三角洲等沿海地区接连发生的水灾日益严重与猖獗,各地堤围、堤岸遭受冲毁溃决日益加剧,故各堤围、堤岸应急抢修和岁修的任务也越来越频繁和沉重,堤围附近各乡之农户更不堪其负重,无不视修堤之役为畏途。其二堤围管理机构的员役,尤其是在修筑工程上的督理、董理首事、围绅及揽头等人,不乏趁修堤机会加深对民工的克扣勒索和欺压之辈,民工往往饱受其苦,因此常常采取怠工、逃避服役,甚至破坏公物等自发形式,以表示对现实的不满、无奈与反抗。

第三节　工程管理章程

就堤围修筑工程管理而言,其要点是修堤所需物料及相关修筑技术,如购石、采石、石工、筑决口、桩木和春灰墙等。珠江三角洲各堤围在工程管理方面都制定有章程,并有相关的措施,积累了较丰富的经验。兹试图以桑园围的工程管理方式、技术及其经验为中心进行考察。

一、购石和采石章程

自明初以来,广东珠江三角洲和韩江三角洲等地堤围、堤岸,采用石料修筑基堤涵、窦、闸等设施日渐增多,明中叶及以后各地兴起修筑

---

① 光绪《桑园围志》卷一〇《工程·驭工人》。

石坡堤,清初以来珠江三角洲出现大规模修筑石堤,由是石料成为修筑堤围工程的重要物料,故有修堤"开工以石为先"①之称。石料的来源,一是靠购买,二是就近开采。

1. 购石。

修堤所需的各种石料很多,必须购买大量石料方足支应。购买石料先要议定石价。珠江三角洲的石料市场相当活跃,"各项石价,集众议定"②,但似乎多由基局与各承办开采工匠揽头议定石价,签订购石合同。明代石价的信息,史无明文。清初石价市场似乎看好。兹将乾隆至道光年间珠江三角洲各种石料的价格列表于下,③以供参考。

附表　清前期珠三角石料价格例举表(单位:每百担)

	乾隆年间	乾隆四十二年 (1777)	嘉庆二十二年 (1817)	道光十三年 (1833)
咸水石	2.1 两	2.15 两		1.7 两
新会白石	1.9 两		1.85 两	1.6 两
肇庆黑石	1.7 两		1.75 两	1.2 两

从表中可见,清初咸水石和新会白石,每百担约在二两上下,及至清中叶,各种石价呈小幅下降趋势,这与此时期珠江三角洲各地石场加紧开采石料息息相关,因而对堤围的修筑,特别是将土堤改建石基堤或石坡堤极为有利。顺便指出,按市价出售的石料都有一定的规格要求,大抵"各石以每块在一百至二三百斤为率,最小亦要五十斤以上,不及五十斤者不得上秤,仍要大七小三配搭"④,亦即规定每块大石一百至三百斤,小石五十斤以上,大石和小石按七三比例搭配上秤计价。

称石的办法,因时而异。大抵乾嘉年间多采用传统的在船旁号定"水志"或"水则"称量的方法,即在"船头尾号定水志"或"量准水则"的

---

① 参阅光绪《桑园围志》卷一〇《工程·购石》。
② 参阅光绪《桑园围志》卷一〇《工程·购石》。
③ 参阅光绪《桑园围志》卷一〇《工程·购石》。
④ 参阅光绪《桑园围志》卷一〇《工程·购石》。

称石之法。其程序是,"石船到埠,向局挂号,先到先称,鱼贯而进",亦即各地运来的石船,先到堤围基局挂号,办理手续,并依次序逐船称量。对于经常运石来埠的船只,初次须先将船中全部石料称过,算出其重量,然后"用竹编列字号,于该船头尾号定水志,下次挽运到埠,以原水号为准,不用再称,以省纷烦"①。换言之,以后各次石船到埠,皆按初次于船头尾所定之"水志"计量即可。关于这一点,桑园围购石章程作了较详细的说明,"各(石)船到埠,初次于船头尾量准水则,编列字号,用纸单注明丈尺,盖上图记,实粘船里,下次(运石)查照原字号为准,不用再称"②。

　　这种称石方法,对于经常运石来埠的船只来说,确实省事便利。但日子久了,弊端丛生。据称,或则"石船奸伪百出,照旧章每为所欺",或则船户"贿嘱(称石之人),以少报多",此外还有督理"暗中需索"船户,等等。其结果是,堤围"用银多而得石少"③,严重影响了修堤工程。为防范上述弊端的再现,大约到道光二十九年(1849),堤围总局决定改变以往的称石之法,实行"每船用秤一杆"的称量办法。其法是,由总局设置船秤,挑选"称石之人",规定"每船用秤一杆,三人经管,一人执秤,一人书重数,一人旁立关防船户设诈"④。这种一船一秤的称量办法,似乎可防止或减少船户诈骗行径,实际效果相对较好。另外,为防范船户贿嘱称石之人,总局实行隔日调换泊船位置,指出"仍隔日彼此船移换,以杜贿嘱舞弊"⑤。按规定,石船"称毕则先后退去",船上石料,"听首事指点安放",通常都在修筑基堤旁卸石,以备修堤之用。这个办法大约一直沿用至清末。

　　2. 采石。

　　"基围工程,需石甚多",故堤围基局须就近各山场开采石料,以应急需。但办理采石的手续程序,颇为复杂。先是须请呈省府给照开采。官府历来对重要山场大都持禁采政策,只有请准领照,方可开采。清初以来,桑园围就是实行这种采石的办法。如嘉庆二十四年(1819)

---

① 参阅光绪《桑园围志》卷一○《工程·购石》。
② 参阅光绪《桑园围志》卷一○《工程·购石》。
③ 参阅光绪《桑园围志》卷一○《工程·购石》。
④ 参阅光绪《桑园围志》卷一○《工程·购石》。
⑤ 参阅光绪《桑园围志》卷一○《工程·购石》。

桑园围基围修筑工程所需石料，正是向省府请准给照，于新安县九龙山石场开采的。① 其他山场如附近九江山、十字门、南沙等山场的开采亦然。

其次是招取石匠揽头承办。基围首事"领牌"（采石执照）后，即着手"招取石匠（揽头）承办，妥立合同"，其承办的条件是，石匠揽头须交付"按柜银一千两，另要殷实铺店担保，始准承办"②。关于采石事宜，由"基务总"与承办石匠协议，签订合同。如嘉庆年间桑园围基局与承办石匠订立协议。一是议定每月运石数额。如新安县九龙山石场承办者，规定每月运石三百万担到基局，如不足数，则"将牌撤回另招接办，并将按柜银两报官充公，担保之人送官究治"③。可见协议合同是相当严格而苛刻的。又如九江山等山场运石到基局，每月须雇船一百七八十号，"每船定以装石十万（斤），每月限以往运两次"④。二是议定石价。大抵由双方在合同中商定，各山场采办的石料由于石价不同，包括运费在内，故其石价也各不相同。如九江山等山场，商定每大块石一万斤，"连运脚（运资）给价银一两八钱"，大条石（宽一尺、厚一尺）每长一尺"连运脚给价银九分"⑤。值得指出的是，广东督府亦加强对各采石山场的稽查和催运。因应各采石山场"夫役众多，恐有怠玩、抗违、酗酒、赌博诸事"，甚至聚众闹事，故责成广州府对辖下各石场稽查和戒备，如委派九江主簿、江浦司巡检"就近（九江山等石场）弹压、稽查"。对于新安县九龙等处山场，以"远在外洋，转输不易，或催或收"为由，"须委候补州县一员专司其事，漆委佐杂二员听其派赴各山场催趱，止准催石，不准干预工程"⑥。于此说明了王朝国家对各地山场采石的管制也十分严厉，专门委派州县官吏负责催运石料，以确保修堤工程之所需，同时严防采石民工聚众生事，就近稽查弹压。

二、"石工"技术的提高与创新

明代以来，尤其清初以后，广东珠江三角洲等地堤围的修筑逐渐

① 参阅光绪《桑园围志》卷一〇《工程·购石》。
② 参阅光绪《桑园围志》卷一〇《工程·乙卯年禀履采石章程》。
③ 参阅光绪《桑园围志》卷一〇《工程·乙卯年禀履采石章程》。
④ 参阅光绪《桑园围志》卷一〇《工程·乙卯年禀履采石章程》。
⑤ 参阅光绪《桑园围志》卷一〇《工程·乙卯年禀履采石章程》。
⑥ 参阅光绪《桑园围志》卷一〇《工程·乙卯年禀履采石章程》。

多用石料,原来的土堤改筑石坡堤或石堤,这是筑堤技术的一大进步。在长期修筑石堤的实践中,人民群众在前人基础上不断提高石筑工程的技术水平,积累了丰富的经验。前面第三章论述了堤围工程建筑的情况,这里着重从工程管理的角度,就石筑工程的原则、方法及技术创新等方面进行概括与总结,以从中汲取可资借鉴之经验。

1. 石筑基堤的原则与方法。

与土筑基堤一样,石筑基堤更加讲究选择筑堤的最佳时间及因地制宜的修筑原则。先说选择筑堤的最佳时间。珠江三角洲人民群众在长期实践中,确认新筑基堤以选择"秋冬水涸日"为最佳时间。而基址位置当于"基外照潮退至尽处水痕"为最适宜,可于是处"树密桩以盛石"打实基底,在此基础上修筑石堤或石坡堤自然就坚固安全。这无疑是兴筑新基堤最佳的时间与基址位置的选择,是一个长期实践、行之有效的经验总结,也符合农闲季节有充足劳动力修堤的原则。

再说因地制宜的筑堤原则。珠江三角洲等地区江河水势与地形不尽相同,修筑基堤,尤其是石堤,在复杂自然条件下就要因势利导、因地制宜而行之,这就是"察其水势,因其地形"而筑堤的原则,这也是当地人民群众在前人基础上通过实践总结出来的经验,可资参考。据桑园围工程管理章程所载,"察其水势,因其地形"修筑石堤的原则,可以采取多种修筑方式,亦根据其水势与地形之差异,采取相应切实有效的修筑模式,才能达到预期之目的。如地当江河顶冲处,其"水势最为汹涌",修筑石堤必须在基旁"多设石坝,以杀水势,再于海旁多叠蛮石,培厚根底,以防割脚,方能任重,然后上加石堤,自可巩固无虞"[①]。这是在江河顶冲处修筑石堤的模式。又如基身壁立,脚无氅裙,若修筑石堤必须先垒砌蛮石,培厚根底,务使基底坚固,然后"打实梅花松桩,安放横排底石一层,逐层斜垒而上,至基身潦水不到处为止"[②],如是修筑,石堤才能坚固。这是在基身壁立、脚无氅裙处修筑石堤的另一种模式。再如在顶冲海旁余坦修筑石堤,须在"基身余坦枕海处,略埋四尺,锄深六寸,横排方砧作底,次第砌作阶级而上,方能永固,其海旁仍加石培筑"[③],以护基身。这是在顶冲海旁余坦处修筑石堤的又一

---

① 参阅光绪《桑园围志》卷一〇《工程·乙卯年禀履采石章程》。
② 参阅光绪《桑园围志》卷一〇《工程·乙卯年禀履采石章程》。
③ 参阅光绪《桑园围志》卷一〇《工程·乙卯年禀履采石章程》。

种模式。以上说明，明清时期珠江三角洲地区已在实践探索和总结前人经验的基础上，掌握了在复杂自然条件下，因地制宜修筑石堤的多项技术与方式，从而大大提高了修筑石堤的水平。

2. 石筑技术的改进与创新。

明清时期珠江三角洲砌筑石堤技术有了明显的改进和创新，主要表现在改进传统的"顺横"砌筑方法，发明加固基身的"丁字形"砌筑技术，提高基内外坡脚的砌筑技术和方法，亦即砌筑石坡堤的技术和方法等。兹分别略述其要。

(1)改进传统的"顺横"砌筑方法。以往砌筑石堤，大多是采取"一顺一横"砌筑的办法。经过长期的探索实践，珠江三角洲在此基础上加以改进，即在每层一顺一横砌筑石块中，在横面石块后根加以大石块填底支撑，使基身后根更加支撑有力，增强抗御风涛冲击之能力。嘉庆年间桑园围石工章程详细记载了这种砌筑技术和方法，谓在新基址上"先将基底挖深一二尺，用松木桩打梅花式样，桩上横铺石板约宽三尺，上面每层一顺一横，横面后根以大块石填底，中间空隙用塘水拌灰舂实，石缝以草根舂灰嵌塞"[①]。这里值得指出的是，在松桩上砌石方式的改进，即在一顺一横砌筑石块时，在横面石后根加筑大块石填底，使其基底加固，基身后根支撑更有力，有效防范风涛对基堤的冲击。实践证明，桑园围采用此法修筑石堤，"自无卸陷之患"，且"工省而价廉"[②]，是提高修筑石堤工程质量，降低工程费用的最佳方式之一，值得推广应用。

(2)发明加固基身的"丁字形"砌筑技术。呈"丁字形"砌筑石块的技术，无疑是对传统砌筑石堤方式的一大改革，是一种创新的砌筑方式。这种砌筑技术起于何时尚难稽考，但至迟于清初便出现了这种新的砌筑石堤的技术。从嘉庆年间桑园围石工章程记载这种"丁字形"砌筑石堤的技术来看，似乎可以认为在乾隆年间前后就发明了这种新的砌筑技术了。嘉庆年间已把这种新的砌筑技术写入石工章程中，并在通围内各子围基段推广。所谓"丁字形"的砌筑方式，是指在砌筑石堤时每砌二层石内，间砌以石，再加横石，呈"丁字形"，其作用是加强

明清侨乡农田水利研究——基于广东考察

---

① 参阅光绪《桑园围志》卷一〇《工程·庚辰石工》。
② 参阅光绪《桑园围志》卷一〇《工程·庚辰石工》。

了基身的后撑力,使石基更加牢固。桑园围章程对这种新的砌筑石堤的方法与全过程作了概括说明,谓在新基址上密树松桩,加固基底,然后采用长六尺方尺的石块,鏨凿平整,在桩顶上两重层砌而上至基面止。石之缝净练石灰膠粘之。其两重层砌之关键技术在于,"每砌石二层内间一石,加横石作丁字形,以牵制纵面,使石之后撑支有力"①,亦即在每砌石二层之内,间砌一石,再加横石,呈倒丁字形的砌筑法,使其牵制纵面石块,加强石基的后撑力,有效地抗御浪涛的冲击,防范基堤受震荡而溃陷之虞。这种新的砌筑石堤的方法,无疑是珠江三角洲人民群众聪明智慧的又一表现,也从一个侧面反映了清代广东修筑石堤工程技术的一大进步与成就,值得充分肯定。

(3)提高修筑石坡堤的技术与方法。大约明中叶起,因应防洪护堤之需要,珠江三角洲兴起修筑石坡堤,即在原来土堤的外坡脚(后来发展到内坡脚)垒砌石块,呈坡形,故名。但在河流顶冲急流或险要基段,这种石坡往往受到洪流冲击引致"劈裂坍卸"。后来人们通过实践探索,学习江南修筑海塘之经验,进一步改进和提高砌筑石坡堤的技术,即改用砌筑阶梯式样的石坡堤方式,取得了明显的成效。据载,至迟在乾嘉年间南海、顺德等地就推行这种砌筑技术。如嘉庆年间桑园围在"西海顶冲海旁"修筑阶梯形石坡堤便是其中一例。其法是在基外坡脚枕海处,"略埋四尺、锄深六寸横排方砧作底,次第砌作阶梯而上",或曰"层累而上,砌作阶级之势"②。实践证明,砌筑阶梯形石坡堤,起到了加固基堤、抗御浪涛冲击之作用。清中叶后进一步推广这种砌筑技术。改进和提高石坡堤修筑技术,还表现在于基内石坡堤间筑"丁字土垒"附基身,令其"撑基之后,捍御益有力"③,亦即在基内石坡一侧,按一定距离以石砌筑一道"丁字形"土垒,以增强基堤后撑力,有效地防御洪涛之冲击。从文献可见,清中叶后在河流冲要之处,尤其修筑决口基堤,似乎多采用这种于基内坡修筑"丁字"土垒的方式,这也是人民群众因地制宜,改进和提高修筑石坡堤技术的又一表现,是修筑石堤史上的一大进步。

---

① 参阅光绪《桑园围志》卷一〇《工程·筑石坝·石堤》。

② 光绪《桑园围志》卷一〇《工程·庚辰石工》。

③ 光绪《桑园围志》卷一〇《工程·筑决口》。

三、筑堤经验的成熟与进步

明清时期珠江三角洲等地区在堤围建设中,不仅石工技术有了很大的提高,改进和创新了不少修筑石堤的方法与技术,而且积累了不少筑堤的宝贵经验,并使之日趋成熟与完善。如堵筑决堤、打桩技术、春筑灰墙诸方面,都积累了相当成熟的经验,取得了显著的成效。

1. 堵筑决堤。

在修筑堤围和堤岸中,堵塞和修筑水口或决口,是一大关键工程,广东人民,尤其珠江三角洲人民,在这一方面通过长期的探索实践,已积累了丰富的经验,总结出一套行之有效的办法,并为后人广泛采用。

(1)堵筑水口。这里主要是堵筑自然形成的出水水口。如南海县的倒流港,是宋代筑桑园围时留下的水口,未有筑闸堵水,任其自然宣泄。洪武二十九年(1396)为防止汛期洪水从水口倒流而入,决定堵塞倒流港,这是明初本省一次规模宏大的著名堵口合龙工程。负责此项工程的陈博文,因应倒流港"洪流激湍,人力难施"的实际情况,一改通常抛石堵口的做法,采用"载石沉船"的新举措,亦即将载满石块的大船凿沉于港口,渐杀水势,终于达到截流堵口的目的。[①] 实践表明,倒流港堵口工程成功,开创了采用"载石沉船"技术实现堵口合龙之先河,为堵筑决口、决堤提供了新的选择与成功的经验。这项截流堵口新技术在明清两代,乃至近现代,都在堵筑决堤工程或在顶冲急流中建筑石坝等工程中发挥了巨大作用,具有重要意义。

(2)堵筑决堤。这里指堵筑被洪流冲毁的基堤决口。这些决口往往形成一个范围较大的深潭,堵筑这些决口基堤难度甚大,故史称"堵筑决口工程最为紧要"[②]。上述"载石沉船"技术,为堵筑决口、决堤提供了成功的经验。但在深潭决口处堵筑基堤,似乎尚无完善可行的办法,直到清初,人民群众在长期实践中,大体上摸索出一套堵筑深潭决口基堤的经验和方法。就是根据决口深潭内外地址坚厚的情况,采用"或浅或后湾而筑之"的办法,其基堤可筑成偃月形、眼弓形、荷包形、垂臂形、半筐形、勾股摺角形等多种形状。[③] 其法是应用打长桩密排方

明清侨乡农田水利研究——基于广东考察

---

① 参阅光绪《桑园围志》卷一〇《工程·筑决口》和《九江乡志·陈博文传》。
② 参阅光绪《桑园围志》卷一〇《工程·筑决口》和《九江乡志·陈博文传》。
③ 参阅光绪《桑园围志》卷一〇《工程·筑决口》。

式,修筑基底,再于临水桩外垒砌石块,内外复排树密桩,中舂灰墙一道,基内外砌筑石坡堤,并于基内坡间筑"丁字"土垄。[1] 这里关键之点在于善选湾筑新路线,筑实基底,并采用筑石坡堤、中筑灰墙、基内砌筑"丁字"土垄相结合的技术和方法,从而增加了新筑基堤抗御风涛之能力。这就解决了以往在堵筑深潭决口中,因"照旧基左右堤岸接筑",而往往造成基身溃陷,工艰费巨,劳而不济之难题。这也是珠江三角洲人民在堵筑决口、决堤方面所创造的又一新技术与成功经验,是筑堤技术的一大进步。清中叶后这项堵筑深潭决堤技术在各地获得了迅速推广。

此外,筑实基底,新旧基口对接等项技术,也积累了相当成熟的经验和方法,从而进一步提高了堵筑决堤的技术水平与效果,这也是值得注意的。

2.舂筑木桩。

修筑基堤,尤其是决堤,都离不开舂筑木桩,或称打桩。广东人民在修堤打桩方面亦有长足进步,积累了不少成功经验。

(1)招募桩工。打桩的质量与桩工的技术和经验密切相关,优秀的桩工其工值也贵,故有"桩工值贵"之称。就珠江三角洲而言,清初以来随着堤围工程建设的全面发展,出现了一批带专业性的"竖桩工人"与劳动力市场。各大堤围都十分讲求招募有技术、经验的桩工,其形式有面议和投标两种,前者即要桩工"到(堤围)首事厂面议",与主管首事议定雇价。后者则由桩工提出标价,"以取值少者得之"[2]。可见桩工雇佣市场也引入了竞争机制。但无论何种形式,打桩的工价通常采用两种计费办法,"或论条给工价,或论日雇工",即"计桩定值"和"计工定值"两种。按合同商定,桩工必须自备打桩工具,所谓"竖桩工人要订明竹篾藤缆、桥板、桩椎、伙具,俱要工人自备办,方为利便"[3]。

(2)木桩加工。木桩必须加工才能使用,而其加工亦须讲求效益。一般要求木桩"头圆尾尖",其由是"桩头修圆,方不拆裂,桩尾削尖,方易入地"[4]为此,木桩的加工须"雇木工(木匠)治之,不可由桩工人包

---

① 参阅本书第三章第三节相关内容。
② 参阅光绪《桑园围志》卷一〇《工程·桩工》。
③ 参阅光绪《桑园围志》卷一〇《工程·桩工》。
④ 参阅光绪《桑园围志》卷一〇《工程·桩工》。

办",因为木工工艺"精巧",桩工不如木工,另外,"木工值贱,桩工值贵"。可见,雇请木匠加工木桩,既保证加工的质量,又符合经济节约的原则。这都是经验之谈。

(3)打桩法。打桩之质量与打桩技术不无关系,珠江三角洲在打桩方面,已积累和总结出一套成熟的经验,如堵筑决口基堤时的打桩法须采用直桩与横斜桩帮辅的方法,其法是在打直桩之后,须"间竖斜桩相之"[1],因为光打直桩易受洪水及浮泥冲击而不稳,"若不用(斜)桩相后,则水易冲,浮泥易堆侧",而斜桩又须"用横桩押住,用藤篾拴扎,竹缆率挽,横斜(桩)帮辅,桩乃坚固"。[2] 又如堵筑深水决堤时须打长桩,更讲求打桩技巧。首先根据水之深浅采用长短桩,然后驾农艇至决堤基址并使之固定,于农艇上"逆流密竖"排桩。其打桩程序,采用"两艇夹桩"三人配合的打桩法,即一人抱桩末放入水下,一人在艇旁扶着桩头,一人持锤跨两艇旁用力迅击之,大抵连击五六次桩根便入泥坚固。之后,持锤者可立于桩顶打桩,"用力益捷"。另外,每竖四五桩、十余桩、二三十桩,须分别以麻篾排系之,以杉木横排拴之,再以西梘为龙骨横押其后而统系之,又以长杉支柱龙骨而斜撑之。最后竖排桩分两层,两层相距五至八尺为佳。[3] 以上是堵筑决堤或在顶冲急流处多采用的难度大的打桩法,由此可见,珠江三角洲在长期实践中不断提高打桩的技术,积累了不少成功的经验。

此外,与打桩有关的技术也值得一提,如打桩的高度与落泥的方法等,在操作上也很讲究。打桩高度与"堵潦"效果息息相关,当地人民群众在这方面积累了宝贵的经验,即打桩最佳高度应与基面持平,谓"其露出桩头高与基面平齐,方能堵潦",最低"只可低于基面一尺八寸",因为"太低不能藏泥,潦至不可堵矣"。[4] 至于落泥的方法,要求"竖桩工程毕,即要趁势落泥","初次所落之泥,要用装盐蒲包载泥放落,方不为水冲击,到水面之上可以落散泥",但须"用软竹笪牖住桩傍"[5],方能防水涌入。这些都是提高打桩质量与效果不可或缺的环

---

① 参阅光绪《桑园围志》卷一〇《工程·桩工》。
② 参阅光绪《桑园围志》卷一〇《工程·桩工》。
③ 参阅光绪《桑园围志》卷一六《杂录上》。
④ 参阅光绪《桑园围志》卷一〇《工程·桩工》。
⑤ 参阅光绪《桑园围志》卷一〇《工程·桩工》。

节,也是经验之所在。

3.舂筑灰墙。

修筑基堤常常在基中央"舂灰墙"或"筑灰墙",以加固基堤,防范基堤渗泄,防御蛇鼠蚁蜞损害基堤。大约自明中叶起,珠江三角洲和韩江三角洲都兴起舂灰墙、筑基骨(如前者)、舂龙骨、筑灰墙、砌地龙(如后者)等,名称不同,其舂筑技术和方法大致一样。值得指出的是,在土堤中舂灰墙似乎比较普遍,这是土堤改造的一个重要途径,在石堤中也有舂灰墙,但采用者并不多。

珠江三角洲和韩江三角洲在长期舂灰墙实践中,不断提高其舂筑的技术,积累了丰富的经验。《桑园围志》修筑章程中专门载有"舂灰墙"一目。从文献中可知,要提高舂灰墙的质量,必须讲究舂筑的几个环节。一是在基中央掘隧道的宽度,以基面宽度三分之一为宜,如基面宽一丈五尺,则隧道宽为五尺。二是灰沙墙的墙址高低,"以冬月水涵潮退时掘至平水面为准"。三是沙灰比例与要求,按沙占四分之二,灰土各占四分之一配置,须拣去沙灰中之石子,土则槌成尘粒,以禾筛簸之,使"沙灰土搅若一"。四是舂筑方法,每层下于隧道之沙灰"厚盈尺",令工人"密夯杆,匀舂之",直至"融结"而止。[①] 其检验方法,可掷铜钱于上试之,若"钱跳而旋覆"即可。如此重复操作,筑至基面为止。为使灰沙墙与基旁泥土胶结为一层,每层舂毕则于基两旁采用"夯杆加筑",令其与灰沙墙胶结一起。本省各地筑灰墙的技术和方法都大同小异,所用的材料略有差异,如粤东海阳县"砌地龙"则以灰沙石筑成,就地取材修筑"灰堤",这是粤东沿海堤围改造土堤或沙堤的行之有效的办法,值得注意。

以上以桑园围为中心,初步探讨了明清时期珠江三角洲堤围工程管理与修筑技术及经验的一般情况,由此得出如下几点认识和结论:

一是明中叶至清中叶以后,是珠江三角洲乃至广东沿海地区土堤改造与石堤、石坡堤、灰堤修筑的重要发展时期,也是这些地区的堤围、堤岸遭受日益猖獗的洪涝灾害破坏和溃决最严峻时期,正是持续发展的土堤改筑或新筑石坡堤和石堤的热潮,大大推动了石筑工程的管理及技术水平的提高与创新,而不断发生的抢险与堵筑决堤中面临

---

① 参阅光绪《桑园围志》卷一〇《工程·舂灰墙》。

的技术难题及其解决，又进一步促进了修堤技术、方式和经验的改进与完善。这就是此时期广东沿海，尤其是珠江三角洲堤围工程建设取得长足进步与成就的一个重要原因。

二是珠江三角洲石筑工程技术的改进、提高与创新，集中表现在基身石筑加强后撑力技术，即采用呈"丁字形"的砌筑方式，及石坡基堤加强基内堤后撑力技术，即采用基外坡砌筑阶梯形石坡与基内坡间筑"丁字"土垄的方式，从而达到了近代先进筑堤技术出现以前石堤修筑技术相当高的水平。这是珠江三角洲石堤建筑技术与方式的一大特色。

三是明清时期广东沿海堤围工程的管理模式也明显地打上了时代的烙印。一方面围总和围绅人役对金派应役的民工，采取编列字号，挂牌上工，集体住宿，严格稽查等管理办法，带有明显的人身依附的性质。它深刻反映了即使商品经济较活跃的珠江三角洲地区，其堤围管理的方式仍然保留了相当保守和落后的一面。但另一方面，围总、主管首事对于招募专业技术工人的策略，程度不同地引入劳动力雇佣市场的合同制与竞争机制，如雇用技术性强而又"值贵"的"桩工"，通常采用双方依据市场雇价"面议"雇值或"投标"录取的办法，显然是与清初以来珠江三角洲商品经济与雇佣市场相对活跃和发达不无关系，体现了堤围领导层在修筑工程的管理中也有面向现实、顺应潮流的一面，这无疑对提高修筑工程的质量及节省成本起到了一定的促进作用。

四是以珠江三角洲为代表的广东沿海堤围建设及其管理取得了长足的进步，达到了近代以前堤围修筑史上的最高发展水平，积累了极其丰富而又成熟或成功的筑堤与管堤的经验，充分显示了 14 世纪至 19 世纪以来广东人民尤其是堤围工程建设者及管理者的智慧、创造精神与战天斗地、抗洪护堤的坚强毅力和勇气，具有积极的作用和现实意义。

第四节　陂塘的管理方式与措施

明清时期广东陂塘系统的管理与修筑，也随着农业经济的全面开发和农田水利建筑的迅速发展而同步跟进，并在管理机构、管理方式及措施方面得到了明显的改善、提高和进步。就陂塘工程的发展及管理方式而言,它与沿海堤围工程相比,显然有其发展的轨迹与特点。广东陂塘渠圳的修筑很早业已出现,只是到宋元以后随着山区经济的逐步开发,而得到相应的发展,总的态势是平缓而持续;明初尤其清初以后,因应山区农业的发展与应对自然灾害的影响,陂塘渠圳的修筑大大加快了发展的步伐,但显然不及沿海堤围与围垦工程发展得迅猛、集中以及规模之庞大。其特点是,本省陂塘系统工程因受种种条件限制,一般规模较小,大型的陂塘不多,且分散于各地。有些山区县份甚至几乎不修陂塘,主要靠天然自流灌溉。这都无疑对陂塘工程的管理机构与管理方式产生了一定的影响。省内方志对这一方面的记载零散而简略,现就其管理的组织形式、管理的方式及措施进行讨论。

一、管理机构及其职责

据文献资料显示,明清时期本省各地陂塘工程的管理机构状况,似乎只有一些规模较大或重要的"官陂"(承县或乡村管理)和公共使用的陂塘,才能约略地见其组织机构及夫役编制概况,而大多数规模较小的陂塘就很难见有这方面的记载了。总的来说,陂塘的管理机构及其员役,都比较简单,人数不多。就大型陂塘而言,其机构模式,大抵陂设陂长、陂首,下有陂甲、圳甲等夫役,塘设塘长,下有塘甲之类夫役。陂长、陂首、塘长的推选办法,大致采取官府金点和乡里推选两种形式。明初以来,一些大型官陂即由官府金点陂长,如乐昌县之官陂,始建于洪武初年,由知县率众砌筑,并金点陂长负责管理。直到康熙初年,仍然由知县"择点陂长"掌管。① 琼山县岩塘陂为大型官陂,"隶官职掌",金点陂长一名执掌,下有陂甲三十二名供役。② 徐闻县之清水官塘,弘治初年由官府督修,并设塘长掌管。③ 由民间乡里推选陂长、陂甲,如饶平县宣化都之陈白陂,正德年间由大埕、上里二乡推举四人为陂首,轮流掌管陂事。④ 嘉靖年间大埔县小滞陂,推选陂甲"董理陂事",该县蔡仙圳清中叶时"岁举一人为圳甲"⑤。可以认为,由乡

---

① 参阅同治《乐昌县志》卷三《山川志·水利》。
② 参阅重刊宣统《徐闻县志》卷一《舆地志·水利》。
③ 参阅咸丰《琼山县志》卷三《舆地六·水利》。
④ 参阅万历《东里志》卷一《疆域志·水利》。
⑤ 参阅光绪《潮州府志》卷一八《水利》。

里推选陂长、塘长人选的似乎较多,大约自清初以后,原来由官府佥选陂长的办法,已多由乡里推选的形式所取代了。

陂塘管理的职能总的来说较为简单,远不如堤围管理之复杂而艰巨。其职责通常是定期执役,或轮流执役,即"置簿一本,次第轮流"掌管。主要任务一是"及时修理"陂塘渠圳,确保水利设施安全运作,二是合理分配利用水源,以免引发"纷争"。大的陂塘,无论是官陂官塘,抑或乡里公共使用的陂塘,往往灌溉一乡乃至邻近数乡之地,故陂长、塘长人等做好日常管理工作"以备旱潦"十分重要,在山区丘陵地带常"遇有(洪流)沙淤冲溃(陂圳)等,即行修复",平时则掌握陂水"分疏消流","依次轮灌"①,保证乡里远近之农田及时得到灌溉,支持农业生产的发展。这也是山区农田水利管理的重要举措之一。

二、巡守与分灌

在陂塘的管理中,巡守与分灌是其中的重要内容,也是陂塘员役的主要职责之一。

1. 巡守。

巡守是做好维修水利设施与灌溉农田的前提条件,因为山区的陂塘渠圳往往远离乡村,有的甚至绕穿若干山岭,或通过山头隧道绵连二三十里才能引水到田。故陂长、陂甲人等要经常巡视陂塘渠圳等设施,一旦发现有损毁之处,轻者当即修复,重者即报告乡绅率众抢修。特别是每年雨季山洪易发时期,往往有大量泥沙倾泻而下,堵塞陂塘渠圳,甚至将其冲溃,巡守工作显得尤为紧要。各地对巡守工作都相当重视,并采取相应措施加以落实。主要是设置专门夫役负责巡守工作,通常是由陂长或陂甲执役,或轮流执役,如清初乐昌县张溪陂,岁设陂长一人巡守,遇险则"董众修之"②,以利灌溉。大的陂塘甚至常设陂首数人,轮流巡守执役,或由陂长一人督率众陂甲执役。巡守、巡视之目的是为了发现问题,及时维修,同时也为了分流灌溉。为了激励陂塘夫役履行其职责,各地也采取了一些鼓励的措施,如有的县规定服役期间享有"优免差役"之待遇,有的县定期发给口粮资助。如明代

---

① 参阅万历《东里志》卷一《疆域志·水利》。
② 参阅同治《乐昌县志》卷三《山川志·水利》。

弘治年间徐闻县给予陂塘夫役"优免差役"作为供役"辛劳"之回报,[①]嘉应州(今梅州)有的陂圳从受灌农中"计亩敛谷"作为口粮,[②]乐昌县从官租中拨出租银八两给予该管陂头六人作为酬劳。[③] 于此可见,各地对陂塘夫役及其管理工作是相当重视的。这也是保障山区等地农田水利设施安全,推动农业生产发展的重要举措之一。

2.分灌。

分灌也是陂塘夫役另一项管理职责,分灌即"分疏消流",即将陂塘渠圳之水利按实际需要分流灌溉农田,以防邻村之间或上下田农户之间引发"争水"之纷争。特别是粤东北、粤东山区丘陵高地常患缺水之地区,这项工作尤其显得重要。其分灌的原则和办法依各地的习俗而不尽相同,大抵采取三种形式。一是"计亩分水",这是最基本的分灌原则和办法,粤北各地似乎多采用这个办法,如南雄直隶州的陂塘实行"按亩科钱(修筑),计亩分水(灌溉)"的办法,[④]将出钱修筑与分水受益结合起来,皆按亩计算。其他地区也有仿效这种分水方法。二是"依次轮灌"或"分班轮灌"[⑤]。所谓依次轮灌,是按照陂圳两旁地的次序进行分灌,分班轮灌则以自然村或远近成片之田轮流灌溉,即"轮班灌"法。粤东、粤西山区各地都比较流行这种轮灌的做法。赤溪县(台山县)称之为"轮水份",云其法"按田亩之先后次第,轮流灌荫,谓之轮水份",受益农户当"轮值其份(时),须荷锄到(田)前守候,放水入田,谓之掌水"[⑥]。三是"任水性分流"。即按陂塘所覆盖的灌溉面,顺其水势流向,灌溉农田。在沿海或水源充沛之地区多实行这种办法。如海南琼山县的陂塘即采用"任水性分流"之法,灌注陂圳两岸农田。[⑦] 以上三种分灌的形式,大多都是官陂或规模较大的陂塘常用的分灌方式,由陂长、陂首或塘长督率陂甲、圳甲夫役管理执行,有的陂圳则由陂甲、圳甲直接掌管。这是确保分布零散之山区等地农田得到水利灌溉的举措之一,同时也是防止或减少干旱地区时有发生争水纠纷的办

---

① 参阅重刊宣统《徐闻县志》卷一《舆地志·水利》。
② 参阅光绪《嘉应州志》卷五《水利》。
③ 参阅同治《乐昌县志》卷三《山川志·水利》。
④ 参阅道光《直隶南雄县志》卷二《艺文·文汇》。
⑤ 参阅万历《东里志》卷一《疆域志·水利》。
⑥ 参阅民国《赤溪县志》卷三《建置·水利》。
⑦ 参阅咸丰《琼山县志》卷三《舆地六·水利》。

法之一，对支持山区农业生产的发展起到了积极的作用。这也从一个侧面说明了明清时期广东各地加强陂塘管理的重要性及其意义。

第五节　水资源的保护措施

明清时期广东各地对水资源的保护意识及其措施，也逐渐得到提高与重视。它们将对水资源的保护和利用作为农田水利建设的一个重要组成部分。究其原因，此时期随着本省农业与农田水利的全面开发，尤其是山区垦殖业和沿海地区的围垦业的迅速发展，长期的滥伐滥垦导致水土流失的现象日益严重和恶化，并造成众多的农田水利设施的淤塞和破坏，以及农田灌溉的日趋困难。因此，保护上游山林水资源，严禁滥伐滥垦与无序围垦，就成为当务之急，摆在议事日程上来。政府与民间中的一些有识之士也纷纷提出保护山林川泽、严禁滥伐滥垦和无序围垦的警告和建议。各地区也因地制宜，千方百计地采取一些相应措施，防止水土流失，保护山林水源，并防范农田水利设施遭洪涝破坏，确保一方水利灌溉之安全。

一、植木蓄水源

陂塘渠圳的水源主要是来自山林的河溪、坑水、山泉等流水，保护上游山林植被之茂盛是保护山林水源、蓄水引流的关键措施，是山区陂塘建设的重要环节，同时也是预防山洪暴发、冲毁陂塘设施的有效方法。明初尤其清初以来，广东督府采取了鼓励垦荒的政策，[①]本省掀起了农业全面开发的热潮，取得了显著的成效。但不少山林由于滥伐滥垦，也带来了大量水土流失的严重后果。这一点后面还要论述，这里从略。为保护上游山林水资源，防范山洪对陂塘渠圳等设施的破坏，本省各级官府与民间都十分重视此项举措，"讲求补救之策"，提倡"在山则宜培植林木，以固土脉而蓄泉源"之规划，积极开展"植木蓄水源"之活动，以防范水土流失，促进农田水利与农业生产之发展。

粤北、粤西山区丘陵地带采取有效措施，大力保护山林植被，"培植水源，以资灌溉"，取得可喜的成效。如明末清初以来，乐昌县县府

---

①　参阅《清经世文编》卷三四《户政九》，阿克顿（两广总督）；《粤东开垦事宜疏》，鄂尔达（广东总督）；《开垦荒地疏》，孙士毅（广东巡抚）；《清开垦沿海沙滩疏》等。

积极提倡在山岭"种植树木",保护水源,严禁"入山偷砍",破坏林木水源。该县育才堂前土名戴上坪"四园山岭(山场)"就是其中一个例子。据称,此四园山场,"前人原蓄木植,以资灌荫,历守旧规,不容偷砍。是以……田称膏腴,岁时屡丰"①。可见当地官民向来都有植林护水源的意识,且执行禁止砍伐林木的规章,故促进了农业生产的发展。嘉应州(今梅州)也有植林蓄水源的传统,州府亦明令"封禁"以保护山林与水源。该州小乍堡炭垅岗乡民,在附近五口大塘周围"植木蓄水源",并严禁有人偷砍山塘附近的林木,保证了本乡四百余石之农田获得丰收。该州李坑堡由于保护四周山塘附近的林木措施得当,有效地防范了山林水土流失。据载,该堡山林繁茂,而山场"树木愈盛茂,则泉虽旱年不竭"②,有利于农业生产的发展。粤西山区丘陵地带,针对清中叶以来垦荒日盛,"樵采日繁",引致山林水土流失的严峻形势,采取补救的相应措施,大力提倡植树造林的举措。如赤溪(台山)县为恢复被砍伐破坏的山林水源,县府采取积极的补救计策,在县内各山场上鼓励"培植树木",以蓄水源,使下游的农田得以灌溉。③ 像以上的情况,清代广东各地不乏类似的例子。可以认为,本省各地人民在长期开发实践中,已深深认识到保护上游山林水资源的重要性,他们有的向来就有保护山林水资源的意识和传统;有的"封禁"措施得法,防止"偷砍"得力;有的吸取了在开发中滥伐滥垦造成水土流失的严重教训,积极采取"植木蓄水源"的补救措施。

二、封禁山林

明清时期,随着农业经济的全面开发,开伐山林业已成风,其目的主要是为了垦荒种植,其次是樵采、烧炭,或作为商品木材。由于各地无序砍伐山林,造成日益严重的经济恶果,水土流失不可遏止。因此,封禁山林,制止滥伐、采煤、采樵等的呼声在社会各界有识之士中纷纷而起。仅就农田水利建设而言,禁止滥伐山林等项是保护水资源、防止水土流失的关键措施。它对于保障山区陂塘的水源,防范山洪对水利设施的破坏,都具有重要的意义。

---

① 同治《乐昌县志》卷三《山川志·水利》。
② 光绪《嘉应州志》卷五《水利》。
③ 参阅民国《赤溪县志》卷三《建置·水利》。

如上所述,广东山区人民自明末清初以来,便逐步认识并吸取由于滥伐林木招致水土流失的严重教训,积极采取相应措施,严厉禁止"偷砍"、"滥伐"山林,以保护上游山林的水源。粤北州县当局和民间都大力禁止不法之徒入山伐木、采煤,以防范水土流失,保护水资源,如英德县自康熙初年便实行"封禁"举措,在封山护林方面取得了显著成效。该县毗连曲江、翁源二县之蕉园滑水山一带,"周围七十余里,树木丛茂,泉源浩大,流注英德陂一十八所,曲江陂一十所,灌田数千顷",自康熙二十八年(1689)经"两院"批准后,即令府县实行"封禁",①直至同治年间。"故封禁二百余年之久未曾开采(林木)",山中之"大木径一尺至五六尺不等",林木繁茂,山林水源充沛,足资灌溉附近两县数乡田亩。② 这是粤北地区"封禁"山林,保护上游水源,防止水土流失的一个有代表性的例子。乐昌县向来就有植林资灌的传统,清中叶县府针对有不法之徒"三五绎络进山偷砍"的情况,"出示严禁"之令,规定附近乡民不准"入山偷砍",违者必惩处,并重申本县山场种植树木的宗旨是"为培植水源,以资灌溉",呼吁乡民遵守封禁之令,以利农业生产的发展。③ 粤西地区同样实施封山护林之举措,如四会县田东铺三甲牛眼坑一带山林"向禁采伐,以重水源"④,其陂圳之水足资"灌田十余顷"。

南雄直隶州针对村民擅自入山采煤塞流的危害,采取断然措施,封禁煤窑,保护陂圳水流。该州城南二十里原筑有凉口陂(后改名为元丰陂)一座,灌溉上自湖芳窑、下逮黄坭陇,凡七乡二千余亩农田。嘉庆二十二年(1817)八月间因"有村民赖田林等纠人于大龙虎坑私采煤,(引致)泥沙石下壅,几至水遏不流,(凉口)陂将垂废"⑤。不久,州府根据生员聂大鹏人等的有关报告,于同年十二月初前往现场"履勘",立即下令"尽将(大龙虎坑)所开煤窑,永为封禁"⑥,并督同七乡村民,通力合作,按亩出钱五百文,修复被破坏的陂圳,使其恢复灌溉七乡农田之效益,更名元丰陂。于此可见,南雄直隶州封禁私采煤窑,保

---

① 参阅光绪《韶州府志》卷二一《经政略》。
② 参阅光绪《曲江县志》卷一六《桥梁》。
③ 参阅同治《乐昌县志》卷三《山州志·水利》。
④ 重刊光绪《四会县志》《水利志·坑洞》。
⑤ 道光《直隶南雄州志》卷一〇《水利》。
⑥ 道光《直隶南雄州志》卷二三《艺文·陂文》。

护上游陂圳灌溉安全,措施果断,雷厉风行,成效显著。曲江县是本省煤藏较丰厚之地,历来都有"土棍"不法之徒,入山私采煤矿,不唯阻塞陂圳水道,且造成水土流失,县府亦采取措施,封禁私采煤矿。如道光九年(1829)该县封禁南水石宝洞大旺岭煤窑就是其中一例。大旺岭位于城南四十里之山麓,附近筑有方伯陂一座,陂圳灌溉周围村落数百顷农田,为村民生产之命脉。是年有地方"土棍"勾结不法之商,纠结流民"在该山开采煤泥",严重阻塞附近农田水利设施。县府根据举报当即立案查处,并下令封禁大旺岭私采煤窑,以保护附近陂圳水利灌溉之安全及农业生产的发展。[①] 嘉应州(今梅州)煤矿分布较多,当局为保护山林水源,严禁乡民入山采煤,史称"州境石炭(即煤)所在多有,皆封禁"[②]。像南雄、曲江等地"封禁"私采煤窑的情况,本省其他地方也不乏类似之例。

此外,禁止伐木烧炭或樵采也是封山护林、保护水源之重要举措。烧炭、樵采早已有之,但自明中叶以后随着各地商品市场的活跃,木炭、樵柴逐渐成为市场需求之日用品,故违禁入山烧炭或樵采之风日盛,对山林水源的危害也日甚一日。地方官府以农为本,对此不得不采取封禁的政策,以制止不法之徒和普通乡民进山烧炭或樵采。如接连粤北山区之从化县,是本省"烧炭市利"及"督府禁止"烧炭最早的地区之一。该县深山绵亘,林木翳茂,明初"二百年来斧斤不入",山林水源充沛,但万历之季始有"奸民招集异方无赖",进山"烧炭市利",破坏山林水源。天启五年(1625)"知县刘恒力请督府禁止"[③]。此次封禁遭到奸民无赖的反抗,他们"据险啸聚,竟成大乱",省府"连年用兵,始克剿平"。封禁虽然实现了,有利于保护山林水源,但由于长期聚众伐木烧炭,也给当地山林水源造成了极大的破坏,史称该县山场"木既尽,无以蓄水,溪源渐涸,田里多荒"[④]。由此可见,禁止伐木烧炭的必要性和意义。

从文献资料看,清代粤北、粤西地区有不少州县为保护山林水源,都程度不同地实行了封禁山林伐木烧炭的措施,有利于防范水土流

---

① 参阅光绪《韶州府志》卷二一《经政略》。
② 光绪《嘉应州志》卷六《物产·煤》。
③ 宣统重刊《康熙从化县志》,《矿山志下·炭山》。
④ 宣统重刊《康熙从化县志》,《矿山志下·炭山》。

失,促进当地农业生产的发展。但应当指出,也有一些地方伐木烧炭之风不可遏止,如开平、恩平等地,自清中叶以来不少移民和土著民便进山伐木烧炭,积久林木既罄,大片山林不是变为园林,便是成为童山。究其原因,"盖山林所聚,燃薪为炭,藉以发售,其利非浅也"①。官府虽有禁令,但实际上也难以阻止,其破坏山林水源、引致水土流失的负面后果也是显而易见的。

最后,封禁樵采也是保护山林水源、防范水土流失的又一举措。上述乐昌、英德等县,自明末清初以来就实行封山禁伐的政策,积极防范乡民入山樵采,故林木水源都保护得很好,以利发展农业生产。这表明地方当局对重要的山场林区,执行封禁政策比较落实,成效也特别显著。但就本省各地而言,其发展也是很不平衡的。有不少州县当局虽有禁令,不许乡民入山樵采,但禁不胜禁,难以执行。特别是距离村落不远的四周山林,乡民入山樵采者众多,有的为了市利,更多的则是为了自用,另外也有一些地区的乡里或宗族,专门划出一些山岭,允许乡民定期上山樵采自用。所以,各地区的樵采对山林的破坏还是较为普遍而严重的,这对上游水源的保护极为不利。如粤北嘉应州(今梅州)就是其中有代表性的例子。据称自清中叶以后,该州乡民上山"樵采日繁,草木根茎俱被刈拔,山土松浮,骤雨倾注……顷刻溪流泛滥,冲溃堤工,雨止即涸,略旱涓滴无存,故近山坑之田被山水冲坏……其害甚钜"②。有鉴于此,故有识之士呼吁在被樵采破坏之山岭,应当致力"培植草木,以蓄发泉源,而后旱可不竭,雨亦不致山水陡发也"③。这无疑是一种可资采纳的补救良策。粤西赤溪(今台山)、开平、恩平等县,亦有相类似的情况,④这里就不赘述了。

三、禁开垦陂塘

明清时期广东各级官府积极推行鼓励垦荒的政策,各地因地制宜大力开垦荒山,发展种植业,取得了相当显著的成效。但在垦荒热潮中也出现了盲目滥垦的现象,其中"占垦山塘"就是滥垦的突出表现。

---

① 民国《开平县志》卷六《舆地下·矿物》。
② 光绪《嘉应州志》卷五《水利》。
③ 光绪《嘉应州志》卷五《水利》。
④ 参阅民国《赤溪县志》卷三《建制·水利》等。

大抵自清初以来,粤北、粤西等地区都先后不同程度地在开垦荒山后,居然逐渐占垦山塘、山湖、渠道等地,使昔日用以蓄水灌田之设施,变成一片片农田,从而引致下游之大片农田缺水灌溉,日渐废为荒地,这种情况不唯得不偿失,且日趋加剧。文献资料表明,大约明末清初,垦荒较早的粤北山区,在开垦荒山之后"占垦山塘"逐渐兴盛,清中叶以后占垦山塘、湖泊以及陂圳渠道之风已不可遏止。如嘉应州(今梅州)山区经济开发较早,山岭荒地业已开垦为农田,于是乡民转向占垦山塘、山湖、渠圳之地,使以往借以蓄水引灌之设施逐渐成为农田,直接威胁到下游农田的灌溉。该州扶贵堡之莲花湖,"水利甚溥",周围二里,可资灌溉南面梅塘农田一顷五十亩,康熙四十二年(1703)被"乡人占垦"为田,[1]这是粤北垦湖为田最早记录的例子之一。大抵康乾年间,该州垦塘为田的现象逐渐增多。清中叶以后,垦塘之风日盛,其负面作用也增大。该州罗衣堡有大小塘多口,由于种种原因,"今大塘壅塞,小塘不复蓄水,(皆)垦而为田,(以致)下坝之田遂患旱荒"[2],可见垦塘之危害。粤西垦塘的情况虽稍晚于粤北,但其垦塘之风亦盛,影响甚大。如清中叶后化州乡民为增加"岁收",竟不惜开垦陂塘为田者,引致严重之负面影响。据州志所称,"陂塘之设,民生有赖,宣泄以防涝,潴畜以备旱,而州民计其锱铢,每溺于地无遗利之见,竟废陂塘为田亩,岁收其入,不知上无渠堰,偶遭亢旱,苗恒就槁,西成失望"[3]。于此说明,开垦陂塘,得不偿失,后患无穷。遂溪县"废塘为田"的现象也相当严重,道光年间仅就著名的特侣塘渠而言,亦多被开垦为田,史称"(特侣塘)渠之在田者,阡陌以渐而开(垦),今考各渠大半夷而为田"[4],其负面之后果就不言而喻了。

面对垦塘之风日盛,直接影响到农田水利及农业生产的发展,官府不得不采取禁止开垦陂塘为田的举措,如乾隆十一年(1746),政府下令"禁开垦陂塘,有妨水利"[5],以禁止各地开垦陂塘的活动。广东各级官府也实行相关的禁令。如乾隆中年,嘉应州(今梅州)规定不准开

---

① 参阅光绪《嘉应州志》卷五《水利》。
② 参阅光绪《嘉应州志》卷五《水利》。
③ 光绪重修《化州志》卷二《陂塘》。
④ 道光《遂溪县志》卷二《水利》。
⑤ 民国《恩平县志》卷一三《纪事一》。

垦陂塘渠圳,知县高彦登亲自前往该州莆心乡"堪立石界,以杜私垦(陂塘)"①。大概由于嘉应州(今梅州)开垦陂塘较早,故地方官府禁垦的力度也较大,正如乾隆《嘉应州志》(王志)所指出的:"近乃(陂塘)垦而为田,塘不蓄水或仅存小沟,其流单弱,无以及远,是当严禁垦塘,不可图目前升斗小利,致荒熟田也。"②由此可见,政府禁垦陂塘之目的及其原因。但值得注意的是,自清中叶以后,禁垦的措施似乎越来越难以实行了,各地开垦陂塘的情况日益严峻便说明了这一点,政府的禁垦令有名无实了。

以上从陂塘水利建设的角度初步考察了明清时期广东保护上游水资源的目的、措施及其作用,可以认为这个时期本省各地从实际出发,因地制宜,实行"植木蓄水源"、"封禁山林"(禁止伐木、烧炭、采煤、樵採等)、"禁开垦陂塘"等措施,对于保护上游山林水资源,防止水土流失,预防洪涝对陂塘等水利设施的破坏,解决下游农田水利灌溉诸问题,都是十分重视的,也收到了较明显的成效,这是本省农田水利建设的一个重要组成部分,也是促进农业生产发展的原因之一。当然,由于种种原因,上述保护水资源的措施在实际执行中,亦出现了不少问题,大抵起初各级官府施行较得力,成效也较好,之后就逐渐流于形式了,各种禁令实际上都难以实行。而各地由于自身利益,尤其是人口之激增与土地之有限,人们为了生活似乎不得不滥垦山林、陂塘为田,这也是地方滥伐滥垦现象难以制止的一个原因。

---

① 光绪《嘉应州志》卷五《水利》。
② 参阅光绪《嘉应州志》卷五《水利》。

第六章 | 各式提水工具的 利用与推广

　　明清时期,随着广东社会经济的全面开发和农田水利建设的迅速发展,本省各式提水工具的应用也在宋元基础上有了长足发展。特别是在广大的山区、丘陵、河谷、盆地及高亢地带,由于自然条件形成的干旱及缺乏水源等,不少地方出现水利灌溉的严重困难,除了大力发展陂塘灌溉系统外,还必须因地制宜发展和推广使用水力或人力或畜力各式水车及多式多样的提水工具,以满足各地区农业生产发展的不同需求,尤其是要解决一些地区长期以来困扰农业发展的灌溉难题。这也是农田水利建设中不可或缺的重要环节。

第一节 大篷车的发展及其广泛利用

　　提水工具的建设是农田水利建设的一个重要组成部分。广东地形相当复杂,山区、丘陵、盆地和高亢地带的分布面积几占了全省大部分,而本省的农林业生产大多集中在这些地区(除珠江和韩江三角洲等地外),故明清时期因应本省农业经济的全面开发,在大力发展堤围与陂塘灌溉系统工程的同时,还必须发展和推广各式提水工具,以作为堤围与陂塘灌溉系统的重要补充手段,使之发挥堤围与陂塘系统所不及的灌溉农田的作用,特别是在地形地势相当复杂的地区,尤其如此。

一、提水工具发展的原因

　　明清时期,广东各地各式提水工具的长足发展,与社会经济尤其是农业经济的蓬勃发展息息相关。概括言之,是此时期本省农业的全面开发和发展,促进了各地各式提水工具的利用和推广,这是主要的原因。如上所述,自明初以来,在王朝国家鼓励崇本务农的政策指引下,广东已逐渐加快了农业全面开发的步伐,特别是在粤北、粤西等山区、丘陵地带,掀起了垦荒种植之热潮,并大力兴修农田水利,推广使用各式水车等提水工具,以确保农业生产的平稳发展。

其次,广东山区水资源充沛及自然环境的复杂多样性,既提供了推广使用水车的有利条件,同时又促进其采用陂塘灌溉不及的各种提水工具,以保证复杂多样性自然环境下农田的灌溉需要。如前面已提及到的,粤北嘉应州(今梅州市)、粤中从化县、粤西开平县和海南琼山县等地区,历史上很早就有在河溪之旁建造各式水车,并利用水力转车提水以灌溉山坡高地的记载。明清时期随着本省农业的深入开发和发展,各式大型水车与人力提水工具都得到了广泛的利用和推广,尤其是清雍乾以来更是如此。粤西地区此时期正进入全面开发、垦殖的热潮,无论在山区、丘陵,抑或近海高岸地带,都因应农业发展之需要,因地制宜推广使用各种水车及提水工具,据称,高州府地区"凡平衍近河田垌,新置水车甚多"①,就是明显一例。

再次,各级官府积极鼓励和资助地方推广使用水车等提水工具,也是促进各地发展水车等提水工具的又一原因。如宋治平三年(1066),惠州知州陈偁在任期间,大力兴修水利,"教民以牛车汲水"灌溉农田,成效颇佳,"民赖其利"。② 可见在北宋时期惠州已采用牛车提水灌田的办法。乾隆元年(1732),吴川县知县陈至陛"设法劝垦,给造水车"③,积极资助农民添置水车,扩大灌溉范围,发展农业生产。以上措施,无疑促进了广东各地积极推广使用水车等提水工具。这也是本省农田水利设施建设的一个重要组成部分及其发展的重要原因。

明清时期广东各式水车等提水工具,大致有以下几种形式。一是利用水力转动的大中型水车,如筒车、大篷车、水轮、天车、高车(高转筒车)等。水车名称不同,实质相若,其称谓因地而异。这些大中型水车是本省各地(有河溪水力资源的地区)推广使用的主要提水工具。

---

① 光绪《高州县志》卷一〇《建置三·水利》。
② 光绪《惠州府志》卷二九《人物·名宦》。
③ 光绪《吴州县志》卷五《人物·官绩传》。

二是利用人力转动的小型水车,如龙骨车、龙尾车等,有脚踏的和手推的两种形式。其使用和分布地区似乎相当广泛,很适合小农户发展生产而使用。三是利用畜力转动的水车,如牛车等。从文献来看,本省部分地区有使用牛车作为提水灌溉的工具,但分布面似乎并不广,只是一种补充的形式而已。四是利用机械转动的"水车",如抽水机等。这是近代先进的抽水工具,它与一般的水车相比,具有效率高、便于安装使用、可在任何水源之处抽水的特点。大约清末广东沿海一些州县开始使用抽水机,作为灌溉或防涝或水利建设之用,值得注意。

二、大篷车的分布与推广

明清时期广东使用的大中型水车的地域分布甚广,大抵从粤北嘉应州(今梅州市)、南雄直隶州、韶州,到粤中从化、清远、番禺、增城,粤西广宁、西宁、开平、恩平及海南琼州等地区,凡有河溪等水力资源之处无不设置水车或水碓,以供汲水灌田或加工农副产品之用。如粤西地区近河溪之乡村,多采用筒车汲水耕种,所谓"车筒辘辘于胜蒲,大老扶犁小挈壶"[①]之诗句,正是乡民利用水车进行耕种的写照。据方志所载,水车的名称因地而异,嘉应州(今梅州市)、琼山等州县称其为"水车",南雄直隶州称其为"高车"、"高转筒车",韶州府称之为"翻车"、"大篷车",从化县称之为"大篷车"、"翻车",清远县称之为"天车",增城县称之为"水轮",广宁、开平等县称其为"筒车",等等。值得注意的是,广东方志对各地水车的分布、使用情况记载甚详,足见其在本省农田水利建设及经济发展中的地位和作用。

前面论及本省陂塘水利工程建设时,曾提到修筑车陂的情况,这是从陂塘灌溉的角度来论述水车提水的作用,水车成为陂塘灌溉的配套设施的组成部分。以下将就各地水车推广使用的情形进行考察。

水车的利用,已有悠久的历史。江南地区无疑是推广使用水车最发达的地区。宋应星的《天工开物》称:"凡河滨有制筒车者,堰陂障流,绕于车下,激轮使转,挽水入筒,一一倾于枧内,流入亩中。昼夜不息,百亩无忧"。[②] 这里说的大体上是指明代或以前江南地区使用筒车灌溉的一般情形,由此可见宋元以来江南地区普遍推广使用筒车及其

---

① 民国《广宁县志》卷一五《艺文志·诗》。

② 宋应星:《天工开物》卷上《水利》。

良好效益的概况。岭南地区的情况有所不同,由于经济开发较晚,水车的推广使用有一个过程。宋元时期,广东粤北等地区使用的筒车或大篷车,似乎还不是很普遍,方志有关这方面的记载也不多。大概自明代以来,特别是清康乾以来,随着广东经济的深入开发,农田水利建设一马当先迅速发展起来,本省各地推广使用水车的情况也逐步普遍起来。据载,万历年间,从化县因地制宜推广使用水车十分出色,该县在流溪河设置众多水车,"灌田甚广",其水车"灌田之法,用竹木茅柴横置江中,中通一路,以便舟楫往来,待水满陂,用筒车激之,不劳力而水自运,灌溉之利,神而且溥"①。屈大均的《广东新语》对此作了进一步的说明:"从化之北有流溪(河),自上五指山至黄龙矶,惊滩草逐,凡百余里,两岸巨石相拒,水湍怒流。居民多以树木障水为水翻车。子瞻诗,水上有车,车自翻水。翻车一名大篷,车轮大三四丈,四周悉置竹筒,筒以吸水,水激轮转,自注槽中,高田可以尽溉,西宁亦然。"②由此可见,从化县推广水车灌田的发达,粤西西宁、广宁等地的情况亦然。清代广东各地更加大力推广使用水车,从粤北到粤西,各地利用河溪、坑涧水源,造车筑陂,以扩大灌溉高地的面积,促进农业生产的发展。《粤中见闻》大致概括了清初以来广东各地尤其从化县推广水车灌溉的情况,指出"山田无水源者,土人多于溪涧急流处堆石作陂,壅水为翻车。车以竹为轮,以木为槽。轮大三四丈,周围安竹筒以吸水,水激轮转,自注槽中,昼夜不息,一车可灌荫田百余亩"③。

　　总而言之,以上文献资料都概括说明了明清时期广东各地凡有河溪、坑涧水源可利用者,人们都无不积极推广使用水车作为灌溉高田的重要方式,而水车"灌溉之利,神而且溥","高田可以尽溉","一车(昼夜不息)可灌荫田百余亩",充分显示了水车灌溉的颇佳的经济效益。这就是广东各地普遍推广使用水车的直接原因。

三、大篷车的形制、结构及效益

　　关于广东各地水车的形制和结构,文献上多有记载。兹将明清时期广东各地有关水车的形制及效益的记载列表于下,以供参考。

明清侨乡农田水利研究——基于广东考察

236

① 万历《广东通志》卷一六《郡县制三》《广州府·水利》。
② 屈大均:《广东新语》卷一六《四语·水车》。
③ 范端昂:《粤中见闻》卷二四《物部四·水车》。

表17 明清广东水车的形制及效益

地区	水车的形制及汲水原理	效益	资料来源
嘉应州（今梅州市）	其车形如轮大，可二丈许。中架木轴，以长竿交贯，轴中竿末围以两竹圈，缘圈转，以竹筒稍攲侧向内，一头截口以受水，每筒相距三尺，中间竹笪一扇，水冲笪，行笪随轮转，俯则汲水，仰则倾泻，于其泻处刳木为横槽以盛之，又驾筧接引其水以入于田。	汲水灌田，虽远可到，此取水良法。	光绪《嘉应州志》卷五《水利》
韶州	置车之法，即于（溪流）湍急处横架木枧，编藤为轮，大一二丈，轮周悉系水筒，外昂内俯，筒傍置一小竹笪为车叶，叶随水转，水随筒运，注水于木枧，流灌高田。由近及远，无不沾溉。	流灌高田，由近及远，无不沾溉。水车一辆，可供水堆十三四（台）。	光绪《韶州府志》卷一一《舆地略·器用·水车》
从化县	车之制，以竹为之，形如车轮，缚竹筒于四周以汲水，其下置水槽，水激车运，自注槽中，不烦人力。流溪（河）在县东南，水势甚急，居民以水车引以灌田。……番禺多高田，虞旱则为水车转轮激水，以上高原，俗名车陂。所在有之，惟从化最巧。	灌溉之利，神而且溥。（见万历《广东通志》）广东水车，所在有之，唯从化最巧。	重刊康熙《从化县志·山川志》。光绪《广州府志》卷六九《水利附》
清远县	（水车）其制如大车轮，旁系水筒，水激之旋转不停，水筒载水上，虽高岸可资灌溉。	一河递筑五六十（车）陂，灌田六七十顷。	光绪《清远县志》卷五《经政·水利》
增城县	有水轮规崇，其制縠综，其机编榳于轮，系筒以汲，承之以槽，导之以筧。障其中流，置之隘口，水激轮转，筒载水上，以次倾泻于槽。	水轮灌溉，百亩效益之产，不虞亢旱。其利者唯杨梅、崇贤、绥福、云母、金牛五都	嘉庆《增城县志》卷一《气候》

地区	水车的形制及汲水原理	效益	资料来源
广宁县	作车系筒，旁设木槽，车轮因水激荡旋转如环，其筒下则平能贮水，上则所贮之水倾入水槽，因而顺流灌田。	一车（灌溉）之利，可及数十亩。	民国《广宁县志》卷十二《风俗志》
恩平县	（其）制如车轮，大可二丈许。车必两轮，中系竹筒，多寡无定，每筒相距尺余，皆内向而斜其口，以下捾而上注，复系竹扇于筒间，以激轮使旋。盖水性就下，望隘而趋，势必冲扇。扇动而轮随以转。一扇乍过，一扇继来，旋而上升，则筒中满水已至车顶，筒口向下，水即下倾，于其倾处刳大竹受之［木亦可用］，接引入圳。	其灌溉之利，虽远可到，所以佐平岸陂之不及也。	民国《恩平县志》卷三《舆地二·陂圳》
开平县	筑隘口于近岸，……乃设竹车当隘以迎之。制如轮大，可二丈许，车必两轮，以大竹筒联之。筒不定多寡，每筒相距尺许，皆内向而斜，通其节复系竹蓬于两筒之间，藉以激轮使旋，水势箭急，则轮旋转不息，竹筒运水，注于涧槽，次第入沟而达于田。	是法（水车灌田）东北至宅梧，西北至尖石，所在多有。	民国《开平县志》卷十二《建置略六·水利》

上表资料显示，明清时期，广东各地所造的水车已相当成熟，差距甚少，水车的推广也很普遍和发达。就水车的规格而言，本省水车大致可分为"轮大三四丈"和"轮大一二丈"两种规格。据屈大均的《广东新语》所载，从化地区推广使用的水车为最大的规格，"轮大三四丈"，其制造的工艺技术也"最巧"。其他地区的水车则多为"轮大二丈"或"轮大一二丈"的。综观各地水车的形制、结构，主要是由木轴、长竿、车轮、水筒、竹扇、水槽和木枧等部件组成的。虽然各地制造上有少许差异，但其结构和原理基本上是一致的。现就各部件的构成、原理和

作用作一简要的介绍。

(1)木轴、长竿。用以支撑水车的车轮或竹圈的工具,所谓"中架木轴,以长竿交贯,轴中竿末围以竹圈(即车轮),缘圈转"[①],车轮或竹圈绕着水车木轴、长竿而转。

(2)车轮,又称竹圈。这是水车运转汲水之部件,通常水车设置两轮,即"车必两轮",多以竹编成,称竹圈,也有以藤编成,如韶州的水车,即"编藤为轮"。车轮本身不能自动旋转和汲水,必须在车轮上安装竹扇和竹筒两个部件,才能使车轮激水旋转、竹筒汲水入槽。

(3)水筒,又称竹筒,是汲水的部件。水筒系于车轮上,多寡不定。一般"每筒相距尺许",但也有"相距三尺",如嘉应州的水车即是。水筒的汲水与泄水,是随车轮旋转、水筒上下升降而进行的,其原理是:水筒安置在车轮上,"皆内向而斜",这是关键的技术环节,否则就不能达到汲水与泄水之目的。水筒随轮转动,当车轮从最低点上升时,筒口向上,"则筒中(汲)满水,已至车顶",当车轮从顶点下降时,"筒口向下,水即下倾"[②],注入槽内。如此水车不断旋转,水筒便不断提水,达到灌溉之目的。

(4)竹扇,又称竹篷、竹筀。安装在车轮上竹筒之间,其功能是用以激水使车轮旋转,令水筒持续汲水入槽。故竹扇又称为水车之"车叶",它是利用河溪水力激水使水车川流不息地运转,达到灌溉高田之目的。

(5)水槽、木枧,这是承接、输送水的部件。水槽是承接水筒注入之水,木枧则是将水引入农田。故称水车"系筒以汲,承之以槽(木槽),导之以笕(木枧)"[③];或称"刳木为横槽以盛之,又驾笕(木枧)接引其水以入于田"[④]。水槽和木枧分别起了承接和输送由水筒注入之水的作用。但有些地区的水车,只安置水槽或木枧一样,亦即将其二者合而为一,将水筒注入水槽或木枧之水引灌农田。《天工开物》所谓"挽水入筒,一一倾于枧(木枧)内,流入亩中"[⑤],即是此类水车。粤西

① 光绪《嘉应州志》卷五《水利》。
② 民国《恩平县志》卷三《舆地二·陂训》。
③ 同治《增城县志》卷一《气候》。
④ 光绪《嘉应州志》卷五《水利》。
⑤ 宋应星:《天工开物》卷上《水利》。

开平县的水车只设水槽,谓其车"竹筒运水,注入涧槽(水槽),次第入沟,而达于田"①。而韶州的水车则设木枧,称"水随筒运,注于木枧,流灌高田"②。

上述明清时期广东各地水车的形制、结构及原理,充分说明了此时期本省推广使用的水车,都是制造良好、技术水平较高、提水效率理想的水车。这些水车设在河溪之旁,利用水力昼夜不息运转,一天可汲水灌溉百余亩,经济效益甚佳。可以认为,明清时期广东制作并推广使用的水车,就其总体水平与效益而言,已后来居上,进入了全国水车之先进行列。同时也反映了广东人民在农田水利建设上的智慧及其所取得的显著成就。

第二节 各式人力、畜力水车的推广

除利用水力的水车外,还有利用人力和畜力的各式水车。龙骨车和拔车是利用人力脚踏或手推的水车。明代江南地区盛行使用龙骨车和拔车,《天工开物》概括指出了这种情形,谓"(江南)其湖池不流水……或聚数人踏转,车身长者二丈,短者半之。其内用龙骨拴串扳关,水逆流而上。大抵一人竟日之力灌田五亩","其浅池小浍不载长车者,则数尺之车,一人两手疾转,竟日之功可灌田二亩而已"。③ 此时期广东地区亦因应农业生产发展的需要,根据其自然条件的状况,因地制宜,在大力发展筒车、大篷车的同时,还积极推广使用龙骨车等各式人力水车,"连阡越陌人车水"④的诗章,正是反映粤东地区耕种时节呈现乡民车水的热烈景象。

一、龙骨车的推广及其效益

龙骨车又称龙尾车,是人力脚踏运转的水车,一般称之为"脚踏水车"。这种脚踏水车比筒车的适应性更广,不仅河溪流水可适用,就连"湖池不流水"或"浅池小浍"之处亦可适用,故其分布地区甚广,史称

---

① 民国《开平县志》卷一二《建置略六·水利》。
② 光绪《韶州府志》卷一一《舆地略·物产·器用·水车》。
③ 宋应星:《天工开物》卷上《水利》。
④ 雍正《惠来县志》卷一八《艺文下》。

本省"有(脚)踏龙骨车以取水者,此车各处皆有"①。大抵明清以来从粤北到粤中,从粤东到粤西及海南地区,无不根据其自然条件与灌溉的需求,广泛推广使用这种人力脚踏龙骨车。可以认为,在本省农田水利灌溉中,这种龙骨车以其分布面广、灌溉效益大为其特色,并占有重要之地位。它无疑适应了这个时期各地农业全面深入开发及小农经济蓬勃发展的实际需要,并起了积极的促进作用。

龙骨车的形制、结构及运转原理,上引《天工开物》已大致作了说明,其车身"长者二丈,短者半之",即有长短二种。车首设置辘轳,车身里系以"龙骨拴串扳关",即"车叶",当脚踏车首辘轳,便带动车叶上下转动,"水逆流而上"②,注入水渠,引灌农田。这是江南地区流行使用的脚踏式龙骨车的一般情形。

广东地区的龙骨车,就其形制、结构及原理而言,与江南地区的龙骨车基本上是相若的。如清代赤溪县(今台山县)推广使用的龙骨车就是一例,据载,这种"脚踏水车,择河岸安置,上盖芦席、架横木,其间以三四人手凭横木,脚踏车首辘轳,使车叶上下(运转),注水入田,收效更大……此皆取水良法"③。这里除说明龙骨车的形制和结构外,还进一步指出了龙骨车的安置方式,踏车的人数及其效益。又增城县的龙骨车亦有相类似之处。据称,其"水车制桶类箱,续木贯之,间以小扳(即车叶),数人运之,手引足踏,动以类从,水沿而上,十亩之田,终日遍矣"④。这里亦指出了龙骨车的车身为"制桶类箱",其结构部件与赤溪县的龙骨车大致相同,由数人踏车汲水,终日可灌"十亩之田",效益明显。以上两例具有一定的代表性,本省其他地区的龙骨车,其形制和结构也大同小异,这里从略。

综合来看,本省盛行的龙骨车的结构主要有以下部件:

(1)车首辘轳,是带动龙骨栓上之扳关(即车叶)上下转动的部件。脚踏辘轳即可带动车叶上下转动。

(2)车身外形,若"制桶类箱",为长方形的车箱,有长短两种,长者二丈,短者一丈。在使用时须"度田与水相距之高下,适用车之长短",

241

第六章 各式提水工具的利用与推广

---

① 光绪《嘉应州志》卷五《水利》。
② 参阅宋应星《天工开物》卷上《水利》。
③ 民国《赤溪县志》卷三《建置·水利》。
④ 同治《增城县志》卷一《气候》。

确定采用哪一种水车。

（3）车叶，在车身内装置龙骨栓上之扳关，或称"续木贯之，间以小扳"，是为车叶，其功能是用以汲水。换言之，脚踏辘轳带动车叶上下转动，即可汲水入田。

（4）车首上盖芦苇，架横木。这是供人踏水车时使用的器具。芦苇可遮太阳或雨水，横木供扶手之用。通常是手凭横木，脚踏辘轳，由数人运作车水。

以上是龙骨车结构及其部件与功能的说明。与筒车相比，龙骨车的规模显然小一些，其结构部件也有所不同，主要是因为二者使用的动力不同，筒车利用水力，车叶激水带动水筒汲水入槽，而龙骨车则是利用人力，脚踏车首辘轳，带动车叶（即扳关或小扳）上下汲水入田。但汲水原理基本上相类似，即将河溪或湖池之水，由低处提上高岸、高田。此外，龙骨车的灌溉效益也是显而易见的。据称，一车三四人运作，每天可汲水入田十亩左右，虽然远不及筒车之多，但龙骨车适用范围更广，更有利于广泛推广，尤其是为乡村大户所采用。

顺便指出，大约在清中叶以前，粤西西宁县制造一种"龙尾车"，这种水车可能是参考了《利玛窦制器图说》之原理制成的。其形制和结果究竟如何，史无记载，不得而知。但从《李以宁龙尾车说》中之诗句"龙尾之象若旋螺"，似乎吸收了西方水车制造的原理。据称，这种龙尾车的效率很高，"其一具可当龙骨车三十具，而环转只需三四人，力省而用宏。莫有善于此者"①。这种龙尾车是否在当地推广使用？史无明文。仅从"童叟来观惊未见"之句来看，它有可能是首次在当地出现，并未推广使用。

二、拔车的广泛利用

拔车是利用手推或手拉的水车，实质上也是龙骨车。《天工开物》称这种车为拔车，广东各地通常称之为水车，即手推式的龙骨车。这种水车由一人运作，车型精巧，更适合在农村推广，特别是适合一般农户采用，与脚踏龙骨车"惟大耕户始用"有所不同，由是其分布面更为广泛，成为明清时期本省农村盛行而又重要的一种提水方式。

---

① 参阅道光《西宁县志》卷三《舆地下·水利》。

关于拔车的形制和结构,大体上与龙骨车相近。

(1)车前辘轳,是带动车叶上下运转的部件。

(2)木轴和左右车柄。木轴横贯辘轳中心,木轴两旁连接手持水车车柄,一前一后,当手推车柄前后运转,即通过辘轳带动车叶运转。

(3)车身外形,为长方形桶箱,与龙骨车相若,车长大约一丈左右,短的数尺。

(4)车叶,即车箱内龙骨栓上的扳关,是汲水的部件,一人双手握左右车柄推动辘轳运转,即带动车叶上下汲水入田。

由此可见,拔车的结构与龙骨车大同小异,其差别之处在于脚踏与手推的相关部件不同罢了,但其原理都是一致的。

拔车或手推式龙骨车,其效果也是显而易见的。《天工开物》称江南拔车的效益,"数尺之车,一人两手疾转,竟日之功可灌二亩而已"[①]。一人一车,一日灌田二亩,虽不及三四人脚踏式龙骨车,一日灌田十亩之多,但也不失为是一种"取水良法",因为前者的分布和使用面似乎更为广泛,很适合各地一般小农户使用。清代赤溪县(今台山县)推广使用手推式龙骨车提水灌田,收到了较好的效果。该县各地乡村多采用这种水车,乡民"以手持车柄,转动车叶汲水,上注田畴,顷刻即满,且可引水及远"[②]。应用这种水车汲水灌田确实方便而有效。像赤溪县(今台山县)推广使用手推式水车的事例,在本省各地如粤西、粤东沿海和珠江三角洲等地亦多有记载。在这里,手推式水车连同耕牛、犁耙等都成为农村必备的生产工具,而多为殷实的自耕农和佃户所拥有,这对促进农村小农经济的发展无疑起了一定的作用。

三、牛车的利用

牛车是"以牛力转盘"的水车,与利用水力或人力运转的水车有所区别。广东很早就有使用牛车提水灌溉的记载。北宋中后期惠州知州陈偁在任期间,劝课农桑,兴修水利,他教导当地农民使用牛车汲水灌田,史称"(惠州)岁旱,教民以牛车汲水入东湖溉田,民尤德之"[③]。这说明宋代惠州地区已使用牛车汲水灌溉,并取得一定的效益,"民赖

---

① 宋应星:《天工开物》卷上《水利》。

② 宋应星:《天工开物》卷上《水利》。

③ 万历《广东通志》卷三八《郡县志二五·惠州府·名宦》。

其利"。

　　明清时期广东各地因应农业发展的需求,大力发展各式水车,广泛推广使用筒车、龙骨车、拔车等。同时保留使用牛车汲水灌溉的习惯,如清远县鬼子岭、莲塘等乡村依然在近旁缓流之水坑,使用牛车汲水灌田。[①] 其他州县也有一些乡村使用牛车汲水或加工农副产品。但从发展趋势考量,牛车的使用似乎很有限,方志有关这方面的记载也不多见。究其原因,主要是各式水车的广泛推广与迅速发展,成为农村提水灌溉的重要方式,水车逐渐取代提水效率有限的牛车了。其次,牛车的发展亦受到缺乏牛只的制约,因为农村的牛只主要用于耕种,每当春夏耕种时节,牛只大多用于犁耙,要抽出富裕牛只提水灌溉有一定困难,而此时正需要用水,以水车替代牛车就很自然了。这也是牛车难于推广使用的又一原因。

　　关于牛车的形制和结构,文献上相关的记载似乎并不多见,但从《天工开物》中的牛车图谱[②]及其他零星的资料来看,亦可大致了解一般构造的情形。总体而言,牛车与龙骨车似有相类似之处,所不同的是,牛车设有以牛拉动的转盘及相关连接的部件,如中柱轮盘、齿轮等。这里简要地介绍一下转盘及相关部件与车首辘轳连接的方式,及其运转的原理。

　　牛车的轮盘外,与中柱轮盘相接,中柱轮盘通过齿轮与车首辘轳相接,而车首辘轳及其他部件,大致与龙骨车相若。牛车运转汲水的过程和原理是,以牛力拉动转盘运转,带动中柱轮盘运转,中柱轮盘通过齿轮转动,带动车前辘轳转动,然后再带动车箱里的车叶上下汲水入田。可以认为,牛车与龙骨车的汲水原理似有相若之处,两者的区别在于采用动力启动车首辘轳运转汲水的方式不同,因而所设置的相关部件也不同,牛车采用的牛转盘、中柱轮盘和齿轮相连接的部件及运转模式,显然是比较复杂一些,不如龙骨车便于推广使用。

第三节　各式人力提水工具的推广

　　除水车之外,人力提水工具主要有戽斗、掉斗、桔槔、辘轳等。这

明清侨乡农田水利研究——基于广东考察

---

①　参阅光绪《清远县志》卷二《舆地·风俗》。
②　参阅宋应星《天工开物》卷上《牛车》。

些提水工具，一二人即可使用，十分简便，很适合乡村小农户采用。明清时期这些小型的人力提水工具，在广东各地农村都流行使用，有一些地区由于自然条件的原因，更把采用这种提水工具作为弥补陂塘与水车灌溉不及的重要方式，从而在一定程度上发挥其在农业生产中的不可或缺的积极作用。

一、戽水工具的广泛使用

1. 戽斗。

戽斗是单人使用的戽水工具。广东各地农村都有使用戽斗戽水灌田之传统习惯，戽斗几乎成为乡村农户必备的生产工具之一，故其分布及使用面相当广泛。特别是一些陂塘、水车灌溉不足或不及之农村，戽水灌田成为农村水利灌溉的补充形式，甚至成为小农户耕种方式的必要手段。

戽斗是一种制作简单的戽水工具，其形制通常是以竹制造，并将其固定在一根木柄或竹柄之上。戽斗戽水的操作，由一人持戽斗木柄，"由下戽上"，将低洼之水戽入田里。据载，增城县农村采用戽斗戽水作为灌溉水田的一种形式，谓"其水田之具有戽斗，以竹为之，持柄以挥，便于挹注，然一人之用耳"[1]。赤溪县（台山县）亦然，"（其）取水之法，或用戽斗，或用水车。用戽斗，则由下戽上，注水有限，劳力多而功效少"[2]。以上例子都说明了戽斗的制作和使用方法，也说明了戽斗作为取水之法如同水车一样，是实现农村水利灌溉的一种形式，但与水车比较，戽斗戽水灌溉的效率较低，"劳力多而功效少"。尽管如此，戽斗也不失为一种应急的取水之法。

2. 掉斗。

掉斗为双人使用的戽水工具。明清时期，广东各地农村也常常使用掉斗提水灌溉，其使用情况与戽斗大致相若。小农户往往把掉斗作为必备的生产工具，在缺乏水车或不能使用水车的情况下，掉斗就成为农田灌溉的重要手段了。这就是掉斗（包括戽斗）这种小型简单而又费力的提水工具还能够在农村长期保留下来的原因。

掉斗的形制与戽斗不同，其制作系以木为之，形如木斗或木桶，两

---

① 同治《增城县志》卷一《气候》。
② 民国《赤溪县志》卷三《建置·水利》。

旁各系以绳索。增城县掉斗的制作是,"掉斗,箍木以成,络便而用,二人挈之,日可灌田数亩"①。嘉应州(今梅州)称其使用掉斗的方法,则是"以长绳两条系桶于中,两人各执绳末,用力颠簸,以挹彼注兹,谓之戽水"②。于此可见掉斗的形制及其使用的方法,二人合作戽水,日可灌田数亩,效果显而易见。这种提水方式,适合山区农村零星而分散的小片农田采用,有利于维持小农生产的运作。

二、水井提水工具的推广

桔槔、辘轳是农田水井提水的工具,通常为一人操纵汲水入田。桔槔、辘轳的使用历史悠久,地区分布面很广,江南、岭南地区是其中之一。明清时期广东南北各地都有采用这种提水方式,特别是缺乏水源的地区,往往都在田间打井汲水。上一章论及本省"筑井的规模及其发展"一目时,已就筑井的情况作了概要的说明。打井汲水必须装置提水工具,本省粤北、粤西及海南等地,各自因地制宜,修筑桔槔、辘轳汲水工具,推广水井灌溉的方式,作为解决当地水源不足的途径,并取得了一定的成效。

1. 桔槔。

桔槔的形制和结构较为简单,便于制作、安装和推广。据《天工开物》相关图谱所绘③,桔槔的制作是,在井旁树立一对支架,上面横架一横长木或竹竿,靠井一端捆上一根长竹,长竹末端连接一木水桶,长竹另一端固定一坠石,以作力的平衡,利用杠杆原理,人持竿上下一回,即汲水一桶,注入田里,灌溉作物。居民也采用这种提水方法,以供生活所需。清代嘉应州(今梅州)在缺乏水源之乡村,多打井汲水灌田。据称,其缺水之处,"无可戽者,则于田间掘井,作桔槔以取之,昼夜终日,不盈一亩"④。增城县东北金斗都亦多用桔槔汲水灌溉,据统计,仅该都就有"桔槔数十处"⑤之多。其他各地干旱或缺水之处,最后一招亦只有打井灌溉。所以桔槔提水也是农村不可或缺的一种辅助的灌溉形式,其效率有如戽斗戽水一样,终日"不盈一亩",但也不失为一种

明清侨乡农田水利研究——基于广东考察

---

① 同治《增城县志》卷一《气候》。
② 光绪《嘉应州志》卷五《水利》。
③ 参阅宋应星《天工开物》卷上《水利》。
④ 光绪《嘉应州志》卷五《水利》。
⑤ 参阅光绪《广州府志》卷六九《建置略》。

应急解救的办法。

2.辘轳。

与桔槔一样,辘轳的形制和结构也很简单。其制作是,在井上架起一辘轳,在辘轳上置有一根长麻绳,绳的末端捆住一木水桶,一人转动辘轳,带动水桶上下一回,即提水一桶,注入田里。① 本省各地,凡有打井汲水的乡村,通常都装置辘轳或桔槔作为从井中汲水的工具。但一般来说,无论山区抑或高亢地带,只有干旱地区,或既无陂塘又无水可车、无水可戽的地方,才打井汲水灌溉,史称"旱用桔槔、辘轳(汲水),功劳又甚"②,这种提水灌溉方式,功劳多而效率低,是显而易见的。尽管如此,在干旱缺水地区,尤其遇上特大干旱灾情时,它就成为抗旱的唯一选择,是维持小农生产的计策。

以上考察了明清时期广东各式提水工具的发展及其推广利用的情况,由此得出以下几点共识:

(1)各式提水工具及其灌溉方式是继堤围、陂塘系统之后又一重要的农田水利灌溉的形式。堤围和陂塘系统无疑是本省农田水利灌溉最主要的形式,但各式水车的推广使用及各种人力提水工具的利用,也是农田水利灌溉的重要补充形式,在复杂的自然条件或严重干旱、缺水的地区,它甚至起到了堤围、陂塘系统无法替代的作用,成为抗旱救灾不可或缺的应急办法。这是它长期以来得以存在、发展的一个重要原因。

(2)各式提水工具的多样性显示了本省农田水利建设的多元化,这是根据本省自然条件和水资源状况,因地制宜建设和发展适合本地区需要的灌溉形式的结果。也是本省人民在农田水利建设中智慧、才能与艰苦奋斗精神的表现。从农田水利灌溉的角度看,推广使用各式提水工具的灌溉方式,正好弥补了堤围和陂塘系统水利灌溉的不足,起了优势互补之作用,而三者的共存与发展,便组成了本省农田水利灌溉的网络,成为支持此时期本省农业全面深入开发和发展的有力保证。

(3)各式提水工具的灌溉效益高低不平衡,利用水力转动的筒车、

---

① 参阅宋应星《天工开物》卷上《水利》相关图谱。
② 参阅宋应星《天工开物》卷上《水利》相关图谱。

大篷车,一日灌田百亩,效益相当显著。利用人力转动的龙骨车,一日灌田数亩或一二亩,效率一般。利用人力戽水的戽斗与汲水的桔槔、辘轳,一日灌溉不盈一亩,效益较低。以上各式提水工具效率的差异,反映了此时期农业生产工具及生产力水平发展的不平衡性,既使用较先进的大水车,又存在大量的较落后的提水工具,这种情势与此时期本省大量存在的小农生产方式息息相关。毫无疑问,这对本省农田水利建设及农业生产的发展,有一定的制约和影响。

　　(4)作为先进的提水工具"抽水机",自"工业革命"以后已逐渐应用于生产领域与水利建设等方面。广东最早引进使用抽水机大约在光绪年间,而购置抽水机的地区则是具有一定经济实力的珠江三角洲四会县围田地区。据载,光绪年间,四会县白鹤围(又名永安围,为小型堤围)"全围公置起水机器一二具,所费不多,有益无损"①。四会县是受洪涝灾害较严重的地区之一,白鹤围购置抽水机主要是抗旱抽水和防涝排水的需要,看来采用抽水机后的效益不错,投入不多而效果显著。其他堤围地区及山区、丘陵地带是否有引进使用抽水机,史无明文,不得而知。可以认为,直到终清之世,广东引进使用抽水机于农田水利建设中,还局限于沿海极少数的县份,未能推广使用这种先进抽水机以进一步促进本省的农田水利建设的发展,这也从一个侧面反映了本省农田水利与农业生产工具的相对落后,不利于农业生产的持续发展。

248

明清侨乡农田水利研究——基于广东考察

---

　　①　光绪《四会县志》编四《水利志·围基》。

第七章 | 农田水利建设的成效及其
对社会经济发展的意义

　　如上所述,明清时期广东农田水利建设取得了迅速而巨大的发
展,并获得了异常显著的社会经济效益。概括而言,主要表现在提高
了本省防洪潮与防旱涝的能力,扩大了农田的灌溉面积,促进了垦荒
业和围垦业的发展。值得提出的是,农田水利建设的成就也促进了本
省农业的全面开发及商品经济的发展,一是促进了粮食作物的迅速发
展,二是促进了商品性经济作物的发展,三是促进了家庭养殖业的发
展,四是促进了农村加工业的发展,五是促进了内河运输业的发展。
以下将从宏观的角度,初步考察这个时期广东农田水利建设所取得的
重要成就及其对社会经济发展的作用与意义。

第一节　农田水利建设的成效

　　自宋代以来,广东已重视兴修农田水利,发挥陂塘和堤围的作用,
所谓"亢藉陂池,防燠旱也,洼藉堤岸,防潦涨也"①。明清时期,广东的
农田水利建设进入全面而迅速发展的阶段,陂塘系统工程尤其是堤围
系统工程都取得了重大成就,且发挥了显著的经济效益。

一、提高了防御干旱、洪涝、咸潮的能力

　　众所周知,明清时期广东进入了全面开发的阶段,但由于各地受
自然条件的限制,不少地区遭受干旱、洪涝或咸潮的影响,农业产量都
很低。在经济开发中出现的滥伐滥垦现象,引致严重的水土流失及猖

---

　　① 万历《广东通志》卷一六《郡县志三·广州府·水利》。

獗的洪涝水患,使农业生产蒙受巨大的损失。因此,这五个多世纪里,本省各地从实际出发,因地制宜,针对以上存在的问题,掀起了持续不断的兴修农田水利工程的热潮,并逐步提高了修筑工程的技术水平和质量,使其更有效地发挥防旱、防洪涝和防咸潮的效益。

1. 防御干旱。

明初王朝国家鼓励"修塘堰,兴水利",发展农业生产。广东各地都先后兴修许多陂塘渠圳等水利工程,在一定程度上解决了旱暵地区的农田灌溉问题,提高了防御干旱、保障农业生产的能力。如粤北南雄直隶州最具代表性。该州"山高土燥,水源短浅","三日不雨,辄称旱暵"。明初以来,该州已修筑了一些陂塘,解决了部分干旱农田的灌溉问题。但直到清初,该州的干旱情况仍相当严重,有的地方旱涝为患,"高田苦旱,低田苦涝"。嘉庆年间,知州罗含章在任期间,大力兴修水利,取得了显著成效,一改南雄州苦旱的面貌。他总结历史经验,带头捐廉倡筑陂塘,作出了贡献。他在一篇陂文中称其在任时,"清丈田亩,周历山谷,慨然百余年来田之苦旱,积欠之多,由于水利不兴,灌溉无术,既为之捐廉,倡筑新旧陂塘四十六处,(乡民)已获享其利矣"①,自此南雄州"无忧旱暵,丰穰频登",解决了历史上苦旱的难题。嘉应州(今梅州市)的情况也有相类似之处,据称"其田多在山谷间,高者恒苦旱,低者恒苦涝"。该州为解决干旱问题,大力兴修陂塘渠圳水利工程,并运用各式水车提水,以适应山陂田之灌溉。可以认为,嘉应州(今梅州市)在防旱方面有其解决的办法和经验,即"旱则有补救之策,故必借水利"②,在防旱方面取得了明显的成效。至于粤西山区、丘陵和高亢地带,历来就是干旱缺水之地,成为农业生产的一大障碍。自宋元以来,尤其是明清时期,该地区不断修筑了诸多陂塘渠圳工程,在防御干旱方面迈开了一大步。如前面提及的在雷州修建了规模宏大的特侣塘渠工程,使万顷洋田获得了灌溉。

总而言之,明清时期广东各地根据其自然条件,因地制宜,兴修众多的农田水利工程,有效地解决了或缓和了干旱缺水地区的灌溉难题,这无疑是促进本省农业生产发展的一个原因。

---

① 以上见道光《直隶南雄州志》卷二二《艺文陂文》。
② 光绪《嘉应州志》卷五《水利》。

2.防御洪涝。

由于种种原因,自明代以后尤其清中叶以后,广东各地的水患日趋加剧,每当雨季洪涝盛发之际,在江河下游及三角洲地区的农田水利设施及农田、房屋,往往被洪水冲毁,造成惨重的损失。对此,很早以来当地人民群众就采取积极的防范措施,根据实际需要,逐步修筑堤围和陂塘水利工程,防范洪涝的冲浸。文献资料表明,广东人民早就注意这方面的建设,史称"唐宋以来(广东)尤注意修之"①。如西江下游两岸,宋元时期已兴修了不少堤围,明代以来在此基础上进一步发展。其中最具代表性的筑围工程,有成化年间由肇庆同知督民修筑的"丰乐大堤",即丰乐围,"其地跨高要、四会、南海三邑",堤长6224丈,捍卫面积370顷。竣工后该围农田"尽为沃壤",号称"张公堤"。该大堤在防范洪涝方面发挥了积极的作用,直到"嘉靖中涝水常溢,民赖堤捍"②。三水县"地势当西北两江之冲,水患最甚",康熙年间,洪涝肆虐,在在险危,由于当地官民重视"巡视基围,设法堤防",有效地防御了洪涝为患,"自是基围高巩,田庐无恙"③。东莞位于东江下游三角洲东北部,每当东江"夏涝暴涨,濒江之田无不罹其害者",自宋代以来,该县便修筑了东江堤和咸潮堤等工程,"延袤一万六千八十丈,(捍)田二万千余顷"④。该堤经历代修筑加固,在防御洪涝方面起了重要作用,史称自"筑长堤捍之,民获其利……至今(万历年间)赖之"⑤,于此可见,修筑东江堤在防范洪涝、确保农业生产方面起到了积极的作用。

粤东濒海洼下之地,常遭水患,民不聊生。自唐代以来,当地官民筑堤护田,"民免于患"⑥。宣德年间潮州知府针对洪水泛滥,大力"筑圩岸,障田庐"⑦,在防范水患、保护生产方面取得了明显的成效。该府北门堤,长694丈,捍御"海潮揭普四县"免受韩江洪水之害。自唐代筑堤以来,"溃决无常,贻害甚烈",正德年间御史杨珹"疏请榷金重修,

---

① 万历《广东通志》卷一六《郡县志三·广州府·水利》。
② 万历《广东通志》卷四八《郡县志三五·肇庆府·名宦》。
③ 光绪《广州府志》卷一百十《宦绩七》。
④ 万历《广东通志》卷二一《郡县志八·广州府·名宦》。
⑤ 万历《广东通志》卷二一《郡县志八·广州府·名宦》。
⑥ 万历《广东通志》卷四三《郡县志三〇·潮州府·名宦》。
⑦ 万历《广东通志》卷四三《郡县志三〇·潮州府·名宦》。

增拓加倍,而堤始完固"①。乾隆初年"改筑灰堤"后,"北(门)堤乃稍臻完固"②,有效地发挥了防洪潦、护农田的作用,海阳等四县皆受其益。澄海县沿河低洼地带亦常遇洪潦之患,明清以来该县采取"筑堤护田"之办法,防御洪水,使农业生产获得了丰收。如万历年间知县倡修东湖堤,保护田庐免受水患,"民赖其功"③。乾隆年间知县张宾又倡筑套子河堤,使沿河农田免受洪水之害。史称"(套子河)沿河数十顷,常苦水患,(张)实始筑堤障之,功成,田乃大熟。后人踵事增筑绸缪,巩固一方,恃以无虞,民至今(嘉庆年间)颂其绩焉"④。可见张宾督民筑堤防洪,获得丰收,受到人民称颂。总而言之,这个时期广东各地都根据洪涝水患日趋加剧之特点,从实际出发,因地制宜,大力兴修堤岸与陂塘等工程,积极防御洪涝之患,促进农业生产发展,获得良好的效益。

3.防御咸潮。

广东沿海农田广阔,历史上受咸潮的影响很大。就防咸潮而言,沿海各地在长期的实践中积累了丰富的经验,他们从实际出发,采取相应措施,一方面积极修筑堤岸,以防御咸潮对农田的损害;另一方面在上游修筑陂塘堰渠,引水冲斥下游农田的咸卤,以利于农业生产的发展。如粤东潮阳县近海潮田受到咸卤影响,水稻常年歉收,该县便筑堤防潮,引山泉水冲斥咸卤,获得了明显的效果。如弘治初年,该县在近海的通济港"筑堤御潮",为冲斥咸卤,又"凿沟通泉,溉田三千余亩,由是瘠土变为沃壤"⑤。惠来县采用筑陂塘引水灌注咸田的办法,取得了良好的成效。该县在雍正年间修筑了位于县西新埤村的西港陂,引陂水"灌注咸田五百顷"⑥,大大改变了农业生产的面貌。海丰县四都沿海农田,历来深受咸潮的危害。为此,雍正年间知县林寅率民倡筑"东澳口至西炮台横亘十余里"的"土垒"。据称土垒竣工后,"十余年来咸潮无患,地土益腴"。但土垒受潮汐的冲击易溃,于是将土垒筑为石垒,大大提高其防范潮汐之能力,使"通都长保无虞"⑦。以上说

---

① 光绪《海洋县志》卷二一《建置略五·堤防》。

② 光绪《海洋县志》卷二一《建置略五·堤防》。

③ 嘉庆《澄海县志》卷二一《宦绩》。

④ 嘉庆《澄海县志》卷二一《宦绩》。

⑤ 光绪《潮阳县志》卷四《水利》。

⑥ 重刊雍正《惠来县志》卷三《山川·陂塘》。

⑦ 乾隆《海丰县志》卷二《都里》。

明粤东沿海地区筑堤防潮,筑陂引水冲斥咸卤,不失为一种因地制宜防范咸潮的行之有效的经验与办法。

值得一提的是,粤西雷州等沿海地区在防范咸潮方面取得了相当好的成效,并积累了丰富的经验。自宋代以来,为防御万顷东洋田受咸潮的损害,雷州府修筑了著名的捍海大堤与堤闸。又修筑特侣、西湖二塘堤及塘渠,引水灌注东洋田,大大改变了洋田生产的条件,收到了可喜的成效。史称"洋田为雷民命脉,惟恃长堤御捍咸潮,始不伤稼"①。"自是,(洋田)外无斥卤之患,内有灌溉之饶,民享永利"②。此外,珠江三角洲地区通过修筑发达的堤围、渠闸等工程,利用西、北、东三江水源冲斥咸卤,也有效地提高其防范咸潮的能力,并改造了大量受咸卤影响的低产潮田,促进了三角洲农业生产的蓬勃发展。

二、扩大了农田灌溉的面积

明清时期,随着陂塘和堤围工程建设的迅速发展,广东各地初步形成了以山区陂塘渠圳工程和以沿海堤围渠闸工程组成的农业区灌溉系统,进一步扩大了本省水浇地的种植面积,使相当一部分的山区、丘陵、高地基本摆脱了长期受干旱威胁的困境,并促进了种植业的蓬勃发展。兹以山区陂塘系统的农田灌溉情况略作说明。

粤北山区开发较早,但由于受到山区自然条件的限制,高田苦旱,低田苦涝,农民"以雨为命",靠天耕种。明清以来,粤北各地大力兴修农田水利,逐步扩大了陂塘系统的灌溉范围,水浇地面积明显增加。如南雄直隶州就是通过大力兴修陂塘水利工程,扩大了农田水利灌溉的面积。该州嘉庆年间便修筑了"新旧陂塘四十六处"③,大部分村落都得到了灌溉,乡民享受其益。粤西山区丘陵和高亢地带,由于干旱缺水,影响了农业收成。自明代以来修筑了众多的陂塘水利工程,也大大缓解了以往苦旱的困境,农业生产欣欣向荣。如西宁县(今郁南县)地处"重峦复嶂"之山区,县郭东西外延环数十里悉童涸无毛,土著民"芜秽逋负,连年莫支"。万历十四年(1586),该县大力兴修水利,

---

① 道光《遂溪县志》卷五六《郡县志四三·雷州府·名宦》。
② 万历《广东通志》卷五六《郡县志四三·潮州府·名宦》。
③ 道光《直隶南雄州志》卷二二《艺文·陂文》。

"凿山通圳,绕郭东西延环数十里,缘亩导流,灌田数百余顷"①。于是原来"童涸不毛"之荒田,一跃而成为"农桑被亩,鸡犬声闻"②之"富庶"小康之地方。据载,从明末至清中叶,西宁县(今郁南县)先后修筑的陂圳工程就有风流筒陂等二十余处,其中灌田百顷以上者有桂河陂等四五处,③进一步扩大了山区农田灌溉的面积。化州兴修陂塘工程后,大大改善了高亢地带的农田灌溉条件。如万历年间该州"东岸田千顷,常苦旱涝",当地乡民大力修筑塘堰工程,"疏凿水道并筑堤",引水灌溉农田,促使千顷之地的农业生产迅速发展。

粤中各地兴修农田水利工程之后,也扩大了农田灌溉的面积,并获得了丰收。如明中叶后,从化县大力修筑陂圳水利工程就是其中一例。该县在城北三十里山下开凿"龙湫",名曰阁老圳,既扩大了城北的农田灌溉面积,又改造了附近硗瘠低产田,改善了农业生产之环境,史称该圳"接引龙潭之水,灌注城北一带村田不下数千百亩,(由是)硗瘠皆成沃壤",又"附近之池塘得借以润泽,旱蓄潦泄,从人便之"。④ 像从化县修圳后改变了城北的灌溉面貌,使瘠土变成沃壤的情况,在其他地方也不乏相类似之例子。

至于沿海地区,由于不断修建了堤围、堤岸工程,不仅增强了其防御洪潮的能力,同时也扩大了围田的灌溉面积,并改善了潮田的生产环境。前面对这方面已有较详尽的论述,这里从略。兹以明清时期珠江三角洲的堤围数及护田数作一"统计简表",仅供参考(请参阅下一节列举的"统计简表")。

三、促进了垦殖业及围垦业的发展

明清时期广东农田水利建设的持续发展,大大促进了本省山区丘陵地带的垦殖业及沿海海滩的围垦业发展,这是广东经济全面开发的一个重要组成部分。

1. 促进了垦殖业的发展。

明清政府鼓励垦荒和兴修水利的政策,有利于广东垦殖业的发

---

① 道光《西宁县志》卷一〇《宦绩·林致礼》。
② 参阅道光《西宁县志》卷三《舆地下·水利》。
③ 参阅道光《西宁县志》卷三《舆地下·水利》。
④ 康熙《从化县志》,《山川志》。

展,而本省大力进行农田水利建设,各地因地制宜修筑了许多陂塘和堤围工程,大大推动了垦荒业和种植业的发展。如韶州府通过兴修陂塘渠圳水利工程,促进了本地区垦殖业的蓬勃发展。成化年间,韶州府在垦荒业方面便取得了明显的成效。"田野辟增五千九百十余顷,户口新增三千七百九十余户"①,成为本省"能济米食",有"余谷之地"的重要粮产区之一。值得一提的是,粤北瑶族聚居的州县,也重视修筑山塘水渠,蓄水灌田。又依山开垦畬田,种植豆棉或杂粮之类。在山谷"排内地稍平衡"之处,引山泉或山塘之水灌溉农田,出现了不少"饶沃"之"良田"。连山绥徭厅就是其中一例。明代以来,尤其是康熙以后,"令瑶人垦山为畬",修山塘水渠引灌稻田,所垦耕的水田和旱地都有了较大的增加。据统计,从洪武二十四年(1391)至道光年间,该厅的田池塘从 102.82 顷增至 451.21 顷,②大约增长了三倍半。

粤西罗定县大兴农田水利,促进了垦荒业的发展。仅正德初年,该县掀起修水利的热潮,据统计,共"凿水圳四十八"处,"辟荒田九百顷"③,垦殖业的成效显而易见。粤西沿海开平、恩平和高雷廉等府县位于山地、丘陵和高亢地带,自然条件欠佳,并由于其他种种原因,这里的开发步伐似乎较慢,直到清初还有许多荒地。清初开平县的"荒地甚多",在政府"劝垦"政策的鼓励下,该县大力兴修农田水利,"开垦荒芜",据统计,自雍乾至清末修筑的陂塘堤渠圳沟之数为以前之五倍,开辟荒地甚多,促进了种植业的发展。恩平县亦掀起了兴修水利和垦殖的热潮,该县的大片荒地都得以开垦种植,新村庄不断涌现,呈现一派欣欣向荣的景象。当地流传的一首民歌恰好反映了这种开发的情景:"海滨生计重开荒,尽把勤劳格上苍,遍凿芦洲成沃土,涨沙随处涌村庄。"④至于高雷廉地区,由于种种原因,直到清初还有许多荒地,雍乾年间,省府针对"高雷廉三府荒地硗瘠居多",采取"劝垦"措施,鼓励当地人民"垦种",给予减免赋税并许为世业之优惠,故民间掀起了兴修水利,垦荒种植之热潮。大约经过一个半世纪的开发,出现

①　光绪《韶州府志》卷二八《宦绩·苏韦华》。
②　道光《连山绥徭厅志·食货第二·田制》。
③　民国《罗定县志》卷五《宦绩·翟观》。
④　民国《恩平县志》卷一〇《经政·秩祀·附录耕猎歌》。

了垦种的新面貌。史称这个地区"百余年间田野日辟"①,新垦农田不断增加。兹以康熙至道光年间高州府六州县新垦辟的土地数列一简表②,以供参考。

表18　清代高州府新垦田数简表

时间	地点	新垦田数(顷)
康熙十一年至嘉庆八年(1672—1803)	茂名	334.91
康熙十一年至乾隆四十年(1672—1775)	电白	387.88
康熙元年至乾隆三十七年(1662—1772)	信宜	390.66
康熙二年至乾隆四十三年(1663—1778)	化州	237.77
康熙十一年至乾隆二年(1672—1737)	吴川	1578.07
康熙三年至道光四年(1664—1824)	石城	797.24
	合计	3726.53

表中显示,自康熙以后一个半多世纪,高州府六州县在册新垦田数共3726顷53亩,占在册官民田总数19157.78顷之19.45%。由此可见,其垦殖业取得了显著的成效。这是同广大人民在政府"劝垦"政策之鼓励下,积极兴修农田水利及垦荒种植分不开的。

2.促进了围垦业的发展。

堤围与围垦有密切的联系,概括而言,堤围是筑堤护田,围垦则是筑堤造田,而围垦成功就成了新的堤围。广东沿海海滩的围垦业主要集中在珠江三角洲滨海地带,它占全省围垦面积的绝大部分。其次是韩江三角洲滨海地带,所占比例不大。此外在粤西沿海还有若干零星的围垦业。就珠江三角洲围垦业的发展而言,它是同堤围和堤岸建设的迅速发展息息相关的。其发展的主要原因,一方面是由于宋代以来珠江三角洲冲积平原的发育扩展和滨海沙滩的迅速淤积,另一方面也是由于在珠江下游两岸持续迅速修筑了许多堤围和堤岸,加速了各出海水道与口门地带的泥沙淤积,从而为围垦业的开发和发展提供了物质条件。

---

① 参阅光绪《吴川县志》卷九《艺文》。
② 本表根据光绪《高州府志》卷一六《经政四·赋役·田赋》。

如前所述,在宋代,当年三角洲漏斗湾河口地带及岛丘、台地附近,已零星出现了小规模的围垦种植,如新会外海、三江和香山(今中山)小榄四沙等。及至明代珠江三角洲海滩的圈筑围垦逐渐进入盛期,围垦的范围集中在沙滩浮露最多之香山(今中山)北部和新会南部一带,此外番禺南部和东莞西部的海滩亦有少量的围垦。据载,永乐宣德年间,这里海滨沙滩"多浮生,豪右争夺,讼连年不决"[1]。主要是由顺德、东莞、新会等拥有雄厚实力的豪强大户进行圈筑围垦的,一般农户甚至富裕大户是无力承担围垦的重负的。为了争夺广袤的"新成之沙"围垦,各地豪强大户之间引发连年不断的官司。尽管如此,此时期围垦的成效是显著的,史称已圈筑围垦的"沙田日增",都为"豪右占据"[2]。嘉靖万历年间沿海海滩的围垦开发似乎仍然在继续发展,且具有一定的规模。如嘉靖二十五年(1546)在香山(今中山)三灶围垦区,由督府责成香山知县清查新会豪民"夺人田"案,即没收其沙田15顷之多[3]。又如天启初年番禺县"清理沙涨田数万亩以业贫民"[4],即将豪民占据的沙田清出归由贫穷的农户耕种。

清初珠江三角洲滨海海滩加速淤积。乾隆以后,这个地区的围垦业迅速发展。是时堤围的建设已推进到三角洲腹地之内,围垦业已成了堤围建设的重要组成部分。由于上游及三角洲平原修筑的大小堤围日趋密集,再加上在各大口门的出海水道附近投石筑坝、圈筑围垦,这就促使各水道及口门附近一带迅速淤积,从而推动了新一轮大规模的人工圈筑围垦的热潮。据载,围垦范围主要集中在香山(今中山)东海十六沙、甘竹滩以南至磨刀门水道、番禺南部蕉门和潭州水道之间的口门地带及东江三角洲东部和南部等。应注意的是,清中叶的围垦有其特点:一是从以往的"新成之沙"转向"未成之沙"上围垦,亦即在沙滩尚未浮露出水面时大量投石筑坝聚沙拍围;二是围垦的规模迅速扩大,参与围垦的都是各地官僚士绅、豪强大户,在地方有一定的政治和经济实力,他们雇佣大量民工,动辄投入数百两甚至数千两的圈筑成本,围垦的面积动以数十顷计;三是大多是违规作业,即违背官方的

① 万历《广东通志》卷二一《郡县志八·广州府·名宦·冯诚》。
② 参阅光绪《广州府志》一〇七《宦绩四·冯诚》。
③ 参阅光绪《广州府志》一〇七《宦绩四·邓迁》。
④ 参阅光绪《广州府志》一〇七《宦绩三·张国雄》。

禁令,恣意在水道上拦河投石筑坝,或拦海投石筑坝,直接危害水道的安全,造成水道的淤塞。舆论对此也提出了尖锐的批评。

从堤围建设的角度来看,清中叶珠江三角洲围垦业的迅速发展,是堤围建设的一个重要组成部分。堤围建设的发展推动了围垦业的迅速发展,而拍围成田的数量与面积的日益扩大也就出现了许多大小不等的新堤围。如番禺县南沙村附近的万顷沙(又称万丈沙),是清中叶以来著名的围垦区之一。据称从道光十八年(1838)至宣统三年(1911)共拍围50余处,围垦可税面积约670顷[1],平均每围十余顷左右。这个时期珠江三角洲滨海地区出现的新的堤围群,似乎大多通过围垦的方式由众多中小堤围组成的。当然,为了抗御洪潮的冲击,不少堤围群联合小堤围修筑大堤围,以确保围内的农业生产和居民的安全。

顺便一提的是,除了上述的围垦主要由豪强大户或官僚士绅组织开发外,还有由官府"招佃"围垦的形式,即"由官招佃","各备工本"围垦,垦成后作为"县属公田",仍归围垦者耕种,并向官府"缴纳租银"[2]。大约在光绪初年,这种"由官招佃"围垦形式盛行于与新会毗邻的赤溪县(今台山县),但其围垦的规模似乎不大,是属于十数亩至数十亩之间的小围。史称,光绪六年(1880)赤溪县(今台山县)官府招佃围垦赤溪村前的海坦,其法"由官招佃,按姓按丁,各备工木,分段筑塞赤溪村前近海一带溢坦,陆续筑成天字号围田六十七亩,地字号围田七十六亩,玄字号上格围田五十四亩六分,朱乾达围田一十八亩,又金鸣石下充公田一十八亩,俱拨作县属公田,每年共纳租银二百六十两,缴存厅署,留作修理衙署及城垣庙宇各项支用"[3]。赤溪村前的海坦位于新会崖门出海口门的西侧一带,直到光绪初年海坦已浮露出水面,由官府招佃、自备工本进行筑围。这是合法的小规模的围垦形式,与前面所述的由豪强大户进行大规模的违规操作的围垦形式有明显的区别。由此可见,在清末以前珠江三角洲围垦业的发展概况及其承垦方式的多样性。

为了粗略说明清代广东沿海围垦的沙田数,从官方公布的数字来

---

① 参阅民国《东莞县志》卷九九至一〇二《沙田志》。

② 民国《赤溪县志》卷四《经政·田赋》。

③ 民国《赤溪县志》卷四《经政·田赋》。

表19 宋至清珠江三角洲堤围护田面积统计简表(单位:顷)

护田面积 朝代	1—10	10—20	20—30	30—40	40—50	50—60	60—70	70—80	80—90	90—100	100—200	200—300	300—400	400—500	500—600	600—700	700—800	800—900	900—1000	1000—2000	2000—3000	3000—4000	9000以上
宋代(960—1279)	3	2	1	1	2		1				1		1							1	1		2
元代(1271—1368)	3	7	3	3	2	1	1	3	3		3	5	2		1								
明代(1368—1644)	30	16	7	4	4	4	5	6	1	2	6	6	5	1	4		2	1	1	3		1	
清代(1644—1911)	21	13	8	8	1	2	2		1	1	2												

说明:(1)本表统计系参考《珠江三角洲堤围建设简表》《珠江三角洲农业志》(初稿)二《珠江三角洲堤围和围垦发展史》、《明代珠江三角洲堤围建设简表》及相关方志编制而成的。(2)本表以护田面积1项或以上进行统计,不包括护田面积1项以下或无护田面积数的堤围数,也不包括文献中尚未载有的及作者尚未见有的资料。(3)本表资料是一个粗略的统计,实际的护田面积及堤围数肯定远远大于本表统计数,谨供对照参考。

看,自乾隆五十年(1785)至道光元年(1821),本省"核计详报有案的沙田达三千余顷",此外还有大量隐瞒未报的垦田数字,"若以垦户之影射入侵耕,其数尤愈倍蓰"[①]。道光以后本省的围垦业继续迅速发展,据学者近年分析研究,仅从乾隆十八年(1753)至同治年间,大约一百二十年间,广东各地围垦的沙田数共 13300 余顷,其中珠江三角洲占绝大部分,韩江三角洲只占小部分。[②] 总之,清代广东沿海围垦业获得了迅速的发展,而围垦业的发展又促进和扩大了本地区的堤围建设,故堤围和围垦二者是相辅相成、相互促进的。

为了大体上了解明清时期广东堤围和围垦的发展情况,比对宋元时期堤围的发展情况,根据现有的文献资料及近年学者的研究成果,以珠江三角洲为例编制表 19《宋至清珠江三角洲堤围护田面积统计简表》,以供参考。

第二节　促进了农业经济的发展

农田水利建设的长足进步,一方面推动了农业的开发,加速了粮食作物的迅速发展,另一方面也促进了商品性经济作物的发展,有利于商品经济的繁荣。

一、促进了粮食作物的发展

在传统社会里,农业是国民经济的基础,而"水是农业的命脉"。故曰"农田之于水利犹鱼也,得之则生,弗得则死"[③]。明清时期,广东各地积极修筑农田水利工程,促进了粮食作物的迅速发展,主要表现在改造低产田,提高农作物的复种指数和粮食作物的产量等方面。

1. 改造低产田。

广东各地的自然条件复杂,存在着不少土质较差的低产田,如山区、丘陵地带的高冗瘠土,低洼冷底水田及沿海盐卤的潮田等。改造这些低产田,提高其质量,便成为本省农业开发的一项重要任务。根据传统经验和实践探索,本省改造低产田有种种措施和办法,其中关

---

① 光绪《桑园围志》卷一五《艺文》。

② 参阅《珠江三角洲农业志》(初稿)二,《珠江三角洲堤围和围垦发展史》。

③ 道光《直隶南雄州志》卷二一《艺文·文纪》。

键措施就是兴修农田水利,改善排灌条件,进而改良土壤。明初以来,广东各地大力兴修农田水利,对改造低产田确乎起了巨大的作用,成效显著。

一是改造咸卤潮田。本省沿海潮田,土质咸卤,种植水稻产量很低。为改造这些潮田,各地农民积极修筑堤围、堤岸,防御咸潮的侵蚀,保护堤内的农作物,另外又修筑陂圳,引来溪泉淡水,冲斥咸卤土质,改善耕作环境,从而逐步提高其产量。如潮阳县近海潮田有"斥卤地"之称,明代以来该县大力修筑堤岸以防咸潮,又开渠引溪泉灌田,改善耕作生态环境,收到明显的成效。如弘治初年修筑通济港后,使近海回环二十余村三千余亩瘠土"变为沃壤"[1]。隆庆年间该县直浦都为防御咸潮之害,大举筑堤开渠,使四十余乡之三万余亩农田"化斥卤为腴田"[2],改造盐卤低产田的成效十分显著。揭阳县的情况亦然,其"沿海一带斥卤,三年仅或一收",人民苦于"患潮"。乾隆初年该县大力改造咸卤田,其法是"内竣深沟,外筑长堤","由是数千亩瘠土变为腴田,农食其利"[3]。以上例子说明,筑堤开渠的办法,是改造低产潮田的正确途径。在珠江三角洲及粤西沿海也正是通过这种方式防御咸潮,成功地改造了大片低产潮田,推动粮食作物的发展。

二是改造高亢瘠土。广东高亢瘠土遍布粤北至粤西各地,由于长期苦旱,这些瘠土已不宜种植农作物,产量极低。根据前人的实践经验,改造高亢瘠土最有效的办法就是兴修水利,引水灌注瘠土,改良土壤,使之成为宜于种植的沃土。如正德年间,嘉应州雁洋堡为改造长期苦旱的高亢瘠土,采取"筑陂开沟"的办法,引溪水灌注干旱土地,终于使该堡之高亢"瘠土成为沃壤"[4],并获得了好收成。直隶南雄州高亢瘠土甚多,同样大力兴修水利,改造大片低产瘠土,取得可喜的成效。如祇园乡有"瘠田万顷",通过修筑陂渠,引流灌溉,改良土壤,"易瘠为腴"[5],促进了农业生产的发展。至于粤西高亢地带,历史上是一个长期苦旱、农业歉收甚至失收的瘠土。如前所述,自宋明以来当地

---

① 参阅光绪《潮阳县志》卷四《水利》。
② 光绪《潮阳县志》卷二〇《艺文上》。
③ 重刊光绪《揭阳县续志》卷三《人物志·贤能》。
④ 光绪《嘉应州志》卷二三《新辑人物志·李万庄》。
⑤ 参阅道光《直隶南雄州》卷三八《行谊·戴尚周》。

人民便持续修筑陂塘渠闸，引水灌注干旱土地，使农业生产得以发展，在改造高亢瘠土方面取得了显著的成效。总之，明清时期本省通过兴修农田水利，大力改造各地的低产高亢瘠土，提高了农作物的产量，这是促进农业发展的一个重要因素。

三是改造低洼土地。广东低洼土地的分布也不少，其中以西江下游及沿海地区最为突出。这里地势较低，受洪涝潮影响的低洼水田较多，农作物的产量都很低。为改造低洼水田，当地人民总结经验，采取因地制宜，改善排灌条件的措施，使低洼水田免受洪涝之患，以利农业生产的发展。明清以来，这些地区积极兴修农田水利，筑堤建窦，使洼地排灌畅通，从而达到改造低产低洼田之目的。高要县在这方面具有一定的代表性。明初该县修筑了丰乐堤，护田千余顷，但围内有大片低洼地带受涝浸，常年歉收或失收。为改变这些低洼地长期受涝浸的状况，万历初年该县采取改造低洼地的有效措施，在丰乐堤开凿著名的"滕蛟窦"，疏通围内的排灌系统，使低洼地的积水顺利排出，从而改变了该地区的生产面貌。据称，"自是(滕蛟窦)启闭以时，雨则分泄内潦，旱则引潮溉浸，数万亩湮冗之田悉为膏腴"①。由此可见，在堤围地区筑窦建闸，整治排灌设施，有利于改造低洼地的生态环境，从而确保农业生产获得丰收。

2.提高农作物的复种指数。

明清时期随着广东修筑农田水利的进步和发展，以及耕作技术的提高，在宋元基础上进一步提高了农作物的复种指数，即普遍实行两熟制，特别是两熟连作制，推广三熟轮作制。

(1)普遍实行两熟制。明初珠江三角洲沿海的潮田大多种植单季稻，即一熟制，亩产量偏低。主要是潮田受咸卤的侵蚀，不利于水稻的生长。为改变潮田的生态环境，各地人民修筑堤围，防御咸潮之患，又开渠引灌江河淡水以冲斥咸卤土壤，改善了水稻的生长条件，可以种植双季稻，即由以往的一熟制提高至两熟制。如新会县潮莲乡一带的潮田，就是通过修筑堤围，实行蓄泄法，将单季稻的种植改变为双季稻的种植。据称，弘治以前潮莲"有潮田，岁一稔，(乡人)(区)鉴率众筑

---

① 道光《高要县志》卷六《水利略·堤工》。

堤捍海,为蓄泄法,遂获两熟"①。番禺县的坑田、围田、潮田等原来多为单造生产,由于兴修农田水利,改善了灌溉条件,都改变为两熟连作制了。史称清代该县"坑田、围田、潮田皆岁再熟"②。以上例子说明,自明代以来,珠江三角洲等地区采取修筑农田水利的方式,将原来水稻的一熟制改变为两熟连作制,提高了水稻的复种指数,也提高了水稻的产量。

除两熟连作制外,还有两熟间作制和两熟轮作制的推广。究其原因,也是改善了农田水利灌溉与提高耕作技术所致。两熟间作制明代已有记载③,但广东似乎在清代才逐步推广,这种早晚稻间作制称为"挣稿"或"挣藁"。主要分布在珠江三角洲和粤西沿海地区。如东莞县的水稻间作制,"每(年)于插早造后十余日即掺插之,名曰挣稿。早稻获后,苗乃勃发"④。据称以"矮脚白"稻种插挣稿,"收倍别种"⑤,产量可翻番。阳江县的挣稿种植似有不同,即"以早晚谷种匀而合播者,逮早禾既获,晚禾随长,谓之挣藁,亦再熟也"⑥。两熟轮作制在山区早已推广,明代以来粤北山区兴修农田水利,引灌山坡农田,在不能种植双季稻的地方,便因地制宜,实行一造水稻一造麦、茨之类的轮作。

总而言之,明清时期广东各地区普遍实行两熟制,特别是两熟连作制,只有少数地方由于种种原因,仍保留一熟制的落后种植方式,说明农业生产发展的不平衡性。

(2)推广三熟轮作制。明清时期广东的三熟制在宋元基础上有了进一步的发展,水稻三熟连作制在海南琼州府等地仍有一定的发展,但所占的比例似乎不大,产量也不高,主要是受制于劳力、肥料和耕作技术之不足。而三熟轮作制则在全省各地获得了迅速的推广,是本省因地制宜、尽地力、高产量的一种种植制度。三熟轮作制的推广,究其原因主要是由于本省农田水利建设的长足发展,耕作技术的不断进步和提高,以及有充足的有经验的劳动人手等。所谓三熟轮作制,是指在双季稻的基础上再冬种一造小麦、番茨或蔬菜之类,即稻麦三熟轮

---

① 光绪《广州府志》卷一二六《列传一四·区越》。
② 民国《番禺县志》卷一二《实业志·农业》。
③ 参阅长谷真逸《农田余话》。
④ 参阅民国《东莞县志》卷一三《舆地略·物产上·谷类》。
⑤ 参阅民国《东莞县志》卷一三《舆地略·物产上·谷类》。
⑥ 民国《阳江志》卷一六《食货志四·物产·稻》。

作制、稻茨三熟轮作制、稻菜三熟轮作制等。兹依次略作说明。

稻麦三熟轮作制，即两稻一麦的三熟轮作制。明初以来，本省大兴农田水利，为进一步推广三熟轮作制奠定了基础。本省各地都因地制宜，先后推广这种轮种制度，并取得了可喜的成效。如嘉靖中年阳江县一改以往粗放的两熟耕作制，开始推行"冬麦、夏粘、晚稻"的三熟轮作制，称为"三收法"，其法是冬麦于"晚禾获后种，次年正月收"[1]，即在双季稻的基础上增添一造麦的收获。明末清初，海丰县在农田水利灌溉较好的地方，都普遍推行稻麦三熟轮作制，即在秋收之后"冬季种麦"，实现了"腴田所以一年三熟"之目的。[2] 嘉应州(今梅州)在环城四五十里之乡村，大力推广"一麦二谷"三熟轮作制，在解决人口增多的口粮问题上起了一定的作用，即"于青黄不接之顷，得此而民不乏食"[3]，其成效显而易见。从文献记载看，此时期广州府、肇庆府各州县也积极推广稻麦三熟轮作制，以增加粮食的生产。

稻茨三熟轮作制。其推广的条件大致与稻麦轮作相同。主要分布在粤东、粤北及粤西各地。其法是在双季稻的基础上再冬种番茨，以补主粮之食。如潮汕地区大力推广稻茨三熟轮作制，以解决人多地少粮食不足的困难。史称"潮人播种(番茨)甚多，可备粮食；霜陨叶槁则米贵，大熟则米贱，所系甚重"[4]。当地人民常年都将番茨作为主食之一，以补稻米之不敷。粤西高雷等地区，也是推广稻茨三熟轮作制的重要地区。清代以来大力兴修农田水利，解决了高亢地带的水利灌溉问题，在种植双季稻的基础上推广冬种番茨，并以此作为口粮。据称该地"贫民多以(番茨)为粮，十月后种，春夏始收"，"邑人以茨之丰歉卜岁"。[5] 事实上清初以来本省各地都在积极推广稻茨轮种的制度，以增加粮食作物的生产，解决由于人口增长而出现粮食日趋紧缺之矛盾。

稻菜三熟轮作制，即冬种蔬菜豆类，成为两稻一菜的三熟轮作制。稻菜轮种制十分讲究完善的农田水利灌溉条件，主要分布在珠江三角

---

① 民国《阳江志》卷二五《职官志·宦绩》和卷一六《食货志四》。
② 参阅乾隆《海丰县志》卷六《赋役志·物产》。
③ 光绪《嘉应州志》卷六《物产·谷之承·麦》。
④ 光绪《潮阳县志》卷一二《物产》。
⑤ 光绪《吴川县志》卷二《物产·甘茨》。

洲、韩江三角洲及其他近城的水利发达的地区。其中以珠江三角洲冬种蔬菜豆类尤为突出。明清以来,广州及郊区人口增长迅速,对粮油和蔬菜的需求增大,而这里的水利灌溉比较发达,有利于推广稻菜轮种制。如番禺县"或于冬耕之后杂植蔬、菽、茨、芋、落花生等"①。广州北郊在"禾田两获之余,则莳菜为油",种植各种蔬菜、豆类,以满足城镇市场的需求。② 此外佛山、九江、大良等城郊稻菜轮种也比较兴旺。值得注意的是,广州郊区在冬种蔬菜的基础上,出现了商品性蔬菜的专业生产,这一点留在后面论述。

　　总而言之,明清时期广东普遍推广了多种形式的三熟轮作制,以及多种形式的二熟制,提高了农作物的复种指数,对推动本省农业的全面开发作出了贡献。可以认为,本省农作物复种指数的提高和种植制的进步,是与各地大型农田水利密切相关的。

　　3. 提高粮食作物的产量。

　　明清时期广东农田水利建设的长足发展,对提高粮食作物的产量起了重要促进作用。因为粮食作物的发展需要有相关的条件配合,而农田水利灌溉是最基本的前提条件。粮食作物的发展,主要表现在各地农作物的丰收面在扩大及粮食亩产量的提高。

　　由于各地大力兴修农田水利,既有利于粮食作物的生长,又促进了土壤的改良,再加上采取精耕细作的方式,因而各地的粮食作物都不断获得好收成。如直隶南雄州城北原是一片平衍而荒旱的土地,农业常年歉收甚至无收,嘉庆年间修筑陂渠水利工程后,一改长期苦旱的面貌,平衍的农田得到了灌溉,农副业生产喜获丰收,呈现一派"仓有余储,池有余鱼,圃有余蔬"之兴旺景象。③ 澄海县套子河两岸绵亘数里的农田则苦于水患,农作物经常失收,乾隆年间"始筑堤障之,功成,田乃大熟"④,亦即筑堤防御水患后,使沿河田数十顷获得了丰收。珠江三角洲是粮食农作物的主要产区,明清以来大力修筑堤围工程,改善了围内沙田的生态环境,种植粮食作物都获得了好收成。如顺德县水藤、藤堡、杨窖等六乡,地当西北两江会流之冲,历史上每逢潦至,

----

① 民国《番禺县志》卷一二《实业志·农业》。
② 参阅光绪《广州府志》卷一五《舆地略七·风俗》。
③ 参阅道光《直隶南雄州志》卷二一《艺文·文纪》。
④ 嘉庆《澄海县志》卷二一《宦绩》。

"田禾尽没,基塘半空",自同治初年修建堤长4162丈的玉带围后,不仅使"合堡永免水患",而且使围内"洼田尽变沃壤,租息比旧倍增",①亦即农作物生产获得了丰收。像顺德县的情况,各地都有不少相类似的例子。文献资料显示,明清以来本省各地在兴修农田水利后,农作物特别是粮食作物的生产,都比以往获得较好的收成,这是不言而喻的。

为进一步说明明清时期广东粮食作物产量的提高,我们通过各地粮食作物的亩产量进行初步考察与评估。虽然文献上有关这方面的记载不多,但透过若干零星的例子仍可看出其产量增加的一般情况。如清代海丰县兴修农田水利后,促进土壤改良,使肥沃的农田水稻亩产达到五石至六石。史称该县"以永安类多膏腴,收皆作亩五、六石"②。东莞县农田水利发达,又采用禾草灰、磷肥、生麸等为肥料,种植"雪白粘"良种,"每亩约收谷五百余斛"③,种植"东莞白"、"香粳粘"等,则"每亩收谷四百余斤"④。可以认为,亩产稻谷五石至六石大体上可反映出清中叶广东沿海水稻的高产水平。但从全省来看,一般的亩产量多在三石至四石,较高产量则达四石至五石,发展是不平衡的。值得一提的是,清末韩江三角洲由于农田水利灌溉发达,又采取精耕细作的生产方式,已成为本省农作物又一高产地区。据1911年潮海关税务司的报告称,光绪宣统之际,这个地区"农作物总的收成很好,繁荣景象显而易见",又云该地"土壤虽承砂质,但经过世世代代勤劳农民的耕种,已成为高产农田。主要农作物有水稻、糖(即甘蔗、柑橘、靛蓝、花生和黄麻)"⑤。

二、促进了商品性农业生产的发展

农田水利建设的发展对商品性农业生产的发展起了很大的促进作用,主要表现在经济作物的发展和基塘经济的发展这两方面。

---

① 民国《顺德县志》卷四《建置略三·堤筑》。

② 光绪《惠州府志》卷三《舆地·山川》。

③ 民国《东莞县志》卷一五《舆地略·物产》。

④ 民国《东莞县志》卷一五《舆地略·物产》。

⑤ 参阅[英]海关税务司克立基《1902—1911潮海关十年报告》,载《潮海关史料汇编》,中国海关学会汕头海关小组、汕头市地方志编纂委员会办公室编,1988年。

1.经济作物的发展。

明清时期随着广东各地农田水利灌溉的改善和发达,本省经济作物的种植有了迅速的发展,尤其是与地区特色及市场和贸易有密切联系的甘蔗、蔬菜、花生和草类等生产获得显著发展。

(1)甘蔗。种植甘蔗需要有良好的农田水利灌溉的条件,潮汕地区、珠江三角洲及粤西沿海地区水利灌溉发达,是本省的主要甘蔗产区。明中叶以后,尤其乾嘉以来,由于国内外市场对甘蔗的需求急剧增加,这些地区的甘蔗得到了迅速发展。如潮汕地区种植甘蔗已成为商品性经济作物之最大宗。蔗糖除供本省市场销售外,主要运销于江南和天津等地。清初潮阳县推广种植竹蔗,加工而成黄糖和白糖,每年都有相当多的蔗糖用"商船装往嘉松苏州易布及棉花"①。诗云:"岁岁相因是蔗田,灵山西下赤寮边,到冬装向苏州卖,定有冰糖一百船。"②可见其甘蔗的种植与蔗糖贩运的规模都很大。揭阳县种蔗制糖业也很发达,据称,清中叶该县甘蔗"栽种益繁,每年运出之糖包多至数十万,遂为出口货物一大宗"③。珠江三角洲及粤西沿海发挥水利灌溉发达之优势,种蔗制糖业也十分兴旺。史称"糖之利甚丰,番禺、东莞、增城糖十之四,阳春糖居十之六",其"蔗田几与禾田等"。④ 种蔗业的发达及其可观的利润是显而易见的。

(2)花生。花生的种植与推广,与农田水利灌溉的改善和发达也有密切联系。由于花生是居民食用油和照明的主要来源,其花生麸又是理想的肥料,故明清以来广东各地都积极扩大花生的种植面积,成为仅次于甘蔗种植的重要经济作物。花生种植的地区分布,主要在粤东、粤西沿海及珠江三角洲。如揭阳县冬种花生甚为普遍。据称"揭人以茨芋、花生之承为小冬,小冬丰则家给人足",农村"以榨油为业者十室而九"⑤,可见,该县花生的种植及榨油业之兴盛。海丰县东北部地区"无人不植"花生,花生加工为油及油渣(即麸),给农村带来了显著的经济效益。据称,乾隆年间该县仅此一项每年"获利不止千金

---

① 光绪《潮阳县志》卷一二《物产》。
② 光绪《潮阳县志》卷一二《物产》。
③ 光绪《揭阳县续志》卷四《风俗志·物产》。
④ 参阅范端昂《粤中见闻》卷二五《物产五·蔗》和民国《东莞县志》卷一五《舆地略·物产》。
⑤ 光绪《揭阳县续志》卷四《风俗志·物产》。

（两）"，成为"与蔗丰产大宗"①。东莞县盛产花生，榨油业"最盛"，"富者多以糖房、油榨起家"②。开平县陂塘水利灌溉发达，利用近山坡地广种花生，效益可观。史称"邑人近山者多种之，尤以长塘洞、蚬冈等地方为最多。除当小品啖食外，概用以榨油，其渣为豆麸，可粪田，利甚溥，为邑中出产一大宗"③。石城县（今廉江县）的情况亦然。据称，该县"西南农人多植之，春种秋收，碾米榨油，出息最巨"④。总之，广东各地充分利用农田水利灌溉的有利条件，采取多种形式的轮作方式，在平坦农田或近山坡地推广种植花生，促进了商品性经济作物的发展。

（3）蔬菜。种植蔬菜和瓜豆类作物需要有发达的水利灌溉的前提条件，明清以来，广东各地修建了许多陂塘、堤围水利设施，为城镇郊区及其附近乡村推广种植各式蔬菜、瓜豆类作物提供了有利条件。如珠江三角洲城郊凭借其水利灌溉的发达，大力发展蔬菜生产，以供应广州及各城镇市场之需求，满足居民生活之需要。据载，明代以来广州西郊盛产蕹菜、芹菜及菱、莲、茨菰和茄之类，西郊"西园"一带，"土沃美宜蔬。多池塘之利。每池塘十区，种鱼三之，种菱、莲、茨菰三之，其四为蕹田"⑤。蕹菜种在水上"架田"，以城南大忠祠所产者为上，芹菜长在菜圃上，以西园所产为上，故有"南蕹西芹，菜茹之珍"的称誉⑥。东莞县种植蔬菜，合理灌溉施肥，获得了高产。如藤菜每亩可收三千余斤，白菜每亩约收三百余斤⑦。各地利用池塘、水田和新围垦的沙田等种植莲藕，十分兴盛。据称，东莞万顷沙"初筑成围之田，厥土涂泥，最宜种藕"⑧。高要、四会、惠州、潮州等地都广种莲藕，颇负盛名。值得一提的是，海南沿海州县充分利用塘池井等水资源推广种植各种蔬菜。如儋县利用塘水"可资灌溉，种菜牧牛"，每年"获菜之利不少"⑨。琼山、临高等县凡水资源丰富之乡村都推广种植蔬菜，其品种包括本

明清侨乡农田水利研究——基于广东考察

---

① 乾隆《海丰县志·赋役志·物产》。
② 民国《东莞县志》卷一五《舆地略·物产》。
③ 民国《开平县志》卷六《舆地略五·物产·花生》。
④ 民国《石城县志》卷二《舆地志下·植物·花生》。
⑤ 屈大均：《广东新语》卷二七《草语》。
⑥ 屈大均：《广东新语》卷二七《草语》。
⑦ 参与民国《东莞县志》卷一五《舆地略·物产》。
⑧ 参与民国《东莞县志》卷一三《舆地略·物产上》。
⑨ 参阅民国《儋县志》卷二《地舆·井塘》。

省常见的甜菜(莙达)、苦菜、蕹菜、茼蒿菜、东风菜、菠薐菜(菠菜)、苦荬菜、芥兰、芹菜、芥菜、生菜、苋菜、萝苟菜等数十个之多,①满足了城乡居民的生活需求。

(4)草类。明清时期,广东各地因地制宜,充分利用低洼水田、池塘及堤围附近的滩涂、草滩等推广种植各式有经济价值的草类植物,既有一定的经济效益,也起到了护堤的作用。本省草类的种植大致可分为淡水草和咸水草两大类。

淡水草。广东高要、高明、西宁(今郁南)、广宁和东莞等地,利用水田、池塘种植有经济价值的淡水草。如高要县种植芏草颇负盛名。生萝芳、温贯、壤鹤诸村种植芏草甚多,以坑田种者质圆细滑为良,洼田种者则质粗薄劣。优质的芏草捣织为席,谓之芏席或通草席、蒲席,据称高要的芏席"胜于他处,名富龙须"②,享誉中外。粗短的芏草则可织为包席,亦名蒲包,用作米包、盐包、糖包为多,也有编织为帆者,曰悝席。种植芏草效益可观,"两岁一刈,利倍粳稻"③。西宁县(今郁南县)连滩三堡诸乡以水田种植"席草","一岁两收,气香味淡,作席胜东莞草"④,其质量及制品亦佳。

咸水草。珠江三角洲等沿海堤围,利用基围外的沙滩,或近海潮田,或围垦中的沙滩等种植芦苇、卤草等咸水草,以期达到护堤的目标,并增加经济收益。其种植或采集的方式有三:一是在基围外之沙滩种植水草。如桑园围章程规定,在基外多种芦苇,自堪御杀巨浪,"防护基身"⑤,且可将其织为席袋或盖房之用,又有一定的实用价值。二是在近海潮田开发有价值的草类资源,如东莞县利用近海潮田种植"卤草",以供织席之用。该县西南部厚街、桥头各乡多在潮田种卤草,称"莞"或"莞草",采莞织席,即著称中外之莞席。清中叶莞席畅销中外,"获利甚巨"⑥。三是在围垦中种水草,以加速沙滩之形成,如上所述,清代以来,珠江三角洲的圈筑围垦已从"新成之沙"向"未成之沙"发展,筑坝、种草促淤,是加速沙滩浮露的重要步骤,成效显著。

① 参阅咸丰《琼山县志》卷三下《舆地志八·物产·蔬类》,光绪《临高县志》卷四《物产》。
② 宣统《高要县志》卷一一《食货篇·实业》。
③ 宣统《高要县志》卷一一《食货篇·实业》。
④ 道光《西宁县志》卷三《舆地下·物产·草类》。
⑤ 参阅光绪《桑园围志》卷一一《章程》。
⑥ 参阅民国《东莞县志》卷一四《草类·莞》。

以上情况表明,明清时期广东各地推广种植各种有经济价值和使用价值之草类,与农田水利事业的发展与水资源的充分利用有密切关系。而水草种植及其加工业的迅速发展,不仅带来了丰厚的经济效益,而且起到了护堤与促淤围垦的积极作用。

2.基塘经济的发展

明清时期随着珠江三角洲堤围建筑的迅速发展,立足于堤围的基塘经营方式逐渐兴起与发展,并形成具有特色的商品化的基塘经济。所谓基塘,"种桑之田曰基,养鱼之池曰塘"①,大致是指在基堤上种植桑果之类,在基堤旁则挖塘养鱼。这种基塘的经营方式有一个成长、发展和完善的过程。概括而言,明初以来,在高要、四会至南海、顺德一带,多因地制宜在基堤上种植果树或桑树之类,称果基或桑基,其用意在于保护基堤,兼有果桑之利;又在基旁开凿池塘养鱼,以收鱼利,通称为果基鱼塘或桑基鱼塘。自明中叶以后,尤其清初以来,随着商品性农业经济的迅速发展,以及生产技术水平的提高,基塘经济的经营方式进一步得到了发展和扩大。南海、顺德及其近邻地区充分利用其优越的自然环境,运用先进的合乎科学和生态农业需求的经营方式,大力发展基塘种桑、养蚕、养鱼有机结合及连环性的生产模式。换言之,在基面上种桑、养蚕,以蚕沙养鱼,又以塘泥肥桑,蚕网缫丝,初步形成了合乎生态农业要求及可持续循环发展的高效益的生产体系。这就是珠江三角洲创新的有其特色的基塘经济的经营方式。

由于桑基鱼塘的经营方式适应了商品经济发展的要求和市场贸易的需要,故其发展极为迅速。清中叶以后,国际生丝市场看好,国内商品市场兴旺,进一步促进了基塘经济的发展,史称"咸(丰)同(治)后,稻田多变基塘,获利较丰"②。及至光绪中叶,"丝价飞涨数倍",加速了基塘经济的迅猛发展,顺德县一马当先,"禾田多变基塘,莳禾之地不及十一"③,甚至于有的地方"悉变为桑基鱼塘"了。高明县的基塘经济亦有显著的发展。如光绪年间该县秀丽围就是一个典型的例子,该围"业蚕之家"即经营基塘经济的业户,因地制宜,采取"基六塘四"

明清侨乡农田水利研究——基于广东考察

---

① 民国《顺德县志》卷一《舆地·风俗》。
② 民国《顺德县志》卷二〇《列传·何家饶》。
③ 民国《顺德县志》卷一《舆地·物产》。

的经营方式，"基种桑，塘蓄鱼，桑叶饲蚕，蚕矢饲鱼，两利俱全，十倍禾稼"①。以上情况表明，这种基塘经济的经营方式，业已突破了传统的农业经营模式，转向市场利好的商品化的生产了，从而获得了最佳的经济效益。这正是珠江三角洲基塘经济的经营方式的又一特色。

总而言之，明清时期珠江三角洲特有的基塘经济的发展是与堤围和围垦业的发展紧密相连的，堤围的发展提供了基塘经济兴起的平台，促进了基塘经济的发展。而基塘经济的独特的经营方式，正是充分利用了堤围资源的优越条件，适应了商品经济与市场的发展需求，采取了与传统农业经营有别的、符合生态农业要求和可持续循环发展的经营方式而迅速发展起来的，它无疑是一种带有开创性的先进的高效益的经营方式。

第三节　促进了农村养殖业及加工业的发展

广东农村家庭养殖业已有悠久的历史，明清时期本省农田水利建设的迅速发展，进一步促进了农村养殖业的发展与兴旺，并推动了农副产品加工业的发展。

一、促进了农村养殖业的发展

农村养殖业主要包括养鱼、培育鱼苗、养鸭鹅、养牛等。

1. 养鱼。

明清以来，广东各地修筑了星罗棋布的陂塘水库及堤围渠闸等设施，连同可供灌溉之湖泊、水池等，大大推动了农村养鱼业的发展。粤北山区因地制宜利用蓄水之山塘、水库养鱼，实现了"灌溉养鱼两不相妨"之效益。如嘉应州（今梅州）修筑陂塘灌溉兼养鱼，摸索出一套可行的办法和经验，即"灌溉养鱼可以并行，灌溉之塘来水有陂，泄水有涵……涵有上中下，用水时次第开涵，放几分，留几分，灌田养鱼两不相妨"②。粤西山区则利用新垦荒地引水养鱼，促使其成为熟田，兼收取鱼利。如新泷等州（含德庆、郁南等）在山田拣荒处鉏为町畦，伺春雨丘中聚水，"买鲩鱼子散于田内，一二年后鱼儿长大，食草根并尽，既

①　光绪《高明县志》卷二《地理志·物产》。
②　光绪《嘉应州志》卷五《水利》。

为熟田,又收鱼利,及种稻且无稗草,乃齐民之上术"①。此举将垦荒与养鱼相结合,使之相互促进,一举两得,是山区人民在实践中总结出来的经验。

珠江三角洲除前面论及南海、顺德等发达的基塘经济外,其他各地也充分利用基围旁的池塘或农田推广养鱼业,获得鱼禾之利。如高要县水利发达,各乡镇利用堤内池塘和农田养鱼种稻。史称该县"佃塘蓄鱼,比比皆是",其"城北郊外之波海、黄塘、大揽俱鱼禾两利,禄步塱之南塘、广利之大框亦然,大湾之白溪、麦塘鲤鱼尤有名"②。四会、三水、高明、新会等县的情况亦然。韩江三角洲也利用农田水利设施发展养鱼业,如海阳县(今潮州市)利用北濠灌溉附近七乡农田近两千亩,又在濠内"养鱼获利"③,达到稻鱼双利之目的。海南沿海地区也多利用供灌溉之塘、湖、潭及河溪养鱼。如儋县就是典型一例,该县土五大塘,"其水灌田二十余顷",其塘"养鱼最多",每年捕鱼二三次。④ 潮园大潭,源出于大江,面积二十方丈,其潭"灌溉田亩甚多",潭内"产鱼颇盛"⑤。又县南之鹅口江养鱼颇多,其中"以鳢鱼为最佳","沿江屏水灌田五百余顷"⑥,获得了鱼稻双收之效益。

2. 养鱼苗。

广东西江下游高要等河段及附近基围池塘,是网捞和培育鱼苗(又称鱼花、鱼秧、鱼种)最集中之处。这里发达的堤围促进了鱼苗业的生产。本省月令将二月"鱼苗生"或季春"鱼花至"列为头款内容,亦足见其在农业经济中的重要性。鱼苗的生产大抵有两条途径:

一是在西江下游高要等河段网捞。大抵自封川江口至羚羊峡口是网捞鱼苗最集中之处。沿海皆设有"鱼花步"作为"取鱼花"之场所,如高要"县境共有百余步"⑦。每当"清明后雷雨大作,鱼孕育,乘潦流下",是时沿江鱼花步便聚集数以十计的捕捞鱼花之小船,其捕捞之法,"以苎布为罾,罾尾为一木筐而无底,半浮水上,鱼花从罾至筐,乃

明清侨乡农田水利研究——基于广东考察

---

① 道光《西宁县志》卷三《舆地下·风俗》,光绪《德庆州志》卷六《食货志·物产》。
② 宣统《高要县志》卷一一《食货篇·实业二·渔业》。
③ 光绪《潮州府志》卷一八《水利·北濠》。
④ 民国《儋县志》卷二《地舆·井塘》。
⑤ 民国《儋县志》卷二《地舆·井塘》。
⑥ 民国《儋县志》卷二《地舆·井塘》。
⑦ 宣统《高要县志》卷一一《食货篇·实业·物产·鱼花》。

枸于船中,盛以白磁,方如针许,已能辨为某鱼,拣为一族,其浮在盘上者鳙也,在中者鲢,在下者鲩,最下则鲮也"。① 鱼苗捕捞后,即放在基堤旁之"方塘"畜养,大抵每处"总塘铺"置方塘数口,以"分畜鱼苗"②,待渔户客商前来洽购,或供附近基围池塘养殖。这是本省鱼苗的主要供应地,据称,清中叶后仅高要县的鱼花步每年售出之鱼花,"约十余万金(两)"③,可见其规模之大。

二是在基围池塘培育鱼苗。随着珠江三角洲堤围建设的蓬勃发展,利用基堤内外修筑的池塘"畜养鱼苗"的风气日盛。南海、顺德二县是培育鱼苗最集中之地区,而九江则是其中心。据称,九江周围三十余里的基围池塘繁殖大量鱼苗,所谓其塘"养鱼花者十之七,养大鱼者十之三"④。培育鱼苗之法,每年"八九月于池塘间采鱼子著草上,悬于灶突上。至(次年)春雷发时,收草浸于池,旬日如虾麻子,鬻于市,号鱼种"⑤。这是利用基塘采集鱼子、培养鱼苗的方法。自明代以来,位于南海、顺德之桑园围便在基堤旁"开池畜养鱼苗",道光年间仅桑园九江东方子围就有桑基鱼塘 66 顷,桑园九江五约子围则有基塘 22 顷,⑥由是说明其养育鱼苗之发达。值得一提的是,基堤池塘为培育鱼苗提供了有利条件,而鱼苗的收入与鱼花步的税费也成为当地每年"修地费用"之一笔来源,即岁修经费之一。如明中叶以来,高明县秀丽堤(即石奇堤)等规定,将各堤围池塘"所产鱼苗"的收入,作为"修堤费用"⑦。高要县则将鱼花步的税费,拨补给其堤围"岁修"之田。可见堤围的发展与鱼苗的捕捞和养殖都有着密切的联系。

总而言之,珠江三角洲鱼苗捕捞和培育业的发达,促进了区域间鱼苗市场交易的兴旺。南海九江已成为本省贩销鱼苗的中心市镇。九江鱼苗以其品种优良占有东南各省市场及省内各地市场。自明清以来,东南各省"率重九江人所鬻者,以粤之鱼花易长也"。而九江鱼苗的贩销业也达到了空前的规模,史称"岁正月,始鬻鱼花,水陆分行,

---

① 道光《高要县志》卷四《舆地略·鱼花》。
② 宣统《高要县志》卷一一《食货篇·实业·渔业·鱼苗》。
③ 宣统《高要县志》卷一一《食货篇·实业·物产·鱼苗》。
④ 屈大均:《广东新语》卷二二《鳞语·鱼花》。
⑤ 光绪《广州府志》卷一六《舆地略八·物产·鳞类·鱼花》。
⑥ 参阅道光《南海县志》卷七《江防辑补·围基》。
⑦ 参阅光绪《肇庆县志》卷四《舆地一三·水利》。

人以万计，筐以数千计，自两粤郡邑，至于豫章、楚闽，无不之也"①。

3. 养鸭鹅。

养鸭鹅业与堤围、陂塘的发展有着密切的联系。历史上，广东已有养鸭鹅的传统，唐代广州附近农村即有饲养鸭鹅的记载。② 明代以来，珠江三角洲堤围的不断发展，进一步促进了农村养鸭鹅业的发展。洪武年间这个地区的养鸭鹅业相当盛行，尤其养鸭业还设置专门的管理制度，即"鸭埠之制"，其法是"定地为图"，"鸭埠主选民有恒产者为之"，由"埠主"统管"畜鸭之人"③，即养鸭之农户。据称基围河涌一带盛产蟛蜞，是养鸭的饲料，而鸭吃蟛蜞又可保护禾稻，一举两得。这是养鸭业发展的重要原因。弘治年间，广州府的鸭埠进一步扩展，农村"畜鸭者动以数万计"④。清代珠江三角洲的养鸭业迅速发展，如顺德县的鸭埠遍布各乡，养鸭业发达，它和种桑养鱼已成为农村经济的主业了。⑤

粤西沿海也是饲养鸭鹅业发达的地区。如开平县自明代以来各乡养鸭甚多，史称清代"每年春夏间沿河壖搭寮牧鸭者，有无数队伍，每队鸭数千百不等，多有祖传鸭埠守为世业者"⑥。恩平县养鸭鹅亦很多，它已成为农村的重要副业，甚至出现了养鸭鹅的专业户，据称"鹅为农人副产物，更有专养鹅为业，与养鸭同"⑦。茂名县的情况亦然，当地农户在"水滨畜鹅鸭"，十分兴旺。由于鹅鸭群放牧多，时有发生"偶损田稼"之事。⑧

值得一提的是，明初以来广州府已有鸭埠税（即埠租）的征收，曾作为供制府犒土杂用和充军饷，大约在康雍年间，这项埠租"经地方官通查归公，（作）为凑修围基之费"⑨，即岁修经费之一。清中叶这项埠租似乎被取消了。

---

① 《广东新语》卷二二《鳞语·鱼花》。
② 参阅刘恂《岭表录异》卷上。
③ 参阅光绪《广州府志》卷一五《舆地略七·风俗》。
④ 光绪《广州府志》卷一五《宦迹二·陈雍》。
⑤ 参阅光绪《广州府志》卷一五《舆地略七·风俗》。
⑥ 民国《开平县志》卷四五《杂录》。
⑦ 民国《恩平县志》卷五《舆地·物产》。
⑧ 参阅光绪《高州府志》卷三七《人物十·列传》。
⑨ 光绪《广州府志》卷三《训典三》。

4. 养牛。

明清时期,广东养牛业的发展与农田水利事业的迅速发展有密切的关系,本省各地农村修建了数不胜数的塘堰渠圳及堤围等水利设施,再加上可供灌溉之用的河溪等水资源,一方面有利于牧草的生长,满足了牧牛所需的饲料;另一方面又解决了牛群的饮水问题,故促进了牧牛业的发展。如广州府七县农田水利发达,而大多较平整的农田又"犁必以牛",因而各县乡都十分重视牧养牛群,不仅有专人放牧,甚至还腾出部分农田种草饲牛。番禺县就是其中一例,据称,"上番禺诸乡,耕者合数十家牛牧以一人,人以一月,其牧牛之田曰牛田,所生草冬亦茂盛,食牛肥泽",又谓"上番禺牛田多",①可见这里的水利灌溉方便,牛田种草茂盛,又有一套管理牧牛的办法,故大大促进了养牛业的发展,为推广牛耕作业提供了有利的条件。

海南岛的养牛业也很发达,这里利用各种水源和草地饲养大量的牛群,以供省内外市场的需要。如前面提及的儋县,其修建的众多塘堰,"一则可资灌田,一则可供近村牧牛饮料"②。据载,自明代以来海南岛牧养的水牛为数甚多,大量的水牛运往省内外供屯田、农耕之需要,为本省的农田开发和发展提供了有利条件。粤北等地也因地制宜,利用塘堰及河溪水资源牧养黄牛(亦名沙牛)。农村养牛业也十分活跃,其牧牛之目的主要是为了犁耕所需,其次是为市场提供商品牛,以满足居民生活之需求。

综上所述,明清时期广东农业和农田水利事业的迅速发展,大大促进了本省各地农村养鱼、养鱼苗、养鸭鹅和养牛等养殖业的进一步发展,有利于农副产品商品化的提高,推动了城乡市场商品经济的活跃。与此同时,各地利用鱼苗收益、鱼花税、鸭埠税等,作为堤围岁修经费的一种补助手段,而修筑围基又必须使用大量的牛力,所有这些都有利于堤围的建设与发展。可以认为,农田水利事业与农村家庭养殖业的发展,有着相辅相成、相互促进的密切联系。

二、促进了农村加工业的发展

农田水利建设的发展大大促进了农村加工业的发展,推动了山区

---

① 光绪《广州府志》卷一六《舆地略八·物产·牛》。
② 民国《儋县志》卷二《地舆·井塘》。

经济的开发和发展。明清时期,广东农村加工业种类繁多,这里只着重考察与农田水利发展息息相关的几种农副产品加工业,如香粉、碾米、造纸等。大概而言,各地因地制宜,利用设在河滨之旁的水车水碓进行加工,即将农田灌溉与加工农副产品结合起来,平时利用水车、水碓加工香粉等业,遇天旱时则引水灌溉农田,充分发挥水车、水碓的提水和加工的效益。

1.制香业。

广东南北各地,凡有河滨水车设置及香木种植的地方,似乎都有香粉厂的生产,故香粉厂遍布全省各地。香碓、香车(香水车),即利用水车、水碓加工香粉之名称,其形制与设置各地均有记载。据称,博罗县罗浮地区的香碓甚多,当地盛产各种名贵之香树,村民采集香木,利用水车、水碓加工,制成香粉。更称罗浮"山人每采树之鳞甲名薰陆罗香者,及枫、桂、鸡藤、水松之承,以辖车车水,水激处,百杵齐举,而黄屑成焉",又谓"其香以天生,而末以水成"。[1] 罗浮的香粉制成"香条"、"香饼"后,"以浮湆载之,沿罗阳溪而下,售于广、惠二州"[2],著称海内外。所谓"七十二溪流水香,香随流水出罗阳,山中水碓家家有,香末春成即稻粱"[3]。说明罗浮村民以香碓生产为其主要副业,其地位等同于稻粱的生产。

从化流溪堡的香粉生产亦颇兴盛,村民利用流溪河的水力资源,"多以树木障水为水翻车",水翻车可供提水灌溉及春香末之用。"每水车一辆,可供水碓十三四所,以樟、枫、鸡藤诸香春末,以作线香,谓之香水车"[4]。香粉生产是村民一项重要的副业。高要、四会、台山、东莞、韶州、海南等各地,都是利用水力资源进行香碓生产、制香之重要地方。由此说明了明清时期广东农田水利事业的发展,有力地促进了省内各地制香业的迅速发展,并带来了农村家庭副业的兴旺。

2.造纸业。

造纸业与制香业有相类似之处,都是利用河溪水力资源设水车、水碓加工纸浆,制成各式纸张。有不少地方同时设水碓制香粉和纸

---

① 屈大均:《广东新语》卷一六《器语·香碓》。
② 屈大均:《广东新语》卷一六《器语·香碓》。
③ 屈大均:《广东新语》卷一六《器语·香碓》。
④ 屈大均:《广东新语》卷一六《器语·水车》。

张。如四会县众多乡村，"村人多蓄水转碓，设纸厂和香粉厂，其利不止溉田"①。可见设水车、水碓其利兼顾溉田与加工之用，而加工业的效益似乎不亚于农业生产。值得指出，广东的造纸业以从化县流溪堡生产的"流溪纸"而著称。该县流溪一堡除种稻外，各家庭"全以造纸为业"，或"男女皆以沤竹造纸为业"②。据称，流溪纸采用"纸竹"为原料，经以灰水处理后，再以水碓"椎练"而成，更称"其法先斩竹投地窖中，渍以灰水，久之乃出而椎练，渍久则纸洁而细"③。清初从化县的流溪纸远销省内外，该堡"有上流纸渡，下流纸渡，二渡专以运纸故名"④，"商贾往来，流通江外"⑤。按规定，从化流溪纸"每年解司三十万为额"⑥，足见其产量相当大。东莞生产的"密香纸"亦负盛名，其纸以密香木皮为之，厚者曰纯皮，细者曰纱纸（即沙纸），光滑而韧，据称此纸"水渍不败"，且"可辟白鱼"⑦，即防止虫蛀，性能甚佳。此外，各地利用水车、水碓加工造纸的也为数不少。

总而言之，明清时期本省各地利用丰富的水力资源，设置水车、水碓，不但有利于提水灌溉农田，而且促进了民间造纸业的发展。

3. 碾米业。

广东民间利用水力、设置水车、水碓进行舂米或碾米，已有悠久的历史。其加工的原理大致与舂香粉相类似。据称舂米的水碓是"一个大的立式水轮，轮上装有若干板叶，轮轴长短不一，看带动的碓多少而定，转轴上装有一些彼此错开的拨板，一个碓有四个拨板，四个碓就要十六个拨板，拨板用来拨动碓杆的。每个碓用柱子架起一根木杆，杆的一端装一块锥形石头，下面的石臼里放上准备要加工的稻谷，流水冲击水轮使它转动，轴上的拨板就拨动碓杆的梢，使碓头一起一落地进行舂米"⑧。一部水车可供水碓十三四个，其舂米的数量也不少。利用水力机械加工稻米，可以日夜持续进行，其效率比牛力磨谷或人力

① 光绪《四会县志》编四《水利二·坑洞》。
② 康熙《从化县志》，《风俗志》。
③ 屈大均：《广东新语》卷一五《货语·纸》。
④ 屈大均：《广东新语》卷一六《器语·水车》。
⑤ 屈大均：《广东新语》卷一六《器语·香碓》。
⑥ 光绪《广州府志》卷一六《舆地略八·物产》。
⑦ 光绪《广州府志》卷一六《舆地略八·物产》。
⑧ 自然科学史研究所主编：《中国古代科技成就》，529页，中国青年出版社，1978。

磨谷舂米自然提高很多。

从文献资料看,明清时期广东各地因地制宜,利用附近河溪水力资源,设置水车、水碓灌溉农田及加工稻谷,也比较普遍。特别是清中叶后,由于种种原因,当"香烛帛宝"日渐不甚畅销时,有些地方竟将原来的"香车"改为舂米,"以获其利"①。

总而言之,本省农田水利事业的迅速发展,各地充分利用水力资源,大力设置并运用水车、水碓发展农村加工业,促进了制香、造纸、碾米等业的发展,推动了山区经济的进一步开发,也为城乡的商品流通与市场贸易的活跃提供了有利的条件。

第四节　促进了河运业的发展

我国古代的农田水利建设与河流的整治和疏浚有着密切的联系。历史上广东农田水利工程的修建,尤其是珠江三角洲和韩江三角洲的堤围和堤防的修建,都直接或间接地推动了西江、北江、东江和韩江等主要河流的整治和疏浚,促进了珠江和韩江等河运网络系统的形成及其运输业的发展。

一、促成了河运网络系统的形成和发展

明清时期珠江三角洲和韩江三角洲的堤围、堤岸工程建设,大大推动了珠江、三江和韩江等主要河流的整治和疏浚,为促成本省河运网络系统的形成提供了前提条件。

1. 珠江水系。

珠江水系是广东乃至华南最大的内河水运系统。宋元以来,珠江河运业已有了一定的发展,但也存在不少制约其进一步发展的因素。一是原来珠江西、北、东三江各自成一水系,尚未形成珠江水系网络系统。其时三江虽然至三角洲内才汇合,但这里的河流分汊如网,河涌、汊道纵横交错,必须经过全面的整治和改造才能使其沟通,形成网络系统。二是珠江各出海口门河道多会潮点,而其附近河道多淤浅。这主要是受南海潮汐的影响,每当洪水盛发及大海潮从各口门涌入时,便出现洪潮相遇,形成会潮点,会潮点附近的河道势必水流缓慢,泥沙

---

① 参阅民国《儋县志》卷二《地舆·山川》。

易于沉积,引致淤塞。三是明清以来西、北、东三江各出海水道日趋淤浅,造成河道运输上的不便与困难。这是由于三江河床宽阔,河道坡度不大,水流平缓,易于淤浅。

明清政府遵循传统的以农为本的方针,对河运水利及江河的整治,首先是维护农耕的利益,服从农田水利建设的需要,防范江河水患对两岸农业生产的破坏,其次才是兼顾河运水利及河道的整治。广东督府正是在这种原则的指导下,将农田水利工程建设与河道的整治紧密结合起来,以促进河运业的发展。例如,明清以来,为配合珠江河道的整治,珠江三角洲的堤围工程建设中,采取"联围筑闸"与"塞支强干,束水攻沙"的措施。换言之,在西、北、东三江下游干流两岸,依水势修筑堤围、堤岸,以固定河道,束水归槽,再于支流两岸修筑堤围,然后将小围合成大围,逐步堵塞围内不必要的河涌、汊道,形成"联围筑闸"的格局。这样就起到了塞支强干,束水攻沙的效应,既使河床加深,水流顺畅,有利于防洪涝,又保持了河道的畅通,促进河运业的发展。

就河运而言,宋元时期西、北、东三江水道到三角洲北部汇合出海,其时北江支流芦苞涌、西南涌及其下游的官窑涌和石门水都是河运航线,西江与北江的航运在思贤滘口沟通往来。大抵明初以后,北江支流相继淤浅,佛山涌便取代官窑涌和石门水,成为西北江通往广州的主要航道了。由是广州港便成为广东河运与海运的中心港口。清初以后,三江出海水道最终形成现代八个口门的格局,即东江沿虎门水道出海,北江主流沿顺德水道和顺德支流经蕉门水道、洪奇沥和横门水道出海,清末西江南流已成为主流,其南流之东海水道经横门和洪奇沥出海,西海水道则经磨刀门、泥湾门、虎跳门和崖门等水道入海。珠江水系之间的航运进一步沟通了,而八个口门及附近港湾也加强了珠江与沿海港口及海外水运的联系,以珠江为中心的广东河运业获得了显著的发展。

2.韩江水系。

韩江水系以韩江为干流,上游西有梅江,是韩江主流,北有汀江下游之神泉河,东有和头溪,三者于大埔县三河坝汇合,称为韩江。韩江下游经潮阳县,分别在澄海县和揭阳县出海。除韩江外,还有榕江、练江及其他河溪。历史上韩江水系环境严峻,有的河段险恶或淤浅,有的河道需要沟通,而河堤都是沙堤,堤基多为沙质地带,易为洪水冲决。明代以来,随着韩江三角洲农田水利建设的发展,韩江水系也逐步得以整治、疏浚,使其发挥灌溉与通航的效益。韩江人民将农田水利建设与整治河道相结合,因地制宜,疏浚河道,改造沙堤,加固堤岸,筑关置闸,以沟通韩江干流与支流的水运联系。兹举例略作说明。

一是疏浚河道。三利溪是韩江水系中一支重要溪流,建于宋元祐年间(1087—1094),自海阳(今潮州市)附郭而西,历潮阳、揭阳入海,长约115里,沿溪可供三县农田灌溉兼可通舟,"三县利之,溪以是名"①。明正统年间,三利溪"堙于大水",河道淤塞,无法灌溉与通舟。弘治初年,潮州府决定整治三利溪,"浚而通之"。先是"命承吏、籍丁夫,具畚锸",疏浚被堙塞之河道,使"水归放道"。其后,为预防冬季旱涸及沟通三利溪与韩江的联系,开凿郡城南沟,引韩江水注于溪,又"甃石为关,以司启闭"②。竣工后,既疏浚了三利溪,又沟通了三利溪与韩江的水运,达到了灌溉与通舟之预期目的,且避免了船只沿海航行之风险,故称"农夫利于田,商贾利于行,漕运者不之海而之溪"③。可以认为,疏浚三利溪是明清以来韩江水系整治中有代表性之一例,显示了河运水利的整治与农田水利建设的密切联系及其特色。

二是改造沙堤。韩江流域多属流沙地层,所修的堤岸皆为沙堤,易为洪水冲溃。自宋代以来,韩江下游自潮州府城而下修筑了一系列重要堤防,如北堤(北门堤)、南堤(南门堤)、横沙堤、东厢堤、江东堤、秋溪堤、鲤鱼沟堤等,合共 26922 丈。④ 这些堤防在防范洪水及灌溉与通舟方面都起到了重要的作用。但明代以来,韩江洪水为患日趋严重,不少堤防被冲决,或因堤基渗漏而坍溃,不仅影响到两岸的农田灌溉,更直接妨碍到韩江河运的安全。对此,潮州府采取措施逐步解决沙堤存在的隐患和问题。首先是大力维修、加固及扩建沿江堤防。大抵自明初以后,在宋元土堤基础上加高培厚,使之巩固。明中叶起,逐步在一些重要堤防地段,甃砌石块,改筑石坡堤及石涵、石矶等,这些都是加固堤基的办法。其次是着手改造沙堤。针对流质地带的土堤

---

① 陈献章:《三利溪记》,光绪《潮州府志》卷四一《艺文》。
② 陈献章:《三利溪记》,光绪《潮州府志》卷四一《艺文》。
③ 陈献章:《三利溪记》,光绪《潮州府志》卷四一《艺文》。
④ 参阅光绪《潮州府志》卷二〇《堤防》。

易被冲决或渗漏、坍溃的弱点,明中叶后韩江人民采用"舂龙骨"、"筑灰墙"、"砌地龙"等新技术,大力改造原来的沙堤,大大增强了韩江下游堤基"杜渗泄"、"御冲激"之能力。[1] 清初以来则进一步推广这种筑灰堤的技术,使韩江下游的堤岸更加坚固,一定程度上发挥了韩江防洪潮、通航运的积极作用。

三是筑关设闸板,以沟通韩江与其附近河溪的联系。明清以来,随着韩江三角洲的开发和经济发展,韩江下游出现许多发达的市镇,它们多分布在干流或支流附近,为了适应城镇之间的商业运输发展的需要,通常在市镇附近的河堤上筑关设闸板,或筑涵设水闸,以沟通韩江与城镇附近的河溪水运联系,或引韩江之水注入河溪中,促进其水运业的发展。如清代海阳县(今潮州市)龙溪都庵埠镇,是粤东一著名市镇,为适应商业运输的发展需要,沟通韩江与庵埠镇之河运联系,在龙溪都大鉴乡附近之庵埠大堤修筑"大鉴关",设置闸板,以司启闭。据称,"此关可通舟,为入庵埠便道",亦即韩江船只通过大鉴关可进入庵埠镇,为货物运输提供便利,同时也可使大鉴乡之"田园多资灌溉"[2],达到了通舟与灌溉之目的。另外,也是出于同样目的,又在庵埠大堤下开筑"庵埠寨涵"[3],置有水闸启闭,商船通过此涵闸可以从庵埠镇进入韩江,抵达府城各地。光绪年间,该涵闸已被埋塞,为了"保全商业",当局决定"开复"该涵闸,进行一次大规模的疏浚工程,由当地商铺"按租捐集"作为疏浚工程经费,[4]由此可见,河运水利的疏浚与商货运输的紧密联系。以上例子说明,明清时期韩江水系中因地制宜,通过修筑关闸和涵闸的方式进一步沟通了韩江干流与其支流、河溪水道的联系,这不仅促进了韩江水系河运网络系统的形成和发展,而且有利于本地区的农田灌溉与农业的发展。

综上所述,明清时期除珠江水系和韩江水系得到了及时的整治外,其他各地的河流或溪流大都得到了一定的整治,尽管由于各地区的自然条件不相同,河运水利的疏浚和整治采取了不同的方式,但其预期之目的与效益却是一致的。可以认为,广东河运水利建设是与农

---

① 详情请参阅本书第三章第三节之相关部分。
② 光绪《海阳县志》卷六《舆地略五·水利·大鉴关》。
③ 光绪《海阳县志》卷六《舆地略五·水利·庵埠寨涵》。
④ 参阅光绪《海阳县志》卷六《舆地略五·水利·庵埠寨涵》。

田水利建设相结合,在农田水利建设的推动下,促进河运水利的整治,从而形成从省会中心到各县市、各乡镇之间的河运网络系统的格局。这是广东河运业发展的特点。

二、促进了内河运输业的兴旺

明清广东农田水利建设的迅速发展,不仅促成了本省河道的整治及河运网络系统的形成发展,而且促进了本省河运业的发展兴旺。主要原因是,由于农田水利事业的长足发展大大推动了粮食作物、商品性经济作物及农村养殖与加工业的发展,为河运业提供了充足而稳定的货源。而农田水利工程建设及农业生产的发展,又要求供给大量的生产工具、生产资料和生活资料,这就刺激了相关行业部门的生产发展,并增加了各类物资在地区之间调配的运输量。另一方面,本省各大水系的畅通与各级河运网络系统的形成,又促进了各地物流业的发展与营销的兴旺,从而推动了河运业的发展繁荣。以下着重考察珠江水系货物运输的情况。

1. 西江航线。

西江是珠江水系的主要干线,从珠江河运中心、省会广州沿江而上,主要的港口有三水西南、肇庆、德庆、封川、贺江口,再往西便是广西苍梧(今梧州)。值得一提的是,西江干线是沟通两广、两湖和西南的重要渠道,从苍梧(今梧州)沿漓江西北而上,经灵渠抵达湘江,进入长江。若沿浔江西行,可通贵州、云南或四川等地。西江担负着广东河运的主要任务,其货运量大大超出北江、东江和韩江。西运的货物主要有铁制品(铁锅、农具、铁线等)、布匹、糖、盐、各式手工产品等,而东运的则有广西的大米、山货、木材及粤西的生铁、大米、油料、草席、爆竹和土产等。清初广东由于种种原因,缺粮日趋严重,从广西调进大宗粮食,仅雍正四年(1726)从广西桂、梧、南、柳四郡东运的大米共30万石,其中肇庆4万石,广州26万石,[①]可见货运量之大。又如,佛山是明清以来广东冶铁及铁制品生产的中心市镇,主要依靠罗定的大量优质生铁"从罗定江运集佛山"[②],为数可观。另外,西江下游至三角洲腹地堤围岁修或抢修所需之石料、灰料、木材及工具等,亦多由西江

---

① 参阅同治《海丰县志续编》,《名宦·孔毓珣》。
② 光绪《肇庆府志》卷三《舆地·物产》。

及其支流等河道运载。由此可见,西江航线的货运量在本省河运业中无疑占居首位,对本省社会经济的发展及农田水利建设都起了积极的促进作用。

2. 北江航线。

北江航线是广东又一条重要的内河航线,它沟通了粤北及江南乃至北京的河运联系。从广州河运中心沿北江而上,经英德抵达粤北重镇、水路安津之韶州(今韶关)。于此沿浈水而上抵达南雄直隶州,越大庾岭可达江南地区,再沿大运河北行即抵北京。这是明清时期沟通以珠江三角洲为中心的岭南经济地区与江南经济重心地区之间货运量最大的南北管道。从韶州沿武江北上可至湖南,或从连江口沿湟水经连州亦可入湖南,但其货运量相对较少。从广州北运的货物主要有珠江三角洲等地盛产的蔗糖、葵扇、干果、铁锅、香、盐、鱼花及东西洋的香料、药材、洋货和奇珍异宝等。从粤北及省外南运的则有生铁、木材、木炭及棉花、布匹和各种土产等。此外,湘赣之粮食亦时有运入韶州等地。值得指出,北江航线的货运业务相当发达,除前面提及的南海九江人贩运鱼花外,东莞商人贩运大宗糖、香而北,获取丰厚利润,据称,他们"度岭峤,涉湖湘,浮江淮,走齐鲁间,往往以糖香牟大利"①。明末清初的屈大均也作出了概括的说明:"广州望县,人多务贾与时逐,以香、糖、果、箱、铁器、番椒、苏木、蒲葵诸货,北走豫章、吴、浙,西北走长沙、汉口……获大赢利。"②以上例子可从一个侧面反映了北江航线货运的发达,这对促进广东经济的发展起了重要作用。

3. 东江航线。

东江是沟通广东至粤东北及闽西的重要航线,溯江而上抵达粤东水陆要冲的惠州,再沿江北上经河源至龙川县之老隆,其地为"水陆舟车之会",越大帽山之兰关,即与梅江相接,可进入程乡(今梅州)、大埔三河坝。三河坝是粤闽货运之重要转运站,这里"舟楫辐辏,贸易者为浮店,星布洲浒,凡鱼、盐、布帛、菽粟、器用诸货悉备"③。于此沿神泉河和鄞江而上,可通往闽西。若沿韩江而下即抵粤东沿海大都会潮州。可见,东江航线不仅沟通了广州与粤东北及闽西的联系,而且沟

---

① 光绪《广州府志》卷一五《舆地略七·风俗》。
② 屈大均:《广东新语》卷一四《食语·谷》。
③ 光绪《潮州府志》卷一四《圩市·大埔县》。

通了珠江河运与韩江河运的联系,具有重要意义。从广州运往粤东北的货物主要有蔗糖、干果、鱼干、陶瓷、铁锅和农具等,运往闽西的有米、盐、布匹等。从粤东北运回广州的货物有生铁、土产等,从闽西运来的则有竹纸和土产等。东江航线的货运量似乎不及西北两江之规模,但也是本省一条重要的河运航线,对促进本省经济的发展,尤其是粤东北山区经济的发展都起了积极的作用。

以上表明,明清时期珠江水系的河运业获得了迅速发展。韩江水系及潭江、锦江、漠阳江和鉴江等河运业也有相似的发展。可以说,以珠江水系为中心的广东河运业在宋元基础上有了长足的发展,它不仅增进了广东各地区间的经济联系,货运业务的活跃和发达,而且沟通了岭南地区与江南等地的经济联系,促进了区域间的经济发展。当然,就明清时期广东河运业的发展而言,它有其深刻的背景和原因,但其最基本的一点是与广东经济的全面开发,特别是与农田水利建设密切关联的。正是农田水利工程建设,尤其是沿海堤围和堤防工程建设的推动,促进了江河的整治及河运网络系统的畅通,同时促进了地区经济的发展和地区间经济需求的扩大,从而加速了这个时期本省河运业的发展和兴旺。

第八章 | 农田水利建设中 存在的问题及其影响

明清时期广东农田水利建设取得了长足的发展和进步,全省各地兴建了数不胜数的大小堤围及陂塘等水利工程,并初步形成了以珠江三角洲为中心的沿海堤围灌溉系统,和以粤北、粤西等山区、丘陵、高地为主的因地制宜修筑的陂塘灌溉系统,大大提高了本省防洪、防旱和防潮的能力,推动了本省农业生产和社会经济的发展与繁荣,并为省内人民群众的生活、交往和运输提供了方便与有利的条件,其成效与意义至为显然。但应当指出的是,此时期广东农田水利建设也存在不少问题,主要表现在滥垦滥筑问题、水土流失问题、农田水利修筑工程问题及修费的重负问题,等等,这些不仅给广东农田水利建设造成了极大的损失,而且也对本省农业生产和社会经济的发展与人民群众的生活带来了负面影响。现就这个时期广东农田水利建设中存在的问题及其原因与影响进行初步的考察。

第一节 农田水利建设中存在的问题

从农田水利工程修筑的角度来看,明清时期广东各地,尤其是沿海地区的堤围建设存在不少问题,其中滥垦滥筑和工程质量等问题十分突出,其负面影响既严重又深远。

一、滥垦滥筑问题

所谓滥垦滥筑,主要是指珠江三角洲地区的堤围建设而言,它包括滥筑堤围和盲目围垦两个方面,大抵自明末清初尤其清中叶以来,随着堤围建设进入迅速发展的盛期,滥筑堤围和盲目围垦的现象也达到了惊人的程度,并造成了严重的危害。以下着重从分析问题与总结历史教训方面进行考察。

1. 滥筑堤围。

众所周知,修筑堤围、堤岸是旨在防御洪涝水患,便于农田排灌,确保农业收成。但滥筑堤围,不仅起不到防御洪涝水患的作用,反而适得其反。所谓滥筑堤围,是指一些堤围的修筑极不合理,违反防洪涝防潮的常规,恣意侵占江河与出海水道,阻塞水流,堤围密度过大,布局零乱等。兹以珠江三角洲地区作为例子加以说明。一般来说,珠江三角洲的堤围始建于宋代,是时堤围主要集中在西江高要及高明河两岸,其次是在北江和东江河岸下游,尚未扩建到三角洲腹地。虽然缺乏统一领导与规划,地方当局各自为政,各修其堤,但其总的趋势是沿江河干流及支流两岸,自上而下,顺其流向修筑,似无滥筑之虞。入明以后,情况则逐渐发生变化。堤围的修筑已从河岸平原渐次延伸至滨海平原,明中叶以后尤其清中叶发展极为迅速,已进入了筑围的高潮时期。但与此同时,不断发生滥筑堤围的现象,而且越来越严重。其特点是堤围越筑越多、越筑越密、越筑越乱。这些现象的出现,除了上述缺乏统一领导规划、各自为政之外,显然还受到种种主客观因素的影响。

首先是此时期珠江三角洲的堤围修筑已从河岸平原向口门扩展,延伸至三角洲腹地及滨海地带。这里是三角洲河汊网络地区,为防御洪涝潮水患而在大小河涌及各出海水道两岸修筑堤围,自然就十分不规则、密集和零乱了,而且堤围的规模也相对较小,与以往在江河干流及支流修筑的大型堤围有所不同。

其次是明末清初,尤其是清中叶,广东的水患特别严重,而沿海洪涝潮水患的猖獗除了受自然规律的制约外,也与江河上游山林的过度开发,引致严重的水土流失不无关系,更与在江河出海水道及滨海沙堤上滥筑石坝、盲目围垦有密切联系。为了防范洪涝潮水患的破坏,三角洲冲积平原上的各县人民唯有因地制宜大力修筑或补筑堤围,以保一方平安。但由此而兴修的堤围便呈现出高、密、乱的格局或趋势了。如“因旧扩充”即补筑的堤围,大多在原来低矮单薄的基堤上加高培厚,甚至视洪水的升高而增高。据道光年间省府官员巡视珠江三角洲时称,南番顺一带的水患,"或比年而见,或三四年而见,说者以为圩堤库且薄之故,然畚筑既兴,民脂既竭,埤厚增高,工未告竣,水又大至,堤高水高,竟若与堤争胜"①。可见,日益加剧的水患,造成了修堤与水争高的严峻情景。又如"从新兴筑",即在河汊地区修筑新的堤围,以防洪涝潮水患的袭击,这些新堤围多为"一乡或数乡"所筑,又称乡围,规模似乎都不大,但十分密集而零乱。清中叶顺德县修筑这些乡围最为典型。该县位于河汊网络之地,受洪涝潮水患威胁最大,故各乡镇都因地制宜,纷纷起而修筑环乡环镇的堤围,几乎遍及全县。据称,该县"道光而后,水患日增,(所筑)乡围甚密……(清末)增拓愈多"②。

以上例子从一个侧面说明了清代以来三角洲冲积平原上修筑堤围高、密、乱的特点,显然是受到河汊网络地区的制约,尤其是日益恶化的水患的影响所致的。这是形成滥筑堤围的一个重要因素。

2. 盲目围垦。

如上所述,围垦是开发沿海沙坦,扩大耕地,发展农业的一种重要而有效的形式。所谓盲目围垦,是指那些在江河出海水道及口门地带大肆"拦江围筑"或"筑坝拦海"造田的现象,这样的围垦势必阻塞水流,形成淤积,致使洪潮难消,灾患频仍。文献资料显示,在沿海沙坦围垦其负面影响是不言而喻的。如元末明初西江下流香山(今中山市)、新会等地围垦沙坦,令河道阻塞,潦水从九江倒流港逆灌而入,使围内各堡"均受其害"。是时沿海沙坦的围垦还处在开发阶段,故其影响还不算很严重。清初以后,情况则大不相同了。大约从乾隆中年到嘉道年间,随着内河圈筑与各口门沙坦的围垦进入盛期,滥筑石坝、盲目围垦的现象也达到了惊人的程度。据载,乾隆三十年(1765),新会等县的土豪势家"多从沙坦拦江围筑,遂使河道日窄,西潦涨发,停阻不消,各处围堤屡被冲陷,惨不可言"③。可见,乾隆年间这里土豪势家大肆投石筑坝,拦江围筑的情况已相当严重,并造成了极大的祸患。

及至清中叶,这种盲目围垦的情况极为盛行,达到了异常猖獗的地步。据道光年间的官方报告称,番禺、东莞、顺德、香山(今中山)、新

---

① 光绪《桑园围志》卷一五《艺文》。
② 民国《顺德县志》卷四《建置略三·堤筑》。
③ 光绪《桑园围志》卷一二《防患》。

会等县的豪强之徒,巧立名目,各出其招,大肆投石筑坝,围垦沙坦。他们"趋利若鹜","强者报升斗之科,垦无限之地;黠者借它处之税,耕此处之田,弊窦丛生,莫可穷诘","一经瞒准极承,即行垒石筑坝……旋复筑堤树桩……(其结果)沙坦既愈垦愈宽,水道则愈侵愈狭"。① 道光十九年(1839),番禺县土豪、沙棍郭进祥等"私行垦种"东莞县南沙村之万顷沙就是一个典型的个案。这伙沙棍在该村南面广袤沙坦上"用桩石圈筑堤坝,周围广三千余丈,约六十余顷,俱种禾稻,现经收割",由于圈筑围垦"阻塞河流",是年夏季洪水"盛涨难消,迭酿水灾,阖邑田庐均被淹没"②。又同治四年(1865),顺德县土豪马应楷在杨滘乡前水口滥筑石坝圈筑围垦,也令人震惊。他在是处水口一带大量投石筑坝,据统计,"业经下石七千余金,将江面湮塞一半",由是严重阻塞水流,每逢"夏潦猝至,上流十余围均受其害,而对河之桑园围被坝水激射,受害更惨"③。像以上的事例,各地方志不乏这方面的记载。

总而言之,自明末清初以来,尤其清中叶以后,珠江三角洲沿海地区那些土豪、沙棍公然违反政府的禁令,大肆投石"拦江围筑"或"筑坝拦海"围垦造田,已达到了相当惊人的地步,并导致水道阻塞,水患频仍,使本地区的堤围及田庐蒙受惨重的损失。可以认为,这种滥垦滥筑堤围的情况,无疑是本省农田水利建设中存在的一大问题,值得注意。

二、修筑工程的质量问题

如前所述,明清时期珠江三角洲的堤围建设处在迅速发展的盛期,取得了长足的进步,在本省乃至东南沿海地区都占有重要的地位。但由于各地堤围的兴修,缺乏统筹规划,各自为政,各筑其堤,故其所筑的工程技术质量参差不齐,优劣不一,存在不少问题。以下着重从工程技术质量的角度对所存在的问题加以概括说明。

1.修筑工程"不如法"。

就工程技术角度而言,所谓修筑"不如法",是指没有按照堤围的"修筑章程"的规定和要求进行施工与监管,这是堤围建设中直接影响

---

① 光绪《桑园围志》卷一二《防患》。
② 民国《东莞县志》卷九九《沙田志》。
③ 光绪《桑园围志》卷一二《防患》。

质量的一个突出问题。据载,明清时期珠江三角洲一些大型堤围似乎都制定了堤围的"修筑章程",作为规范本堤围修筑工程的标准和要求,有的堤围还随着时间的变迁而不断更改"修筑章程"的规定和内容。桑园围章程就是其中最具代表性的例子。清初桑园围章程在总结了前人的实践经验的基础上,对新修筑基堤工程的技术要求都作出了明确的规定。如乾隆年间的"旧例"对"椎土"、"夯杵行硪"、"槎石"等技术要求,提出一整套方案。规定新筑的基堤应逐层堆土及夯杵行硪等,"每(层)堆土六寸谓之一皮,夯杵三遍以期坚实,行硪一遍以期平整,虚土一尺夯硪成堤,仅有六七寸不等,层层夯(杵)(行)硪,故坚固而经久,虽雨淋冲刷不致有水沟浪窝沙损之虞"①。

事实上,桑园围许多大型工程都是如法施工,效果颇佳。但在堤围建设的热潮中,也的确有不少修筑工程并非如此执行,劣质工程屡见不鲜,甚至连最起码的"夯杵"环节居然也省略了,这样的筑堤工程何以能坚固呢? 时人针对清中叶珠江三角洲存在不少令人堪虞的筑堤工程尖锐地指出:"今见齐堤俱元夯杵,止有石硪,又自底至顶俱用虚土堆成,惟将顶皮陡坦微硪一遍以饰外观,是以堤顶一经雨淋,则水沟浪窝在在不堪,堤底一经汕刷,则坍塌损坏,崩溃继之。故年来糜费钱粮(修堤),迄无成效。"②又据温汝适所载,嘉庆二十二年(1817)桑园围海舟三丫基遭遇洪水而"坍决",究其原因就是该基堤"本属险工,岁修槎石不如法"③所致。由此可见,岁修工程"不如法"的严重性与危害性。

大概由于修筑工程"不如法"的现象日趋突出,故道光年间桑园围在"修筑章程"中重申规定新筑基堤(即创筑之堤)和修筑旧堤(即加帮之堤)的技术要求,谓"自今以后,加帮之堤俱将原堤重用夯杵密打数遍,极其坚实,而后于上再加新土。创筑之堤先将平地夯深数寸,而后于上加土建筑,层层如式夯杵行硪,务其坚固"④。但由于种种原因,其实际执行的情况似乎并不尽如人意。各地修筑堤围工程"不如法"的现象依然不断出现,以致由此造成的基堤被洪水冲决的情况越来越严

---

① 光绪《桑园围志》卷一六《杂录上》。
② 光绪《桑园围志》卷一六《杂录上》。
③ 光绪《桑园围志》卷一五《杂文·后修堤记》。
④ 光绪《桑园围志》卷一六《杂录上》。

重。可以认为,修筑工程"不如法"是这个时期珠江三角洲堤围建设中的一个十分突出的问题,也是直接影响工程质量并引致基堤坍决频仍的一个重要原因。

2. 偷工减料。

偷工减料,是明清时期广东沿海堤围建设中最常见的一种现象,也是堤围建设中又一个突出的问题。按规定,大型堤围对其修筑工程的施工和用料都有一定的要求,如桑园围在其"修筑章程"中对施工技术和使用民工及土石料等的数量,都有明确的规定,以确保修筑工程的质量。这就是所谓"如法"修筑的基本要求。但实际上在执行中往往并非如此,由于种种原因,在修筑基堤的过程中偷工减料的现象时有发生,有时甚至相当严重。如前所述,自明末清初,尤其是清中叶以来,珠江三角洲府县督修官吏及堤围管理员役,往往趁抢修基堤之机会,互相勾结,千方百计"偷减工料",以中饱其私囊。前面论及的桑园围修筑工程中出现的"不如法",从另一个角度看就是与偷工减料有密切的关系。其中所谓修筑基堤时"俱无夯杵"的现象,就是施工技术上的"偷工"表现,又自底至顶"俱用虚土堆成",也是应用物料上的"减料"花招,其目的显然是为了侵蚀"工食"和"物料"等费用,其后果必然是造成基堤浮松、质量低劣,易于坍决。

大概由于此时期各地筑堤工程中发生这种偷工减料的现象比较突出而严重,故地方当局不得不明文禁止,并申明必须确保施工的质量。如道光年间肇庆府针对筑堤工程中屡有发生的偷工减料的情况,特别强调在筑堤施工中必须"培筑高厚,工料务须坚固,不得偷减"①。广州府沿海各县也都注重确保堤围修筑工程的质量,防止偷工减料的现象发生。但实际情况并不理想,从文献资料可见,各地修筑堤围工程中似乎仍然存在偷工减料的现象,而且随着时间的推移,情况也颇为严峻。其中,堤围管理员役及抽头人等,巧立名目"克扣""土工、石工、槽工物料工价"等屡有发生,致使"基工不坚固"②,堤围工程达不到预期的要求,甚至有被冲决之危险。关于这一点下面还要论及,这里从略。

---

① 光绪《四会县志》编四《水利志·围基》。
② 光绪《四会县志》编四《水利志·围基》。

3. 修筑工程中的短期行为。

这是指在修筑堤围工程时多从当地目前的利害关系出发,或多为临时应付的权宜之计,而缺乏从全局、整体进行考量和规划。这种短期行为自然会影响到本地区整体筑堤工程布局的合理性,以及筑堤工程质量的可靠性。这是珠江三角洲堤围建设中存在的又一个问题。据文献资料显示,明末清初以来,随着堤围工程的建设逐渐深入三角洲腹地,尤其是广东沿海的水患日趋加剧及盲目围垦带来的负面影响,这里堤围建设出现的临时应付的短期行为似乎日渐增多。西北两江下游及出海口水道一带此时所修筑的堤围似乎多是因应当地防洪的需要而进行的,如顺德县修筑的乡围,各自为政,各取所需,多为临时应付的权宜之计,故十分密集零乱,毫无章法可言。即使一些大型堤围由于缺乏统筹规划与长远考量,在修筑或补修基堤时亦往往采取临时应付的权宜措施,即只着重修筑那些被冲溃或有险情的基堤,而对一些"单薄""基工浮松"之旧基堤,只要暂时尚无险情就束之高阁了。这种急功近利临时应对的指导思想及做法,虽然一时收到了立竿见影之成效,却留下了不少隐患,甚至造成旧基堤的溃决。

乾隆末年时人陈大文便针对这种情形,以桑园围为例,初步总结了明清以来该围修筑工程中存在的问题及"塞此决彼"的原因和教训,并提出了解决的办法,谓"(桑园围)自明初至今四百余年,溃决无虑十数,皆塞此决彼,迄无成功,欲围久安,非通修之不可。"①这里陈大文明确提出了"通修"桑园围的规划和方案,是很有见识的,也是正确而可行的。事实上,由众多大小子围组成的桑园大围自创建以来,虽然都从实际出发进行过数以百计次的修筑工程,但似乎多缺乏统筹规划,从通围出发考量修筑事宜,而多由各子围、各基段因地制宜作出决定,其中也不乏因应防洪之急需而采取临时权宜之策,故就通围而言,便不断发生堤围被冲决的现象,这也是堤围建设中引致"塞此决彼,迄无成功"的原因之一。嘉庆年间,桑园围正是总结和汲取前人修堤的经验教训,尤其是陈大文提出"通修"桑园围的规划和精神,决定采取石材通修全围的方案,并终于完成了历史上空前规模的改筑通围全部"石堤"的艰巨任务,从而大大提高和增强了通围抗御洪涝水患的能

---

① 陈大文:《通修桑园围各堤碑记》,光绪《桑园围志》卷一五《艺文》。

力。这是广东沿海筑堤史上的一大进步。可以认为,桑园围"通修"工程是堤围建设中着手克服短期行为迈出的重要一步,具有积极的意义。

其他一些大型堤围似乎亦重视这个问题,采取切实的措施加强通围的修筑工程,以防止短期行为所带来的险情和危害。当然,各地的情况不尽相同,不少堤围尤其是小围,由于面临复杂的自然环境及应对日趋加剧的水患,故在修筑或抢修基堤时往往存在临时应付的权宜之计,这种现象直到清末民初仍然在不少方志中有所反映。由此可见,堤围建设中存在的短期行为确乎是值得注意的一个问题。

综上所述,我们从农田水利工程的修筑角度初步论述了珠江三角洲堤围建设存在的问题,无论是滥垦滥筑问题,抑或是工程修筑的质量问题,都是明末清初以来堤围建设中出现的最突出的问题,其负面作用与危害也是异常严重的。当然,堤围建设中存在的问题不止于此,还有其他较突出的问题,如修筑经费及其重负问题等,这些问题将留在下一节从另一角度进行考察。

第二节　农田水利修筑的重负及其影响

农田水利修筑的重负主要表现在修筑费用即"科派"的苛重、民工赴役的苦累,以及水费的负担等,而所有这些又主要是由一般的业户即普通的农户来承担的,那些富裕大户或豪强之家虽然按规定也要缴交修筑费用,但他们当中往往有不少人千方百计逃避修费,所以实际承担修费及应役的就是广大的普通业户。以下从一般农户承担修费及应役的角度,考察农田水利建设中存在的问题及其影响。

一、修费的苛重

如前所述,明清时期广东农田水利修筑费用,尤其是沿海堤围地区修筑费用,是十分沉重的。从承担者的角度来看,修费的重负不仅表现在修费的科派方面,还表现在官吏胥役及乡役圩总人等的勒索陋规方面,等等。

1.科派的重负。

按规定,无论是陂塘抑或堤围,其修筑之费用是"按亩起科,集款修筑"①,或"照田起夫,通堤补筑"②等,此外还有其他捐资助筑等种种办法。主要承担者是一般的业户,即所谓"小康者按亩派费"③。就通常而言,沿海堤围的修筑费用要比陂塘工程重得多,如高明县就是其中一例,据称"(该)邑水利有二,曰陂,曰堤……皆民食攸关,而堤之劳费百倍于陂,且利害犹巨焉。有岁修,有抢救,向悉派自民间"④。但从历史上看,陂塘也好,堤围也好,其修筑费用的苛重不仅在于其创筑时科派费用之重负,更重要的还在于其经常性的维修,即岁修,尤其是洪涝灾祸的应急抢修费用特重。

就珠江三角洲的堤围而言,自明末清初以来,不少地区由于水灾频仍,造成了年年决堤,年年修筑,决而筑、筑而复决的恶性循环,给堤围周边的民众带来了极其沉重的经济负担与痛苦。由于文献记载所限,明代的实际重负尚难稽考,清初以后似有具体的记录以资分析。大致而言,一些州县常年的岁修费每亩科派银大约一至三分之间,如遇洪水盛发时应急抢修则"重从科派",负担特重,由是给堤围地区的人民群众带来了沉重的经济负担与无比的痛苦。清中叶四会县的情况充分说明了这一点,据称,该县是时屡遭洪潦祸患,基围"连年溃决",连年抢筑,围内业户常年失收或歉收,又"重以修筑之费,科派频仍,民不聊生"⑤。可以认为,四会县岁修之费尤其是应急抢修之费的苛重,以及"重从科派"下之民不聊生,大体上反映了这个时期珠江三角洲堤围地区广大人民承担修费的重负及其困难之一般情况。

2. 官吏胥役勒索陋规。

府县督修官吏及其差遣的胥役人等,利用"查勘催督"之机会营私舞弊,侵蚀或需索钱粮,也是加重农户的额外负担的一个因素,同时也是引致修费短缺的原因之一。以下从两个方面略加说明。

一是督修官吏侵蚀工费。按规定,珠江三角洲地区"岁修"工程原则上"每岁定限十月望间起工,腊月望间止工",十一月初县级主管(或督修)官员亲临现场查勘,然后再由府级官员前往复勘。而盛夏洪潦

---

① 光绪《四会县志》编四《水利志·围基》。
② 光绪《高明县志》卷一〇《水利志》。
③ 民国重刊《顺德龙江乡志》卷五《杂著》。
④ 光绪《高明县志》卷一〇《水利志》。
⑤ 光绪《四会县志》编四《水利志·围基》。

泛滥季节,每当各地基堤遇险、冲决时应急抢修,府县官员亦根据实情选择重点前往现场巡视督修。在府县官员亲临堤围工地现场巡视、查勘和督修中,有不少人忠于职守,切实做好督修工作,如期完成修筑工程任务,亦有不少贪婪的官吏趁查勘、督修之机会,营私舞弊,侵蚀修筑工费,成为"基工"(即修筑工程)中的一大弊端。如清中叶西北两江下游各县,有的督修官员趁"抢修"基堤借端侵蚀物料工费,他们一到现场便沟通地方员役,上下其手,以谋私利。据称这些督修官员以"借帑抢筑"为名,"未问工程,先冒买物料,借势浮开,以其赢余交通委员,巧为弥缝"①,换言之,他们是利用抢筑急需购买物料之机会,恣意虚报开支以饱其私囊。而修筑工程却"玩愒时日,虚糜工食",旷日持久,筑塞无期。可以认为,这是各级督修官员侵蚀工费惯用的一种伎俩,其后果不唯造成修费之短缺,拖延修筑工期,反而更加重了堤围业户的负担,因为筑堤任务最终还是要依靠他们来完成的。

二是县乡胥役人等勒索陋规。每年冬春岁修或汛期抢修时日,县府视其实际情况差遣胥役人等到各地查催修筑工程,而这些吏胥人役往往以查催为口实向堤围勒索钱粮。如清初以来上述西北两江下游各县,由于连年水患不绝,围基冲决,习以为常,而原来所设围基低薄浮松之处甚多,必须集众修筑并加固基堤。府县吏胥或则奉命差遣到指定地区"催修基围",或则随同督修官员前往工地查催修筑工程。而这些吏胥人役中不乏贪婪之徒,他们无不视查催之差事为涣利的机会,肆意向堤围的管理人役或业户敲诈勒索,以饱其私囊。事实上,到清中叶这种以查催为名而肆意勒索的行径,已成为一种恶习蔓延开去,就连官府也注意到了这种现象的普遍性及其严重性。道光三年(1823)肇庆府的官方报告称,是时差遣到各地堤围的"胥役人等藉以查催基工为名,辄行需索"②,必须加以防范和制止,以确保各地堤围的修筑工程顺利进行。由此可见,各地堤围的业户在岁修或抢修的工程中备受吏胥人役的压迫与需索,并增加其额外的经济重负。

值得注意的是,除吏胥人役借查催基工之名进行敲诈勒索以外,各地的乡役人等亦效法其勒索涣利的伎俩,同样利用催修基围的机会

---

① 光绪《四会县志》编四《水利志·围基》。
② 光绪《四会县志》编四《水利志·围基》。

进行搜刮,而且这种勒索陋规的风气似有漫延之势,并引起了官府的关注和警觉,官府亦采取措施予以遏制。如道光二十一年(1841)高明县针对本地区乡役人等肆意勒索堤围业户的陋规,发布"奉宪革除陋规告示"说明了这一点,该告示称"示谕乡役、围总人等知悉,自示之后每年春冬二季催修基围,该乡役等毋得藉索陋规,倘敢故违勒索,许该围总指名禀究"①。这里县府一方面指出了乡役人等勒索陋规的严峻形势,另一方面也对故违勒索者提出了相关的惩处办法。但从堤围的业户遭受乡役人等的勒索来看,这无疑是承担修堤重负之外又多受一层额外的剥削。

3. 富裕大户逃避修费。

按规定,岁修工费通常是按亩科派,田产多者理应多出,田产少者则相应少出。但其实不然,有些富裕大户或豪强之家往往恃势恣意不缴纳岁修之费,或故意逃避、拖欠应变之费,从而造成了岁修科派上贫富负担之不均,实际上就是加重了一般业户的负担。据载,高要、四会等县的情况颇有代表性。如光绪年间这个地区的富裕、豪强大户恣意拒交岁修之费,甚至当局追缴时仍故意拖欠。史称"吾邑(四会)围工最难办者在按亩起科,而强户不肯照捐,每至禀官追缴,仍复延欠。旧捐(上次修费)未清,工程(新筑工程)又起,新科所及,每借口于旧科之不缴,而围工愈难集事矣"②。可见富裕、豪强之家恣意拒交或拖欠修费的严重情况。另外,寄庄人户,即产业在邻县的富裕大户,也故意逃避拖欠岁修之费。如高要籍的大户,田产在四会县却故意逃避交纳修费。据称四会县丰乐围的大户"多系高要莲塘村人",其田产应科派之费"追缴尤难"③。像这种逃避在邻县田产应缴修费的情况,清中叶以来在南海、番禺、顺德、东莞、香山(今中山)诸县也常有发生。

总之,自清中叶以来珠江三角洲地区富裕、豪强大户逃避岁修工费的情况还是相当严重的,这种修费负担上之贫富不均的现象,不仅直接影响到本地区堤围岁修或抢修工程的正常进行,更重要的是加重了一般农户的负担,因为一切修筑工程的重担最终还是落到他们的肩上,其重负与困难是显而易见的。

---

① 光绪《高明县志》卷一〇《水利志·堤岸》。
② 光绪《四会县志》编四《水利志·围基》。
③ 光绪《四会县志》编四《水利志·围基》。

此外,灾年时官府"反严催粮税"①,实际上更加重了一般农户的重负与痛苦。因为洪潦冲决了大量的堤围和陂塘设施,正等着灾后抢修,农业生产失收或歉收,反而遭到官吏的催征,"租税日日敲门追"②,广大的农户何以为生?关于这一点下一节还要述及,这里从略。

二、赴役的苦累

明清时期广东各地的农户除了要承担苛重的岁修费用外,还要亲自赴修筑工地服役,尤其是堤围地区的农户,岁修、抢修频仍,工程相当繁剧和苦累。

1. 赴役者主要是一般的农户。

按照本省规定的"民筑民修"、"民堤民修"的原则,无论是堤围抑或陂塘工程主要是由受益的业户即一般的农户或佃户来修筑的,雇募民工只是一种补充的形式而已。如前所述,明初以来似乎主要是金派一般受益的农户应役的。成化年间始有"论粮助筑"的规定,万历年间有"计亩助工"的原则。总的精神是按"田亩"和按"户丁"金派的。清初雍正年间实行"按田派力役,多寡等有差"③的办法,此外还有"按亩分工修筑"、"计亩起夫"及"贫者按丁出力"等,就连租种业主土地的佃户、佃人,也要应役修水利,因为他们是受益户,同样要承担修筑水利的义务。如康熙中年,四会等县"详情上宪",金派围内的佃户、佃人应役,谓"令通围佃人照数(上堤)分挑,每日给以米蔬"④。可见除一般业户外,受益佃户也要应役修堤。

2. 修筑工役的苦累。

明清以前修筑工役本来已沉重,如北宋天圣年间(1023—1031),粤东韩江三角洲修堤甚为苦累,史称是时潮州"民岁苦修堤之役,吏缘为奸,贫者尤被其害"⑤。明清以来,修筑工役更为苦累,主要表现在工程繁重、工役繁剧与监工苛刻等方面,兹略述于下。

(1)工程繁重。明清时期,广东各地先后掀起了修筑农田水利工程的热潮,粤北、粤西等山区修筑了无数的陂塘渠圳等水利设施,珠江

① 光绪《四会县志》编四《水利志·围基》。
② 光绪《桑园围志》卷一五《艺文》。
③ 光绪《四会县志》编五《筑基行》。
④ 光绪《四会县志》编四《水利志·围基》。
⑤ 万历《广东通志》卷四三《郡县志三〇·潮州府·名宦》。

三角洲、韩江三角洲等沿海地区修筑了许多堤围、堤岸等工程。修筑这些农田水利工程固然是一项繁重的任务，是压在应役的人民群众肩上的沉重负担，而长期维修特别是修复被冲决的这些水利设施，对民众而言无疑更加繁重和苦累。值得指出的是，明中叶后，尤其清中叶以来，广东各地的洪潦水患日益频繁而惨重，被冲毁的农田水利设施不可胜数，沿海堤围地区的情况尤为严峻。由是维修或抢修堤围、陂塘的工程越来越繁重，当地人民群众的重负与日俱增。前面提及的万历年间高明人区大伦的《筑圩记》大致反映了珠江三角洲这种苦难的情形，谓是时该地区无岁不患水，无岁不溃防，"溃而筑，筑而旋溃，岁有筑堤之苦，家无半菽之储"①。可见连年水患造成无数堤围被冲决，而抢修这些堤围的工程任务十分繁重，给本地区的农户带来难堪的苦累与困难。及至清中叶，由于本省沿海地区的水患更加猖獗，引致各地堤围"连年溃决，至有一年决两三(次者)"②。不言而喻，堤围地区的广大农户抢筑堤基工程就特别紧迫，佥派赴役者更为繁剧了。

(2)工役繁剧。就修筑任务而言，工程繁重必然引致工役繁剧，应役频仍，苦累不堪。如乾隆十八年(1753)高要县抢修被冲决的跃龙窦等工程就是其中有代表性一例。据称，是年西江发生特大洪水，包括跃龙窦在内的许多堤基被冲毁，高要县"附郭一十三都，田庐人畜悉漂没"，损失极其惨重。而要及时抢修跃龙窦等重点堤岸和石窦，"工程浩大"，工役繁剧，"民力不胜"③。为此，总督以下官员都要捐资助筑，府县长官亲临现场督修。类似这种工役繁剧的修筑工程，在其他地区亦不乏可观的例子。

总而言之，由于洪潦水患对堤围、堤岸的破坏日益突出和严重，抢修堤围的工程浩大，致使工役繁剧，派赴役的民工接连不断，前仆后继，尽管他们竭尽全力，也难以完成任务，修筑工程无了期。雍正初年四会县县令黄任以其亲身经历与感受，概括地指出了本地区在大灾大役之年被佥派修堤的民工的艰辛、痛苦，甚至倾家荡产的情景："基长冬日短，促迫忧稽迟，夜役以继日，及老羸妻儿，亦有募壮夫，佣值倾家

---

① 光绪《高要县志》卷六《水利略·堤工》。
② 光绪《四会县志》编四《水利志·围基》。
③ 道光《高要县志》卷六《水利略·堤工》。

货……筑基复筑基,筑完一伤悲,今年筋力竭,岁晚无了期。"①这至少可从一个侧面反映了珠江三角洲地区大灾之年抢修堤围工役的繁剧,以及赴役民工的重负和痛苦。

（3）监工苛刻。明清政府为了增加其田赋的收入,大力推行发展农业生产和农田水利事业的政策,对广东各地一些重要或重点的水利工程往往都派出各级主管官员,亲临现场查勘、指挥和督修。这里出现了不少领导有方、修筑工程业绩称著的事例,但随着各地修筑工程日益增多,工役异常繁剧,府县差遣监工的吏胥及乡役,往往利用监督、催修之机为所欲为,压榨人民。其手法多端。一是"严限催筑"。由官府差遣的吏胥奉命到现场,将"严限催筑"作为当务之急,不论当地情况如何,一律限期完成修筑工程任务,由是强令堤围农民星夜赴役修筑。所谓"上官有严限,羽檄催纷驰"②,就是这些吏胥奉命到地方严限催督农民上堤应役的写照。而大灾之年,堤围被冲决,农民生活的痛苦,他们是全然不管的。二是严格监管。在上级官吏巡视催督下,各地乡役、围总人等加紧对赴役民工的稽查监督,提出了诸多限制与苛求,应役民工受到强烈的人身限制,工作、生活的条件甚差,并往往受到监工的克扣和欺压。从前面所提及民工应役的情况看,民工应役的苦楚很多。首先是人身不得自由。如珠江三角洲应役民工规定要"领腰牌"、"编字号"上工,不得迟到、早退,各工种均编列"字号",在督理、首事或监工的严格监督下进行工作。同时,规定凡开工、吃饭、作息等,均以鸣锣为号,集体行动,十分严格。其次约法三章,规定民工务须"安分力作",不得"懒惰、生事"及"聚众逞凶","私逃"等,③违者必究。另外,对每个工种、每项程序,都有严格的要求,不得擅自行动和违规作业,其目的无非是"使役者不敢稍懈",全力以赴完成修筑工程任务。④还有诸多限制和苛刻要求,前面已有所论及,这里不一一罗列了。

总而言之,自明中叶后,尤其清中叶以来,由于广东各地自然灾害的日益加剧,江河上游水土流失异常严重,各地堤围或陂塘等水利设

---

① 黄任:《筑基行》,光绪《四会县志》编五《宦绩》。
② 光绪《四会县志》编五《宦绩·黄任》。
③ 光绪《桑园围志》卷一○《工程·驭工人》。
④ 光绪《四会县志》编四《水利志·围基》。

施受到了空前的损坏,因而修筑工程异常繁重,工役异常繁剧,广大赴役的民工也特别苦累,他们在吏胥、乡役、监工的催督和苛求下从事修筑工作,处境尤为艰辛,工作与生活的条件十分恶劣,特别是在灾年应急抢修决堤或险堤时就更加负累和痛苦,夜以继日地工作而不得休息。上引黄任《筑基行》中的"筑基复筑基,筑完一伤悲,今年筋力竭,岁晚无了期",就是广大赴役民工的苦累情景的概括与写照。

三、水费负担及水利纠纷

水费负担是指受益农户向提供水源的公私单位或个人缴纳的费用,通常称为"水税"。粤北山区是征收水费的主要地区,一些豪强地主恃势霸占水源,公然勒收水费。不少乡村之间、宗族之间、农户之间为争夺水源,旷日持久地纠缠,甚至引发激烈的械斗。这是造成农村社会不安定的因素之一。

1. 水费负担。

明清时期,粤北山区修建了许多陂塘渠圳等水利设施,以供附近乡村的农户灌溉之用,除了由乡村集体出资出力修建的水利设施专供村民无偿使用外,还有不少地区规定,广大农户使用公家的陂塘水利或水源时,要按其受益面向官府交纳一定的水费,名曰"水税"。但有的地方,豪强地主恃势霸占水利,向用户勒收水费,也叫"水税"。可见,农户使用公私水源时要按其受益面承担一定的费用,这是他们必须承受的又一项负担。从文献资料来看,广东水税的缴纳似乎侧重于粤北和粤东等山区、丘陵地带,这里的湖堰、陂塘等公共水源往往都要征收水税。如嘉靖、万历年间惠来、普宁等县便有征收水税的记载,清初以来兴宁、南雄等州县也有这方面的例证。当然各地并非一律都规定要征收水税,而是有条件地征收,如上所说。至于沿海堤围地区,则似乎尚无征收水税的记载。

关于水税的负担情况,由于缺乏具体的数字以供参考,尚难推测其重负的程度。兹根据文献的零星记录资料略作说明。据万历二十四年(1596)惠来县的官方报告称,该县西北二里之透龙湖可供"岁旱溉田数十顷",其水税"照中则科米"①,亦即向受益农户按每亩中则征

---

① 重刊雍正《惠来县志》卷三《山川·陂塘》。

米,究竟征米多少不得而知,大约同田赋按每亩中则派征差不多吧。又乾隆年间,普宁县县西三十里之新坛湖也实行"履亩科谷,名曰水税"①。兴宁、南雄等州县所征收的水税,大致与惠来、普宁县实行的办法相类似。总之,广大农户缴纳的水税,实际上是在田赋以外又一项额外的负担,这是基于农田灌溉用水而承担的大约与田赋相若的水费。由此可见,一般农户的经济负担是不轻的。

2.勒收水费。

在粤北、粤东的山区、丘陵地带,有不少豪强地主,即所谓的"豪强"、"豪民"、"奸民"等,恃势霸占当地农田水利资源,强行向附近农户勒索收取水费,有的方志也名之曰"勒收水税"。其中,惠来、普宁等县最具代表性。据称,自明中叶后,惠来县"一切山林川泽为奸民冒占",如弘治、嘉靖年间县东之右产陂溪,可灌田百余顷,"为乡民彭邦俊霸占,勒收乡民水税"②。直到嘉靖三十一年(1552)该右产陂溪被县府"断还官,与乡民灌溉"③,乡民才免除水税。这是本省豪民霸占水利、向乡民勒收水费的最早记录之一。惠来县县西之龙江溪、涣湖溪等,为"乡民陈通、蔡谕影射、冒占","勒索水税"。④而览表渡溪则为"豪民"吴国观等霸占,并向乡民"科索水税"⑤。以上例子说明了自明中叶以来,惠来县豪强地主霸占农田水利,并向乡民勒收水费的普遍性和严重性。

普宁县亦有相类似的情形,该县新坛湖为豪强所占,借以勒索水费。史称豪强霸占该湖后,"每值雨泽愆期,乃按亩索钱,始许车戽,豪强据占病民"⑥。于此说明,豪强霸占农田水利后,乡民用水灌溉,要按亩纳钱,这无疑加重了他们的经济负担。值得指出的是,豪强地主霸占农田水利除了勒索水费外,就是"遏水自利",或称"断水以据其利",即维护其自身灌溉之利益,而危害广大乡民的切身利益。这种情形在本省南北各地似乎屡见不鲜。如万历中年惠来县豪强地主"绝流霸据"以自利,就是文献上最早的相关记载之一。据称,该县隆井、大坭

---

① 重刊乾隆《普宁县志》卷一《水利》。
② 重刊雍正《惠来县志》卷三《山川·陂塘》。
③ 重刊雍正《惠来县志》卷三《山川·陂塘》。
④ 重刊雍正《惠来县志》卷三《山川·陂塘》。
⑤ 重刊雍正《惠来县志》卷三《山川·陂塘》。
⑥ 光绪《潮州府志》卷一八《水利》。

二都茆溪可灌数乡洋田千顷,"缘湖诸豪罔利"霸占水利,"与茆港之合水桥之咽池处,绝流霸据,筑鱼梁而闸之,借口御潮积淡"①,由是数乡之民蒙受其害。又如乾隆初年,香山(今中山市)县县南罗婆陂可"借灌溉者数百顷",但已"久为强豪"所霸占,这些豪强地主竟将该陂"改筑遏水自利"②,而损害了广大乡民需要引水灌田的利益。像这种霸占水源,遏水自利的情形,在粤北、粤西地区亦不乏类似之例。

可以认为,明清时期广东各地豪强地主霸占山林川泽,控制水利资源,以此向广大乡民"勒收水费",或"遏水自利",情况是较为普遍和严重的。由此可见,广大农民在农田灌溉方面不是被豪强地主恃势勒索水费,就是蒙受断流失溉以致失收歉收的损失与痛苦。

3."争水之狱"纷起。

千百年来,"农以水为命"③,已成为广东务农者之共识。但由于种种原因,各地水资源分配和利用之不均,常常会引发民间的纠纷,尤其是山区、丘陵、高地,灌溉条件受到一定的制约,故乡村之间、乡民之间、族群之间往往为争夺水利而发生纠纷,甚至械斗。即使沿海平原地区,水利纠纷也时有发生,有时亦相当激烈。综观明清时期广东各地发生的水利纠纷情况,水利纠纷个案大多发生在农田水利建设欠发达的地方,或水资源欠缺的地方,其表现的形式及发生的原因主要有以下方面。

一是乡村之间的争水纠纷,这是各地最常见的一种争水纠纷。争水的双方或多方都是为了争夺同一水源的灌溉权。如清初普宁县便发生四乡争水的纠纷,据载,雍正五年(1727)该县县东黄坑、马前山等四乡,为争夺黄坑东陂水灌溉发生了四乡"乡民争水"纠纷案。④ 从四乡的农田都争夺一条东陂水引灌,说明这里的水资源是相对欠缺的,容易发生争水纠纷。类似这种多乡之间为争水而发生斗争的情形其他地方也有不少例子。如南雄直隶州发生两村之间长期争水纠纷。该州是粤北山区典型的"山高土燥,水源短缺"的地方,历史上乡村之间常常发生争水纠纷,严重的甚至伤及人命。如城北面凤凰桥下里仁

① 《万历壬寅茆溪碑记》,雍正《惠来县志》卷一七《艺文上》。
② 光绪《广州府志》卷一一〇《宦绩七》。
③ 道光《直隶南雄州志》卷二一《艺文·文记》。
④ 重刊乾隆《普宁县志》卷一《水利》。

和塘东两村之间争水纠纷案就是其中一例。里仁和塘东两村约有"千余亩之田多荒旱",仅借凤凰桥下之溪水灌溉,历史上两村村民为争夺溪水灌田而不断发生纠纷和争斗,并"尝因争水酿命"①,造成了两村村民的伤亡,情况实为严重。直到清中叶在州府的指导和调解下,两村在凤凰桥上游修筑了和丰陂,解决了两村荒旱农田的引灌问题,两村之间长期争水纠纷的历史这才结束。

二是乡民或族群之间的争水纠纷。在同一乡村里,由于水资源不足,乡民之间或族群之间往往为争水而发生纠纷,甚至械斗。如高明县山坡地遇旱缺水,经常发生乡民之间或族群之间的争水纠纷。清初以来该县山地逐步开发,城西十余都"皆沈山为田",但这些山坡田"患旱"而影响收成,由是乡民或族群之间不断发生争水事件。据称,耕种这些山坡田的乡民,但"遇亢旱每有争水,以致斗伤成讼者"②。可见这里争水纠纷是比较普遍的,因争水斗争而伤及民众,并引发诉讼案纷起,其情况颇有代表性。赤溪(今台山)县高亢地区同样缺乏水资源灌溉,当地实行"轮水份"的办法以解决各农户的灌田问题,但在"轮值其份"时亦往往发生争水纠纷。据载,该县高亢山埔地因水源有限,各乡村实行"轮水份"的办法,规定陂圳、溪流"按(本村)田亩之先后次第,轮流灌溉,谓之轮水份"。但各农户在"轮值其份"时,也"时有因争水滋事"③,即发生争水纠纷,并成为乡村社会治安的一个隐忧。文献资料显示,像上述乡民、族群之间由于种种原因而发生争水纠纷的现象,在其他地方也常有出现,这里从略。

三是豪强大族霸占水利而引发的"争水之狱"。在粤北山区等地,由于自然条件比较恶劣,水资源短缺颇为普遍,不少地方的豪强大族,往往恃势霸占河溪水源,广大乡民无法引水灌溉,深受其害,故不断发生"争水之狱"。兴宁县就是其中最具代表性的例子。据称,兴宁县的争水纠纷由来已久,主要是由于豪强大族霸占农田水利而引发的。原来兴宁县的山坡田和埔地苦于干旱,靠山间河溪筑陂车水灌田,而当地的豪强大族却霸占水源以自利,其法是,"(嘉庆年间)临河强族恃其人众断水以据其利,筑堡以捍其患","而其人工又不自己出也,每田一

---

① 道光《直隶南雄州志》卷二一《艺文·文记》。
② 光绪《高明县志》卷一〇《水利志》。
③ 民国《赤溪县志》卷三《建置·津梁》。

亩科钱三百,水旱无所增减,三年复敛费修葺以图中饱。而实则涝溉无所用之,旱亦无能为力,需水之时则又霸以利己,而后及人,故争水之狱无岁无之"。① 由此可见,兴宁县临河的豪强大族霸占水利的原因、实质及其后果。值得指出的是,兴宁县的豪强大族不仅霸占水利以据其利,使广大乡民得不到灌溉,而且连修筑堤坝的费用也要乡民按亩科钱三百,而其本户却逃避修费,甚至每三年在收费时趁机搜刮以中饱私囊。故史称其实质是,"利在强族而害在贫民,利在数十百人而害在数千万人"②,其后果势必引发连年不断的"争水之狱"。

综上所述,明清时期广东的争水纠纷主要有乡村之间、乡民或族群之间及豪强大族与乡民之间的争水纠纷三种形式。这是本省农村社会治安的一个隐患。争水纠纷大多发生在山区丘陵地带,沿海平原地区也时有出现。争水纠纷的规模通常不是很大,有的纠纷时间也较短,通过乡绅、父老、族长等出面调解大致可以了结,但有的争水纠纷规模较大,群情汹涌,矛盾激化,则演变成械斗,造成一定的伤亡。其解决的办法,或是争斗双方诉讼于公堂,由司法部门裁决,或是由官府出面弹压,平息争斗。可以认为,尽管争水形式多样,原因多端,但其实质就是当地可资灌溉的水源有限,或引灌的条件相当困难,如果从农田水利建设的角度考量,这或许是当地修筑农田水利设施之不足,无法解决本地区的农业生产用水问题。这从一个侧面反映了本省山区兴修农田水利工程的不平衡性及本省农田水利建设中存在的问题。

第三节 农田水利开发中的失当与失修及其后果

明清时期广东农田水利开发既有其积极的一面,取得了显著的成就——这是主流,但也有其消极的一面,除上述存在的问题以外,还有其因开发利用失当及失修而造成的种种负面影响,后果也是严重的。

一、农田水利开发失当的原因

如上所述,明清时期广东农田水利建设取得了重大的成就,大大增强了其防洪潮防旱涝的能力,推动了本省农业和社会经济的发展。

---

① 咸丰《兴宁县志》卷四《艺文志·主拆陂头议》。
② 咸丰《兴宁县志》卷四《艺文志·主拆陂头议》。

但无可讳言,随着时间的推移与主客观因素、条件的变迁,农田水利建设也逐渐显露其不足与失当的消极面,并产生了破坏性的影响。其原因似乎有多方面,前面已略有述及,这里再作综合、概括的分析。

1.缺乏统筹安排和长远规划。

如前所述,自宋元至明清时期,广东的农田水利建设,特别是沿海的堤围建设,无论从官府抑或民间角度而言,似乎大都缺乏明确的指导思想,尚未能设想或制定出符合本地区实际,能有效防范洪涝旱潮并综合治理水土流失及河道水患的统一规划,而往往多持急功近利的临时应付思想与措施,短期行为甚为显然,换言之,即多从当时当地的条件和单纯防洪涝的观点出发,制定修筑农田水利工程的计划和措施,忽略了从长远、整体利益与综合治理的策略方面进行决策,由是造成极大的负面作用。兹以珠江三角洲的堤围建设情况略作说明。

珠江三角洲地区的堤围建设大致兴起于宋元时代,入明以后进一步发展,至清中叶进入了全盛的发展时期。从堤围发展史来看,这个地区似乎都缺乏一个长远的全面的统一规划,也与其兴建堤围的指导思想和总体规划不够明确不无关系。大致而言,其表现是顺其自然筑围,欠缺统筹规划安排。如宋代以来西江下游高要以下河段,为了防洪的需要,先是在干流两岸修筑较低矮单薄的堤岸,然后自上而下伸展,并从干流扩展至支流、分支,直到河汊海口地带,但决策者似乎都没有制定一个较完善的且符合本地区防洪要求的总体规划,这是造成布局欠妥、堤系零乱及堤防质量欠佳的一个重要原因。

2.各自为政,互不关联。

这是各地闭门修筑堤围的一个共同点。无论是官修的大型堤围工程,抑或民间修筑的堤围工程,大多是各自为政,很少考量与其周围堤围工程的合接和联系,故其堤防布局与基堤走向和规格要求都不尽相同,而省府主管部门也没有对珠江三角洲地区的堤围建设做出具体的规划与统一规格的要求,通常只对一些特大的或重要的工程进行督修而已。因此各地修筑的堤围规格要求,甚至同一河段的各个堤围的规格要求,如堤基的高低与堤身的厚薄等,自然就参差不齐了。这是造成堤系零乱和降低堤防抗洪能力的又一个原因。当然,就特大的堤围而言,其内部的规划、管理与修筑亦有一定的章法,如横跨南海、顺德之桑园大围即是如此。其修筑章程便规定了修筑的规格要求及管理办法,但大围内之各子围及基段,其修筑或抢修工程的规格要求仍然是各自决定执行的,各围之间的参差不齐亦显而易见。

3.因应抗洪抢险应急修筑。

由于历史上本地区各时期修筑堤围,欠缺从总体上考量或制定符合当地抗洪实际需求的规划,而多从眼前利益出发,采取应付的筑围方式,以求一时平安,短期行为甚为明显,所以很难构造一个有效防御本地区洪涝水患的堤防体系,甚至一些容易受洪涝威胁的地带,无论是以往已筑的旧堤防,抑或尚没有修建的新堤岸,只要是目前还未有遭到严重水患的影响,就往往忽视兴建必要的新堤防,或加固加高原有的旧堤基,以有效增强本地区防洪抗灾之能力。事实上,珠江三角洲各地所筑的堤围、堤岸,大都是由于当地受到了洪涝灾害或严重威胁时才不得不进行修筑的,似乎是为了应急,而不是根据本地区的实际需求,按照轻重缓急的序列,有计划有统一要求进行规划修筑。这也是造成堤围布局不够合理和堤系零乱的又一原因。

4.盲目围垦加剧堤围布局的不合理。

大约从元末明初起,珠江三角洲各出海水道及滨海滩涂地带,开始掀起围垦的热潮。之后逐步扩展,到了清中叶围垦业达到了最盛时期。与此同时,沿海盲目围垦也达到了极点,并带来了无穷的后患。其中自明中叶至清中叶,南海、顺德、香山(今中山)、东莞等县一些豪强势家,更是肆无忌惮地在江河水道及滨海滩涂附近大量投石筑坝,掀起了拦河拦海围垦造田的狂潮,其恶果是不唯阻塞水道,造成洪涝潮难消,危及上下游堤围的安全,更严重的是出现越来越多、极不规范、相当密集而又零乱的大小新堤围,人为地加剧了珠江三角洲腹地与滨海地带堤围建设的混乱,使得本来就缺乏统筹规划的堤围建设在布局上更加不合理,堤系更加凌乱、不统一,原来旨在防洪潮、防旱涝的堤围适得其反,招致了更惨烈的洪潮灾祸,负面影响极其深远。这是堤围建设失当的又一个重要原因。

此外,值得指出的是,自然条件的变迁与修筑材料的制约,也对堤围建设产生了一定的影响。就自然条件变迁而言,自宋元以来广东珠江三角洲等沿海地区遭受洪潦和海潮的威胁和危害日趋严重,尤其是明中叶后至清中叶后的洪涝潮灾祸更加频繁、持续、扩大和恶化,对本地区的农田水利设施的破坏极大,也对堤岸建设极为不利。沿海的堤围建设本来就缺乏统筹安排和合理规划,也没有充分考量,随着明清时期本省社会经济的全面开发及自然条件的变迁而必须加强对江河的水土流失进行综合治理,但这个地区仍然采取以往画地为牢、因应洪潦水患而筑围自救的单纯防御的传统修筑方式。这样,随着清中叶水患的加剧,三角洲南部河汊平原与滨海地带便风起云涌地修筑起了数不胜数的中小堤围,其结果便出现如上所述的严重阻塞了珠江各出海水道的水流,加速了其附近水域的淤浅及上游低洼地带的内涝,而导致本地区堤围布局和堤系更加杂乱无章了。时人也尖锐地指出这种指导思想不明确,单纯防御的传统筑围模式必然带来的负面影响,谓"道光而后,水患日增,(修筑)乡围益密",而"堤日多则潦日横,而无堤者尤被其害"①。由此可见,自然条件的变迁也暴露了传统的筑围方式的诸多弱点,并使其适得其反,堤围建设不仅起不到防洪的作用,反而招致更大的洪涝灾患。自然条件的变迁对堤围建设无疑起到了一定的影响。

再从修筑材料与技术制约的角度来看,它对农田水利建设及江河综合整治也起到了一定的制约作用与负面影响。众所周知,广东各地的堤围和陂塘工程建设,向来都以土、木、石、灰等为其主要材料,大抵宋元时期以土、木为主,堤基多以泥土修筑,涵、窦、闸则以木或石砌筑。入明以后,采用石料和石灰的增多,许多重要的堤基推广石灰建材,砌筑石坡堤或灰堤以增强其抗御洪潦的能力。直到清嘉庆年间南海、顺德的桑园大围始修筑规模宏大的石堤,其他的堤围或陂塘修筑石坡堤或灰堤也明显地增多了。但不少堤围或陂塘仍然以修筑土堤为主。

诚然,明中叶以来,许多堤围及陂塘推广修筑石坡堤、灰堤和石堤,这是本省农田水利建设的一大进步。但是,自明中叶后,尤其清中叶后,本省洪涝潮水患异常严重和频繁,再加上山林农田开发造成的水土流失日益恶化,造成江河下游及出海水道日趋淤塞及由此形成的洪涝,使地处江河要冲的堤围或河川之旁的陂塘首当其冲地遭到了严重的破坏。这说明原来长期采用的石灰建材修筑的堤基、堤坝已不足以抗御特大的洪涝潮灾祸,而应当采用钢筋、水泥等近代的新型建材,

---

① 民国《顺德县志》卷四《建置略三·堤筑》。

或钢筋、水泥与石灰相结合的材料,至少应在冲要或险要地段修筑坚固的堤基、堤岸、堤坝等,以增强其抗洪涝潮的能力。

文献资料显示,直到清末民初之际,广东只有粤西沿海一些侨乡始采用钢筋、三合土(即水泥)等近代新型建材修筑陂塘工程,但为数不多,而珠江三角洲等地区的堤围、堤岸工程,尤其是地处江河海要冲的关键、险要工程,似乎尚未见引进和使用这种新型材料修筑。这从一个侧面说明了本省的农田水利工程建设仍然停留在千年以来所采用的土、石、灰建材的阶段,在引进和使用像工业化发达国家普遍于生产领域应用的近代新型建材方面的滞后性,这不能不说是农田水利建设中的不足与失当之处。可以设想,如果能在一些关键的重大堤围、堤岸工程项目引进和采用新型建材的话,那么其工程的质量就可以上一个新的台阶,或许可以有效抗御清中叶以来频发的特大洪涝灾祸,而大大减轻普通石坡堤或石堤(更不用说是土堤)在洪涝泛滥中经常发生的"决而筑,筑而复决"的恶性惨剧与重大损失。但省府和地方当局似乎尚无这种意识及考量,自然就不可能在堤围建设中将采用新型材料提到议事日程上来了。由此可见,清代中后期珠江三角洲等地区在堤围、堤岸建设中的不足,以及在引进和应用效能更好的新型建材上的滞后性。

至于在农田水利建设及河道整治中所使用的生产工具,也似乎存在同样的问题。如前所述,自宋明以来,我国东南地区采用的是钢刃铁制农具等,都是较先进的生产工具,在农业开发和农田水利建设中发挥过卓越的作用。但是,随着时间的推移,特别是日益猖獗的洪涝水患对农田水利设施的破坏,原来一些简单的手工工具就跟不上形势发展的需要。如明末清初,尤其清中叶后,珠江三角洲各出海水道及其支流都纷纷淤浅,引致水流缓慢,并造成上流或低洼地区长时间的洪涝积患,这就迫切需要有大功率的挖土机械以疏浚河道,需要电动水泵(即抽水机)以排除积水,等等。换言之,当近代先进的挖土机、抽水机和运输工具已普遍被工业化国家应用于生产领域时,而这里似乎尚无引进和采用这些先进的机械化工具的记录,除清末少数地方采用抽水机等之外,绝大多数地区依然固守原来的手工工具或水力运转的工具,故要大规模疏浚下游河道,排除低洼地带之积水,减轻洪涝灾祸,巩固堤围和堤岸,就有极大的困难了。可以认为,清代中后期广东的农田水利建设,尤其是沿海的堤围、堤岸建设,明显地受到了没有改进或引进应用新型建材和先进的机械化工具的制约和影响。这是农田水利建设中的不足与失当的部分原因,也是一个值得深思和总结的历史教训。

二、经济开发中带来的负面影响

明清时期广东农田水利建设的迅速发展,推动了垦荒、种植业等农业经济的开发和发展,促进了本省社会经济的全面发展。与此同时,经济开发中存在的自发性和盲目性,又引致了令人震惊的滥垦、滥伐的狂潮,直接造成了严重的水土流失,以及江河下游的淤浅,其后果是程度不同地破坏了农业生态平衡与农田水利建设的正常发展,带来了后患无穷的负面影响。

1. 滥垦问题。

明清时期王朝国家积极推行垦荒政策,鼓励民间大力开垦荒地,掀起了垦种的热潮,并取得了显著的成效。但值得指出的是,在各地开展的垦种热潮中,也出现了盲目滥垦的现象,遂引致日趋严重的水土流失,并造成山洪暴发,河道淤塞,农田水利设施频遭冲毁,情况相当严重。如清初以来,韩江上游"开垦山童"造成下游河道淤塞,堤岸受损。史称"顾数十年来,上游开垦山童而土疏,洪流挟沙过辄淤垫,河身日高,堤身日卑,至增筑加倍于无可施,诚地方之隐忧焉"①。珠江三角洲上游遭受的水土流失也特别严重,如粤北山区的垦荒造田,大量的泥沙通过北江下流,使三角洲的河道及出海水道日益淤浅,洪涝水患日甚一日。时人陈澧在《大水叹》一文中称:"大庾岭上开山田,锄犁狼籍苍崖巅,剥削山皮剩山骨,草树铲尽胡能坚,山头大雨势如注,洗刷沙土填奔川,遂令江流日淤浅。"②这里已概括说明了由于滥垦山林而造成的日趋恶化的水土流失现象,以及由此带来的后患无穷的负面影响。

此外,在山区推广种植烟叶等经济作物,也有其不利的一面。如道光年间南雄直隶州推广种植烟叶,大量开发山岭,造成了严重的水土流失。是时,由于市场烟价看好,获利甚厚,该州"每年约(售烟叶)

---

① 光绪《潮州府志》卷二〇《堤防》。
② 光绪《桑园围志》卷一五《艺文》。

货银百万两,其利几与禾稻等"①。但大片开辟山岭种烟,却引致严重的后果,史称该州"种烟之地俱在山岭高阜,一经垦辟,土性浮松,每遇大雨时行冲刷下注,河道日行壅塞,久则恐成水患"②。这种情形在各地山区亦显而易见。

2.滥伐滥挖问题。

明中叶以来,随着山区商品性经济的发展,本省掀起了进山伐木采煤的热潮,大大促进了木材、烧炭、采煤和造币等业的生产。但过度伐木、烧炭、挖煤,严重地破坏了山林的生态环境,造成了日益恶化的水土流失。每当洪水暴发,下游洪涝为患,势必造成农田水利设施及农业生产的极大破坏。如清代嘉应州(今梅州)山区就是其中一例。据称,该州群山连绵,"自樵采日繁,草木根荄,俱被刈拔,山土松浮,骤雨倾注,众山浊流,汹涌而出,顷刻溪流泛滥,冲决堤工,雨止即涸,略旱而涓滴无存,故近山坑之田多被山水冲坏为河为沙碛,至不可复垦。其害甚巨"③。乐昌县的情况亦然,清中叶,该县山场被"乡民入山偷砍",致使"水源竭绝","有害粮田"。④ 粤西赤溪(今台山)县伐木採樵所造成的破坏也相当突出。据称,该县自清中叶以后,"樵采日繁,草木根荄悉被刈拔。以致童山濯濯,沙土松浮,雨水骤至,无所停蓄,遂挟其沙土倾注而下,溪涧河流,因是淤浅,每逢山雨暴发,水势难以宣泄,即至泛滥横溃,冲决基堤,无岁无之"。又谓该县"因下流出海诸河涌容易受上流沙土日就淤塞,雨水稍多即不能畅流出海,遂成巨浸,每至溃堤,淹浸禾稼,亦无岁无之,为患均烈"。⑤ 可见伐木樵采所造成的破坏与负面影响,也是令人震惊的。

至于采煤、烧炭,同样是造成水土流失、河道淤塞、农田水利损毁的又一因素。如南雄直隶州沙洲村等七村村民,在"大龙虎坑私采煤,泥沙石下壅,几至水遏不流,陂将垂废"⑥。曲江县的"土棍串商",擅自在"南水石宝洞大旺岭开采煤机",致使可灌田数百顷的方伯陂遭到了

---

① 道光《直隶南雄州志》卷九《舆地略·物产》。
② 道光《直隶南雄州志》卷九《舆地略·物产》。
③ 光绪《嘉应州志》卷五《水利》。
④ 同治《乐昌县志》卷三《山川志·水利》。
⑤ 民国《赤溪县志》卷三《建置·水利》。
⑥ 道光《直隶南雄州志》卷二二《艺文·陂文》。

泥石下壅的严重威胁。① 德庆州的山民多烧煤、烧炭,大量泥沙冲入河溪,淹没农田,致令"民多逃亡"②。类似上述例子,本省各地不胜枚举。总之,采煤、烧炭引发的水土流失,对农田水利及农业生产的破坏与负面影响是显而易见的。

三、农田水利开发利用的失当及其影响

明清时期,广东农田水利建设及其迅速发展,对促进本省农业和社会经济发展与保障和改善居民生活环境,都具有积极的作用和重大的意义。但必须指出,这个时期本省不少农田水利设施由于开发利用失当亦带来了不少问题,并由此产生了一些负面影响。如车陂水碓的节流,过度的基塘开发和渠塘垦殖等,都对农田水利建设的正常发展和农业生产的发展造成了一定的危害,值得引起警惕。

1. 车陂节流问题。

广东山区丘陵地带分布广阔,当地人民群众往往因地制宜设置水车、水碓,利用水力资源灌溉农田的同时,大力发展农副产品加工业,并取得相当显著的经济效益,这是值得充分肯定的。但水车、水碓筑陂截流也有其不利河道顺畅的负面作用,主要是筑陂截流后大多会阻塞河道水流,引致"沙土壅淤","河身日高,河岸日下",每遇雨季山洪暴发时,常常造成极大的危害。

一是引致车陂上流低田区易受涝灾。如南雄直隶州城北高地的情况就是其中一例,据称,由于该地"有田数百亩,恒苦高旱,农民工(遂)作高车以灌之。然车之所过,沙土壅淤,而(使)上流低田汇为巨壑矣……(每遇)阴雨连绵,其涝尤甚"③,致使当地农业生产失收或歉收。另外,在河溪筑陂设车亦会使上游水壅,令其所设的水车不能转动。如该州里溪筑陂设车后,"其陂起水壅上游,(使原来)姚李严邓四姓之(水)车不能转"④。海南琼山县也有类似的情形,该县城南蕃诞高田缺水灌溉,早于正统年间乡民即在附近南桥河"两岸筑栅置车引水溉高田",但未几上流"桥内低田"却被"塞车壅水"所淹浸。⑤ 可见,车

---

① 光绪《韶州府志》卷二一《经政略·田赋》。
② 光绪《德庆州志》卷四《地理志·风俗》。
③ 道光《直隶南雄州志》卷二一《艺文·文纪》和卷二二《艺文·陂文》。
④ 道光《直隶南雄州志》卷二一《艺文·文纪》和卷二二《艺文·陂文》。
⑤ 咸丰《琼山县志》卷三《舆地六·水利》。

陂截流造成的负面影响也是不言而喻的。

二是引致车陂河岸附近城乡田庐遭受冲毁或淹没之祸害。兴宁县遭遇"水车之害"的情况最为突出。据载,该县的河流大多筑有车陂,而其截流又往往导致河岸附近壅淤,河身日高,河岸低下,每当"洪水猝至,直冲彼岸,室庐坍倒,田畴胥成泽国,(而)贫民日号泣于波中"①。这是车陂截流的又一危害。

可以认为,本省各地山区、丘陵、高地,凡有修筑车陂截流之处,似乎或多或少都存在着上述的问题,只是其负面影响不尽相同罢了。

2.滥开基塘问题。

上一章论述了明清时期珠江三角洲堤围地区开发基塘经济的情况,肯定了基塘生产方式这种商品性养鱼、养蚕、缫丝业对活跃商品市场、推动社会经济繁荣的作用和意义。但基塘的开发也有其不利于堤围抗御洪涝灾害的一面,主要是由于过度开发基塘经济,在基堤旁边大肆开挖鱼塘或沟渠,直接危害到基堤的安全,乃至引发洪涝水患,负面影响甚大。

一是危害堤围安全。因为在基堤旁滥挖鱼塘,势必削弱其抗御洪涝的能力。道光年间桑园围基局即已郑重指出其危害性,称"围基内外贴近开挖池塘,种菱藕,养鱼苗,及贴基开沟渠,俱能伤害基身"②。清中叶以后,珠江三角洲腹地"禾田尽,变基塘",每遇特大洪涝泛滥,即冲毁不少的大小堤围,其原因之一与滥开基塘不无关联。

二是阻碍洪涝宣泄。在堤外挖塘养鱼,修子基植桑,便形成日益增多的子围。清初尤其中叶以来,南海、顺德等县尤为突出,史称该地"大堤之外,居民另有圈筑子基系开塘成基者","(子围)贴近(大)堤基,均属鱼塘……相沿已久"③,这是三角洲腹地"乡围益密"、堤系错乱的原因之一。这种状况直接削弱乃至危害堤围抗御洪涝灾害的能力与安全。因为乡围密集,势必严重阻塞河涌及出海水道的流通,致使汛期洪涝难消。顺德县就是其中最具代表性的例子,该县由于河涌与出海水道日益淤浅,洪涝潮往往阻塞难消,"一有西潦,围水淹浸数

---

① 咸丰《兴宁县志》卷四《艺文志》。
② 光绪《桑园围志》卷一一《章程》。
③ 光绪《桑园围志》卷一一《章程》。

月"①,遂致不少基堤受浸坍溃。

可以认为,盲目滥开基塘,虽然得一时之利,但对堤围的建设与安全极为不利,这是造成清中后期本地区"水患日增"及基堤不断溃决的其中一个原因。

3.滥开陂塘渠圳问题。

明清时期王朝国家推行鼓励垦荒政策,广东各地亦掀起了垦种热潮,并收到了显著的成效。其后,随着人口的剧增与可垦的荒地所剩无几,为扩大有限的耕种面积,盲目滥垦陂塘渠圳的问题日益突出和严重,给农田水利建设与农业生产造成极大的破坏和损失。为此,政府也不得不下令禁止这种滥垦现象。乾隆十一年(1746),政府下令"禁开垦陂塘有妨水利"就是其中的例证。②但政府的禁令似乎无法切实执行,各地滥垦的现象有增无减,"垦塘为田"的风气甚为盛行。究其原因大抵有以下几种情形:

一是日久淤塞开垦为田。这种情形至迟在明中叶已有记载,如嘉靖年间遂溪县城南的张赎村张赎塘"久废为田"就是较早一例。该塘始筑于宋代,广四十亩,灌东洋田。由于"岁久闸(渠)废,嘉靖间乡民买为田"③,即垦为农田。该县大塘村都流潭塘,博格村博格塘等同样亦"久废为田"④。本省各地类似这种垦塘垦渠为田者为数不少。值得指出的是,雷州最大规模的农田水利工程特侣塘渠,自明中叶后被泥沙淤塞的渠道已逐渐垦辟为田,及至嘉道年间"垦渠为田"已达到了极点,史称"自阅代既绵,(特侣塘)渠之近山者沙砾以渐而积,地力日尽,渠之在田者阡陌以渐而开,今考各渠,大半夷而为田"⑤。至此,特侣塘渠已基本失去了若干世纪以来灌溉万顷洋田的功能,大部分渠道已垦为农田了。

二是"不知水利,湮塞为田"。有一些地区的乡民对农田水利不够重视,原来兴修的山塘渠圳日渐淤塞而未及时清淤,日久被淤塞而垦为农田。如粤北永安县(今紫金县),其山区农田"向皆有池塘蓄水以

明清侨乡农田水利研究——基于广东考察

① 民国《顺德县志》卷四《建置略三·堤筑》。
② 民国《恩平县志》卷一三《纪事一》。
③ 道光《遂溪县志》卷二《水利》。
④ 道光《遂溪县志》卷二《水利》。
⑤ 道光《遂溪县志》卷二《水利》。

备不雨,大抵一处田若干即开塘若干,田各自为业,塘则共资灌溉"①。后来由于忽视水利建设,山塘淤塞后得不到及时清理,反而将其大部分垦而为田。据道光初年所载,该县由于"后世(乡民)皆不知水利,皆湮塞为田。今之塘视昔存者十之一耳"②。可见被开垦的山塘竟占九成之多,相当典型。其他州县似乎亦有不少类似的情形,只是程度不尽相同罢了。

三是为"升科小利"而垦陂塘为田。前面已提及,清初以来广东人口迅速增长,而可耕之土地有限,不少地区为扩大耕地面积,不仅将被淤塞的陂塘开垦为田,更有甚者居然为了"升科小利"而将现有可供灌溉之陂塘垦辟为田。这种现象清初业已出现,至清中叶后则进一步发展。如康熙四十二年(1703),嘉应州(今梅州)扶贵堡乡民将可资灌溉一顷五十亩之莲花湖"占垦"为田。③ 清中叶后开垦塘湖的现象更是有增无已,据称该州不少塘湖"近乃垦而为田",以致当局不得不下令"严禁垦塘",并警告称"塘不蓄水,或仅有水沟,其流单弱,(灌溉)无以及远,是当严禁垦塘,不可图目前升科小利"④。粤西地区也有类似情形,如化州乡民亦有从经济利益考量,"废陂塘为田",以"岁收其入"。清中叶后该州州志称,"陂塘之设,民生有赖,宣泄以防涝,储蓄以备旱,而州民计莫锱铢,每溺于地无遗利之见,竟废陂塘为田亩,岁收其入,不知上无渠堰,偶遭亢旱,苗恒就槁,西(收)成失望"⑤。

由以上可见,本省各地滥垦陂塘为田,不仅直接破坏了不可或缺之农田水利建设的发展,加剧了清中叶以来日益恶化的洪涝灾患,而且也给当地农业生产与居民生活带来极大的损失和困难。

第四节　农田水利设施的损毁与失修

最后,从历史的角度综合考察明清时期广东农田水利设施遭受损毁与失修的一般情形,分析其发生的背景、原因及教训,以资借鉴。

---

① 道光《永安县三志》卷一《地理·山川》。
② 道光《永安县三志》卷一《地理·山川》。
③ 光绪《嘉应州志》卷五《水利》。
④ 光绪《嘉应州志》卷五《水利》。
⑤ 光绪《重修化州志》卷二《陂塘》。

一、农田水利设施的损毁

这个时期,广东农田水利建设取得了长足进步,对推动本省农业和社会经济的发展起了重要的作用。但由于种种主客观因素,各地农田水利设施也遭到了程度不同的破坏,概括而言有以下方面。

1. 遭兵燹战乱的破坏。

明清时期,广东先后发生过多起规模较大的兵燹战乱,不仅对社会经济和民生造成极大的破坏,而且对农田水利建设也带来严重的损毁。如明末清初以来,在本省境内发生的兵燹战乱,对农业生产和农田水利设施破坏极大。据称,粤中增城县"有明之季,屡经兵燹,民多逃亡,田亩荒芜殆尽"①。顺治初年,海阳县南门堤遭到战乱的破坏,使城南数都人民蒙受水灾之痛苦,据载"乙酉澄寇倡乱决堤,海邑尽为泽国,里人屡筑屡溃"②,苦不堪言。澄海县附城之套子堤同样遭到兵燹的破坏,谓"寇乱地毁,民苦水患"③,使十三乡人民饱受决堤水患之祸害。

值得指出的是,兵燹战乱不仅直接破坏了堤围、堤防,而且由于无数的人民死于战祸或被迫离乡别井,致使不少堤围或陂塘荒废,损失极大。如康熙年间三藩叛乱波及粤北、粤西等地区,致使大批人民流离失所,大片土地及陂塘渠圳荒废。粤北南雄直隶州就是典型一例,史称"自三藩叛乱,岭表骚然,浈昌为入粤门户,兵差络绎,力不能支,当此之时居民之弃井里流亡者,不可以千百数也,田且不耕,何有于陂?其埋塞冲荒亦固其所"④。又云"康熙某年,流贼犯境,(该州)人多逃散,田园就荒,陂亦旋废"⑤。由此可见,三藩叛乱对粤北地区的破坏,尤其是对田园及陂塘水利设施的破坏极为惨重。顺便指出,粤西地区除受清初三藩叛乱的波及外,有清一代还多次遭受沿海"海寇"的"蹂躏荒残"。如吴川县"寇踞连年,灾祲继至,荒烟蔓间,几无人矣"⑥。说明"海寇"为患对沿海地区也造成了极大的破坏,人民逃散,土地荒

明清侨乡农田水利研究——基于广东考察

---

① 嘉庆《增城县志》卷一〇《职官·宦绩》。
② 光绪《海阳县志》卷三八《列传七》。
③ 嘉庆《澄海县志》卷一二《堤涵》。
④ 道光《直隶南雄州志》卷二二《艺文·陂文》。
⑤ 道光《直隶南雄州志》卷二二《艺文·陂文》。
⑥ 光绪《吴川县志》卷五《宦绩传》。

芜,堤岸、陂塘废弃殆尽。

2.因"迁海"而损毁荒废。

清初王朝国家出于强化专制统治之目的,在东南沿海实施"迁海"暴政。广东是东南海防之重点,从粤东至粤西沿海无不深受其祸害。在粤东沿海,政府派员"巡勘海、揭、惠、澄六县海滨,筑小堤为界,令居民迁入内地,越界者死",由是内迁之民"流离琐尾,少者转徙他郡,老者死填沟壑"①。在粤中至粤西沿海,同样"严海禁,下移民之令,居濒海者移入内地五十里,于内外界处,五里一墩,十里一台,自虎门而西至雷城三千余里联络綦布,仍遣使者不时巡查,居民有出界一步者杀无赦"②。以上可见,清政府的"迁海"暴政对广东沿海社会经济与民生造成了空前的摧残和破坏,被迁之民"十不存八九",造成了劳动力的极大破坏,所有界外之农田、房屋及堤围、陂塘渠闸等设施成为垃墟。

就"迁海"对农田水利设施的破坏而言,文献上也留下了不少真实的记录。如海阳县沿海界外之堤防大多遭到了冲毁,"南桂以下(各都)堤斥界外,遇洪水冲决尤甚,上莆、南桂、龙溪等都田地尽遭淹没"③。珠江三角洲沿海界外的堤围、堤岸同样遭到了洪潮的冲决,损失惨重。另外,粤西沿海各州县界外的堤围、堤防,由于长期抛荒在潮水中而成为废堤。阳江县海陵、丰头等处内迁三十里,"撤庐毁田",也成为垃墟。原来防潮的那罗都大堤,由于长期抛荒而自然"颓废",成为"废堤"④。吴川、茂名、石城(今廉江)诸县濒海居民内徙五十里,致使"迁地空虚",土地荒芜,堤基颓废,损失惨重。总而言之,康熙年间实行的迁海暴政,既是对广东沿海农田水利设施的破坏,也是对农业生产力的破坏,其负面影响至为深远。

3.遭自然灾害的破坏。

明清时期广东日趋加剧的洪涝潮灾害,是造成农田水利设施破坏和废荒的主要原因。其表现大致有以下几种形式,兹略作说明。

(1)遭洪潦的冲决。大抵每年雨季,珠江、韩江及粤西鉴江、漠阳江、锦江等三角洲的堤围、堤岸经常遭受洪潦的冲决,造成惨重的损

① 光绪《海阳县志》卷四六《杂录》。
② 同治《南海县志》卷一九《列传》。
③ 光绪《海阳县志》卷二一《建置略五·堤防》。
④ 道光《阳江县志》卷八《编年》。

失。粤北等山区的陂塘渠圳，也同样频遭洪潦的冲决，带来严重的损失。如西江自高要以下，沿江各县地势低洼，皆筑以围基保护田庐和居民。自明末清初以来，由于下游及各出海水道日渐淤塞，每至春夏洪潦盛发，各处堤围"不足以资抵御"，"几乎处处报险"。[①] 其中，万历年间最为危急，"无岁不患水，无岁不溃防"[②]，造成空前的损失。清中叶西江洪潦冲决堤围的形势更为恶化，道光初年肇庆府的官方报告明白指出，自嘉庆年间被水报灾，"嗣后连年水患不绝，围基冲决，习以为常"[③]，自此西江洪潦水患进入了高峰期，沿江各县的无数堤围被冲毁的情况也特别惨重。北江和东江的洪潦水患及堤围被冲决的情形亦大致相类似，前面已有述及，这里从略。

韩江三角洲的堤围、堤防被洪水冲决或坍溃的形势也相当突出和惨重。如明中叶以来，韩江入海水道淤浅日甚，灾患频仍。府城北门堤等由于洪水猖獗，"溃决无常，贻害甚烈"[④]。据载，韩江及其支流"每遇春雨淋漓，山水骤发，河流泛涨，势若滔天，冲决堤岸，一泻千里，漂荡田庐，淹没禾稼，溺死人物，不可胜数"[⑤]。可以认为，这是对明中叶以来韩江三角洲的堤围、堤防遭受洪水冲决的概括性总结。由此可见，这个地区的堤围、堤防遭受洪水的破坏也是相当严重的。值得一提的是，粤西沿海的围基、堤岸虽然为数不多，但同样受到了洪水的破坏。如鉴江下游吴川入海口，明末清初以来发生多次特大洪水灾害，冲决堤岸，淹没田庐，损失惨重。清中叶后，鉴江水患加剧，道光年间形势尤为严峻。据称，道光二十六年（1846）发生的特大洪灾最为罕见，谓"连日霪雨，平地涌泉大水，（吴川）江堤尽陷，坏民居无算，潮田粒谷不收"，损失极大。廉江、漠阳江、锦江诸河流此时期亦不断发生洪水冲决堤围、堤岸及田庐的严重情况。由于粤西江河洪水期往往与潮水相迎，即"洪潮相迎"或"洪水迎潮水"，致使洪水宣泄入海异常困难，遂致两岸堤防在淹浸中易遭冲决或坍溃，从而造成惨重的损失。

至于山区的陂塘渠圳，此时期也同样因为山洪暴发而造成了严重

① 光绪《四会县志》编四《水利志·围基》。
② 道光《高要县志》卷六《水利略·堤工》。
③ 光绪《四会县志》编四《水利志·围基》。
④ 光绪《海阳县志》卷二一《建置略五·堤防·北门堤》。
⑤ 光绪《海阳县志》卷三六《列传五·杨琠》。

的损失。如隆庆四年(1570)大埔县暴雨引致山洪暴发,冲毁无数陂塘,损失极大,史称是时"暴雨如注,田间陂塘冲溢成川,民有溺死者"①。万历九年(1581),从化、增城、龙门等县"大雨豁墍泛涨,禾田尽没,倾毁民居,淹死男妇不计其数"②。从"禾田尽没"看,"田间陂塘"的破坏自然也不能幸免。以上是其中有代表性的例子。清代以来,粤北等山区的陂塘设施被山洪冲毁的情况更是有增无已,前面亦有述及,这里不赘述了。

(2)遭飓风海潮的冲决。明清以来,广东沿海的堤围、堤岸经常遭到特大的飓风和海潮的冲击破坏,给当地的堤围、堤岸及田庐造成灾难性的破坏。如万历十六年(1588)和十八年(1590)雷州先后遭到特大飓风的袭击,东洋大堤遭受灾难性的破坏,谓"飓风连作,堤多陷至基,两洋居民荡析殆尽,田数万顷悉属荒芜"③。万历四十六年(1618)八月,潮州府遭到历史上最惨重的一次特大飓风海潮的破坏,据称,该府"飓风大作,暴雨中火星烛天,海水涌起数丈。潮阳、澄海、揭阳、饶平、普宁、(海阳、惠来)等县人民漂没以数万计,衙宇城垣、堤岸田园溃决无算"④。据统计,此次"异常水患,火雷、海飓交作,淹死男妇一万二千五百三十名口,倾倒房屋三万一千八百六十九间,漂没田亩、盐埕五千余顷,冲决堤岸一千二百七十余丈"⑤,损失空前惨重。清代以来本省沿海堤围、堤岸遭受飓风海潮的破坏更为频繁、惨烈,这一点在文献记载中不胜枚举。

(3)因涝患而坍溃。珠江、韩江三角洲地区地势低洼,再加上明末清初以来江河下游及出海水道日益淤塞,每当洪水盛涨,或大潮顶托,洪水难消,势必引致旷日持久的涝患,造成不少堤围、堤岸受淹浸而坍溃,以及无数田庐与生命财产的巨大损失。据载,珠江三角洲的涝患最为严重,自四会、三水至南海、顺德一带,地处西、北两江下游及出海口处,地势低洼,洪涝为患极为频繁而严重。如四会县黄塘围(即永安围)一带,每遇北江水涨,潦水即"倒浸而上",道光中期该围"连年溃

---

① 《明穆宗实录》卷四四,隆庆四年四月癸卯。
② 《明神宗实录》卷一一二,万历九年五月丙寅。
③ 道光《遂溪县志》卷二《水利》。
④ 《明神宗实录》卷五七六,万历四十六年十一月壬寅。
⑤ 《明神宗实录》卷五八三,万历四十七年六月己未。

决,至有一年决两三次者"①,涝患猖獗于此可见一斑。三水县地处"西北两江之冲,(洪涝)水患最甚"。主要是受"下流咽喉所束,激之使怒",而"番禺、顺德、香山(今中山)、新会等县多有承陞沙亩,广筑基坝,下流壅塞,宣泄不时,波及邻境,吾邑(三水)受害更大"②。据称,该县"患涝则什居七八",可见涝患特甚,被其冲决或浸溃的堤围、堤岸不可胜数,损失惨重。南海、顺德一带,地势低洼,河汉密布,堤围密集,而出海水道日益淤塞,每当西北两江洪水涨发,往往形成大范围的涝患,倘遇潮水顶托,则洪涝泛滥的时间更长,被冲决或浸溃的堤围、堤岸就不计其数了。故广州府志称,府属各县遭洪涝灾祸者以"南(海)顺(德)二县为尤"③。可以认为,清中叶以来洪涝为患是造成珠江三角洲堤围、堤岸被冲决或浸溃的一个重要原因,其危害性特大。

（4）长期受自然因素的侵蚀而损毁。这也是农田水利设施遭受破坏的一种形式。与以上三种形式不同,这种形式是一个长时期受自然因素的侵蚀或影响而逐渐形成的,如基堤、陂堤、塘堤等设施长期受风雨、流水、流沙的侵啮而受到损毁。如西、北二江下游一带的堤围、堤岸,因长期受大风雨的吹淋和洪流的冲刷,其基堤已大为削弱了。其中,桑园围自明初至嘉庆年间四百余年,受自然因素的侵啮日甚一日,"堤岸日削,迥非昔比"④。据省府的报告称,道光年间三水、南海诸县的堤围已受到了严重的侵蚀,所在"围基低薄,浮松处所甚多","每有涨溢,即有冲决之虞"⑤。由于"堤防岁久颓圮"⑥,必须及时抢修,以保护堤围的安全。韩江三角洲地处流沙地带,其堤旁"多流沙,为水啮",故"沙堤屡溃"⑦,即堤基多被流沙水啮而致倾圮。如海阳县万历中年东津沙衙堤的溃决就是其中一例,及至清中叶沙堤坍溃的形势更为严峻,史称海阳"邑治多水患,江东、秋溪、东厢三都向以沙堤屡溃,田庐淹没"⑧,损失惨重。此外,沿海的护堤石矶及堤岸,由于长期遭受风雨

① 光绪《四会县志》编四《水利志·围基》。
② 嘉庆《三水县志》卷八《水利》。
③ 光绪《广州府志》卷六九《建置略六·江防》。
④ 光绪《桑园围志》卷一一《章程》。
⑤ 光绪《四会县志》编四《水利志·围基》。
⑥ 嘉庆《三水县志》卷一四《艺文上》。
⑦ 光绪《海阳县志》卷三二《列传·金绅》。
⑧ 光绪《海阳县志》卷三二《列传·金绅》。

明清侨乡农田水利研究——基于广东考察

和海潮的吹淋和侵啮,亦屡遭倾圮。如澄海县涣洲等村筑有后洋堤保护田园,堤外"旧有四大石矶为外护,后因水势侵啮,矶头圮坏,水患不息"。嘉庆年间该县后洋堤因失去矶头外护而终"被水冲决"[①],田庐损失极大。雷州海康、遂溪之东洋堤,自明末清初以来因长期受风涛吹袭,"咸潮冲激,渐就倾圮"[②],致使洋田年年失收或歉收,民生艰困,当局不得不采取相应措施,终于康熙末年进行大规模的修筑工程,"堤乃巩固"。

此外,害虫蛀空腹基而致决堤,也是论者将其作为基围溃决的又一个原因。广东沿海危害基堤的害虫主要有鼠、蛇、蚁、蜞等,而珠江三角洲盛产粮食与蔬果桑树之属,广袤的基堤便成为这些害虫聚集繁衍之处所,历史上有"蛇窝、鼠穴、蜞孔偏蚀腹基"之称,即蛇在基堤里筑窝,鼠在基堤里打穴,蚁在基堤里筑巢,蜞在基堤里驻孔,这些害虫在基堤里栖息繁衍,势必将堤围腹基蛀空,引致基堤坍裂渗漏,一遇洪潦盛涨,便有冲决或坍溃之危险。如嘉道年间桑园围之白饭围等,其基堤里"鼠穴繁多"[③],每当洪水盛涨,"水益高,堤益险","频崩决"[④]。鼠穴危害基堤于此可见一斑,其他害虫危害基堤的情况亦然。各地方志也不乏这方面的记录。为了防范这些害虫对基堤的破坏,自明中叶以来,广东沿海人民采取了积极而有效的措施,其中"筑地龙"、"舂灰墙"便是最理想的举措。实践表明,凡"筑地龙"和"舂灰墙"之基堤,大体上都达到了"鼠不穴,蛇不钻,蚁不垤,蜞不跓,蛰不陷,浪涛击撞之不随裂"[⑤]的目的。这充分显示了沿海人民保护基堤、防范虫害的智慧与创造能力。

至于陂塘渠圳亦会受风化与泥沙沉积,而致"日久堙塞"、"岁就沙积",逐渐失去其引流灌溉的功能,终被"荒弃"或"废弃"。关于这一点前面已有论述,这里从略。

4. 人为因素的损毁。

这是损毁基堤和陂塘设施的又一原因。所谓人为因素,有种种表

---

① 嘉庆《澄海县志》卷一二《堤涵·水关栅附》。
② 道光《遂溪县志》卷二《纪事》。
③ 同治《南海县志》卷七《江防略补·围基》。
④ 同治《南海县志》卷七《江防略补·围基》。
⑤ 光绪《桑园围志》卷一〇《工程》。

现形式,除前面已述及的在河旁及水道中滥筑石坝、盲目围垦外,这里着重分析以下几种形式。

(1)在基地上私筑窦穴。有的基堤业户为了贪图小利,竟在基堤上私筑窦穴,以灌己田。清初以来这种现象较为普遍,令人堪虞。嘉庆初年广州府官员业已指出其发生的原因及其危害性。谓府属堤围"附基业户干旱之年,贪图水利,往往于基根偷挖小窦,戽水灌田,潦涨时失于防范,每多渗漏"①。这说明私筑窦穴,势必导致基根渗漏,直接危及基堤的安全。

(2)在基堤上纵放牲畜。基地业户多饲养猪牛羊等牲口,为了方便和私利,业户往往不关管这些牲口,任其在基堤上践踏,损坏基堤。桑园围便是其中一例。据称该围"东西两岸基身铺屋,每畜牛羊猪母,不自关栏,任由成群引以纵放于外,蹂躏践踏,最坏基身"②。由此可见在基堤上纵放牲畜的危害性。其他堤围似乎也有相类似的情形。

(3)砍伐基堤上的大树。历史上珠江三角洲的堤围都在基堤种植龙眼、荔枝之类的果树或其他有价值的大树,这既带来了一定的经济收益,也有利于基堤的巩固。但由于种种原因,各堤围不断发生擅自砍伐基堤上的大树,或砍伐基堤上的大树以充修筑经费,此举对基堤的破坏性很大。因为堤上的大树被砍伐后,"其根一腐,不数年而堤即冲决"③。嘉庆末年,桑园围海的三丫基坍决就是由于砍伐基堤大树造成的。时人温汝适指出,三丫基"因修补堤岸,伐(堤上)大树数百(株)易银以给工费,岁久树根蠹朽,竟至坍决。因小失大,尤堪骇异"④。由此可见砍伐基堤大树的代价及其危害。光绪年间水利论者在总结基围溃决的原因时,明确指出多伐护基大树是一个重要原因,"围基所由溃决也有数端……多伐护基大树收目前之利,而根葽蠹腐于中……其患每酿于一二年以前,然亦无潦至骤溃决者,必有坍裂渗漏为之兆"⑤。这无疑是经验之谈,十分中肯。

(4)在基堤上盗葬坟墓。珠江三角洲不少近基乡民因循以往的风

---

① 光绪《桑园围志》卷一一《章程》。
② 光绪《桑园围志》卷一一《章程》。
③ 光绪《桑园围志》卷一一《章程》。
④ 光绪《桑园围志》卷一五《艺文》。
⑤ 光绪《桑园围志》卷一六《杂录上》。

俗习惯,在附近基堤上"相率盗葬,习以为常"①。这种现象对基堤的危害尤大。因为在基堤内埋葬许多棺木,自然就挖空了基身,削弱了基堤抗御洪流之能力,容易招致基堤的冲决或坍溃,"为害尤剧"②。正由于盗葬坟墓的危害性大,故自清初以来省府便明文禁止,如嘉庆末年广东总督阮元曾下令,"严禁砍伐堤树,盗葬坟墓,私挖鱼塘"等。一些大的堤围也在其章程中明文禁止在基堤盗葬坟墓。③ 当然实际执行的情况似乎并不理想,清中叶以后这种违禁之举依然不断发生,甚至有加剧之势,各地基堤屡遭洪流冲决,其部分原因与此不无关系。

二、农田水利设施的失修及其原因

明清时期广东农田水利建设取得了长足的进步和发展,对促进本省农业和社会经济的发展起了重要作用。但由于种种原因,各地也有不少农田水利设施得不到及时维修,甚至长期失修,致使其或则无法发挥灌溉和防御洪涝的功能,或则长期抛荒废弃,造成的损失无法估量。珠江三角洲的堤围、堤岸因长期失修而荒废或不能正常发挥作用的情况较为普遍,前面已提及,自明初以来西江高要以下各县的堤围、堤岸,由于年久失修或修补"草率从事",大多"低薄浮松",不堪抗御洪潦之冲击。如三水县胥江司所承基堤长罔堤(清初分为东塘、上梅埠、下梅埠,长洲社、清塘和永丰六围),位于芦包至大塘一带,"自明季崩溃"后长期失修,致使该地区的乡民饱受洪涝之痛苦,直到康熙年间经府县批准,才集众挑筑工竣。④ 该县三水司所属溪陵围新圳窦,自乾隆晚年"被水冲决,今圮"⑤,亦即该窦被冲决后直至嘉庆年间仍得不到修复,遂至荒废。从文献资料看,此时期各地堤围、堤岸发生相类似的情况不胜枚举,这里从略。

至于山区陂塘的失修和荒废,似乎更为常见,其中粤北山区各州县尤为突出。如万历年间乐昌县东村坝高陂,可灌溉下塘、玉带、石槽诸村的农田,为"乐邑富庶上游"之地,后"因洪水冲洗,年久失修",遂

---

① 光绪《桑园围志》卷一一《章程》。
② 光绪《桑园围志》卷一一《章程》。
③ 光绪《桑园围志》卷一一《章程》。
④ 嘉庆《三水县志》卷八《水利》。
⑤ 嘉庆《三水县志》卷八《水利》。

至"节年荒旱,民其无生矣"。[①] 康熙年间南雄直隶州牛田村之陂渠,因"陂毁于水",有余年得不到修复,村民唯"以雨为命"[②],极为困苦。兴宁县农田水利的失修亦属长久,据嘉庆年间邑人所称,"兴宁水利不修久矣,大率山水骤发,则城郭庐亩尽就淹没,及其涸也涓涓俱无"[③]。可见农田水利的失修带来的危害与负面影响,至为显然。

从宏观角度观察而言,明清时期广东各地农田水利设施的失修或"迄无成效",是相当突出、普遍和严重的,有其主客观的原因,概括而言,主要是官府失职,管理不善,经费短缺,灾重民疲等诸因素而形成的。兹略述于下。

1.官府失职。

主要表现在各级官府主管及下属官员"玩愒失责",督率不力,大致有三种情形。

(1)主管官员"督帅经理"失责,特别是府县主管官员督修失职,未能以修筑为己任。如清中叶,省府在巡视西、北两江下游各县的堤围、堤岸时发现,这里的围基低薄、浮松之处甚多,以致屡遭冲决,主要原因是府县官员平日对修筑工程"督帅经理"不力和失责,"每每迁延贻误"[④]所致,故堤防形势十分严峻,必须予以纠正,及时补筑,加高培厚。雷州千里东洋大堤的情况亦有相类似之处,自明末清初以来,由于主管府县官员督修失职,长堤得不到及时维修,故"岁坏一岁","岁陷一岁",以致万顷洋田受浸,"年甚一年",由是"家家悬磬,村落丘墟"[⑤]。可以认为,地方主管官员督修失职,是造成各地堤围、堤岸不能及时修筑或长期失修的一个原因。

(2)督修官吏趁机渔利,只顾搜利而不问工程。据称,不少州县官吏,往往趁"抢筑"之机,上下其手,从中侵蚀修筑经费,中饱私囊。这些官吏利用"借帑抢筑"之机,一到现场"未问工程,先冒买物料,藉势浮开",从中渔利。又贿赂相关委员,"巧为弥缝,玩愒时日,虚糜工食,筑塞无期"[⑥]。可见督修官吏趁抢筑之机,从中渔利,是造成修筑工程

---

① 同治《乐昌县志》卷十《艺文志》。
② 道光《直隶南雄州志》卷二十一《艺文·文纪》。
③ 咸丰《兴宁县志》卷四《艺文志》。
④ 光绪《四会县志》编四《水利志·围基》。
⑤ 道光《遂溪县志》卷一一《艺文志》。
⑥ 光绪《四会县志》编四《水利志·围基》。

浪费钱财、拖延工期的一个原因。

（3）各种陋规与需索。明清时期广东不少州县官府在承办审批地方申报兴修农田水利项目时，往往有种种陋规与需索，如粤北南雄直隶州是其中较有代表性的例子。据称，康乾年间，该州乡民入官府申报兴建陂塘工程时，衙门官吏胥役有诸多陋规索费，如"投词有费，差脚有费，代笔有费，铺堂有费"，可谓五花八门，名目繁多。而有关官吏来接见时，亦有种种需索，如"采棚有费，饭餐有费，夫马有费，下逮仆夫皂隶亦罔不有费"。① 总之各种陋规索费，层出不穷，数不胜数。该州凤凰桥下牛田村，康熙年间其陂渠设施被洪水冲毁，村民赴州府请开陂，但由于官府的诸多陋规，修陂一事卒无成效，村民生产只好听天由命，苦不堪言，故史称牛田村自"陂毁于水而民始困"②。此外，州县吏胥常常借催督修筑工程而肆意勒索。沿海堤围地区这种陋规较为常见，如四会、三水诸县常年修筑、抢筑任务繁重，州县官府往往委派吏胥下乡催督，这些吏胥人等便从中勒索。据称，这些"胥役人等藉以查催基工为名，辄行需索"③，为所欲为。尽管上级官府一再下令禁止，但这种陋规索费始终无法制止。不妨认为，清代以来本省各地农田水利设施的失修或"卒无成效"，与官员吏胥以种种陋规索费不无关联。

2.管理不善。

主要表现在围长、塘长、陂长及乡绅人役等，对修筑农田水利设施工程经理不慎，监管不力，或草率从事，偷工减料，浪费物料等，致使修筑工程或则质量低劣，或则拖延衍期。大致而言，首先是"经理不慎"，即围长、堤长管理员役，平时对维修工程处置不当，造成失修及损坏。如乾隆中年高要县著名的"跃龙窦裂"个案，即被洪水冲刷而出现坍裂现象，其部分原因是由于围长窦总平时对堤岸窦门"经理不慎"，没有采取措施加固堤岸窦址基础，致使被洪水冲裂。后来肇庆府吸取教训，改进维修的方式，责成高要县在督修跃龙窦工程时，加固基堤窦址的基础，从窦址至堤面砌石七层，加高培厚，内外如一，方才巩固。④ 像

---

① 道光《直隶南雄州志》卷二一《艺文·文纪》。
② 道光《直隶南雄州志》卷二一《艺文·文纪》。
③ 光绪《四会县志》编四《水利志·围基》。
④ 道光《高要县志》卷六《水利略·堤工》。

高要县跃龙窦维修出现的管理不慎的情形,各地堤围也不乏相关类似之例子。其次,监管不力。即马虎从事,未能按工程的要求严格执行,致使工程质量低劣,留下隐患。如前面提及的桑园围修堤工程,有一些基段的施工违反章程的规定,偷工减料,草率了事。春筑基身时,"基堤俱无夯杵,止有石硪,又自底至顶俱用虚土堆成"①,如此基堤的质量肯定不符合要求,倘遇风雨吹淋,洪潦冲刷,便有坍塌溃决之危险,由此可见堤长围总人役在施工时监管不力,就会出现修筑技术上的失误,留下隐患,甚至有坍塌溃决之虞。再次,"靡费钱粮"。这是由于督修的官员或堤围负责人,在施工过程中管理不善而造成的铺张浪费,或违反章程、拖延工期而引致人力物力上的浪费,这些都会直接影响修筑工程的质量和修筑任务的完成,甚至带来极大的隐患。

3.经费短缺。

这是造成广东各地农田水利工程失修,或拖延工期,或质量低劣的一个重要原因。如上所述,明清时期本省堤围或陂塘水利工程的修筑经费,主要是派自民间,即由业户来承担,也有官帑拨款或借用官帑以及其他捐助的形式。修筑经费(特别是堤围方面)短缺是较为普遍而严重的,究其原因,主要有以下几种情况。

(1)官府挪用。明清时期广东境内的战事不少,每当发生重大的战事时,政府征调军队,急需军饷,倘若地方官府一时筹集不及,往往挪用"岁修"经费支应。如前面提及的咸丰初年省内发生"红巾"起事,之后"频年以团练乡勇搜(捕)内匪、御外盗为事",为支应"军饷急需",省府便将珠江三角洲最大的桑园围"岁修帑本及库存息银尽行提用"多年,以致此期间堤围当局常年"欲修"基堤的经费"无由给领"②,即无经费进行岁修或抢修,造成堤围长期失修,并带来了一定的负面影响。当然,类似这种挪用修筑经费的情况是在某种特殊环境中发生的事,但其影响及后果也是显而易见的。

(2)官吏搜刮。珠江三角洲大的堤围较多,而且自明末清初以来,水患日益加剧,岁修或抢修堤围的任务也日趋增多,督修的官吏往往利用这个机会搜刮修筑经费,中饱私囊。他们最通常的手法是,借抢

---

① 光绪《桑园围志》卷一六《杂录上》。
② 同治《南海县志》卷七《江防略补·围基》。

修之名,"冒买物料","借势浮开",即虚报大数,从中侵吞经费。如前面提及的四会等县的官吏大抵采取这些手法,利用督修的机会搜刮钱物。^①

(3)抽头克扣。堤围"办筑大基"的抽头,通常利用采购物料之机,或支付土石木工的工价时,从中"克扣"侵涣,致使原定的修筑经费"所入不赀"^②。这也是造成修筑经费短缺的原因之一。

(4)附基业主侵蚀。按规定,清初以来桑园大围基局(即围局)将修筑经费分派到各基段,再"将修费交与附基业主"支配开支。具体的办法是,每年岁修"向例按亩起科",每当"开局兴工"时由围局与通围绅士"分段估值,按工之险易以给修费,并分派绅士就近监督"^③。围局便将"分段估值"之经费分派到基段,再交由附基业主使用。但附基业主往往从中作弊,致使修费"任其侵蚀",入不敷出。这是造成经费短缺的又一个原因。有鉴于此,大约在清中叶后便改变这种派费的办法,规定"由总局派绅士董理,并领修费开支"^④,即责成围绅直接负责各基段的督修,并掌握经费的开支,以保证岁修工程的完成。

(5)大户拖欠。基围之富裕大户恃势不肯承担岁修费用,或故意拖欠,也是造成岁修经费不足,乃至"迁延贻误"工期的又一个原因。按规定,堤围岁修经费系有业户"按亩起科"承担,大户田产和税粮多,自然缴纳的经费也多,但实际上是"富者惜费",大户往往逃避或拖欠应纳之修费。如四会县的例子颇有代表性,据称,该县每年缴纳堤围岁修费用时,那些大户尤其是豪强之家不肯缴纳,即所谓"强户不肯照捐,每至禀官追缴仍复延欠",由是岁修经费不足,致使"围工愈难集事",^⑤亦即修筑工程难于按期动工。另外,"寄庄大户"亦千方百计地逃避岁修经费,所谓寄庄人户,即是业主在本县而田产在他县的大户,他们都是逃缴修费的一族,如在四会县丰乐围拥有众多田产的业户,其本人却是住在高要县莲塘村的大户。像这些"寄庄大户"之修费"追缴尤难"^⑥,是修费短缺并引致修筑工程拖延的又一原因。

① 光绪《四会县志》编四《水利志·围基》。
② 同治《南海县志》卷七《江防略补·围基》。
③ 同治《南海县志》卷七《江防略补·围基》。
④ 同治《南海县志》卷七《江防略补·围基》。
⑤ 光绪《四会县志》编四《水利志·围基》。
⑥ 光绪《四会县志》编四《水利志·围基》。

4.灾重民疲。

明末以来,尤其清中叶以后,广东各地尤其沿海堤围地区,遭受特大的洪涝潮水患日益频繁而加剧,灾民每致倾家荡产,生活疲困,再加上官府在灾荒年景反而"严催粮税"与"严限趋筑",灾民确实无法承担如此重负。当灾民无以生计时,唯有走上逃亡求生之路,这是造成灾区堤围、堤岸失修或拖延工期的一个重要原因。兹从两个方面略加分析。

(1)修费科派频仍。灾区,尤其重灾地区,抢修基堤任务繁重,所需修筑经费亦多,因而出现"灾救多,派捐亦多"的情形。按规定,正常年景的岁修通常为"小修"每年一次,"大修"若干年一次。但清初以来,由于洪涝为患加剧,被冲决的基堤甚多,故抢筑任务异常频繁而艰巨,业户承担的修筑经费也就特别苛重。据嘉庆年间肇庆府的报告称,这里"连年水患不绝,围基冲决习以为常",为应对抢修经费所需,各地都相应增加了修费的派捐。如四会县因灾抢修的派捐原则是,"筑救多则派捐亦多,筑救少则派捐亦少,出夫既承无常,派捐亦属有异"①,亦即堤围业户是根据抢筑工程所需而承担派捐的费用,这无疑大大超出了正常年景岁修费用的负担。事实上自清中叶以后,仅西、北两江下游各县遭受洪潦冲决的堤围难以胜数,由是围民支应频繁而苛重的抢修差役及派捐费用何等沉重和痛苦。史称这个地区的堤围、堤岸因受洪涝灾患,"连年溃决,至有一年决两三次者",故其"修筑之费,科派频仍,民不聊生矣"。②

(2)灾年严催粮税。这也是加重围田地区人民的重负,使其更难以承担苛重修费的又一原因。广东珠江三角洲等沿海地区,本来"唯正之供"的粮税已是不轻,自清初尤其中叶以来,由于洪涝灾患日益严重,致使无数堤围被冲决,农业失收,围民生活苦不堪言。而地方官吏往往出于私利,反而趁灾荒之年"严催粮税",从中"挪补私吞",从而更加重了围民的困难和痛苦,使其无法承受繁重的修费或应役的重负,甚至不少地方的灾民不得不离乡别井,走上逃亡之路。文献上也不乏这方面的记录,如光绪十一年(1885)翰林院侍读学士梁耀枢的亲临其

① 光绪《四会县志》编四《水利志·围基》。
② 光绪《四会县志》编四《水利志·围基》。

境的报告颇具典型意义,该报告从一个侧面客观地反映了粤省地方官吏趁重灾之年"严催粮税"的积弊,及其对堤围地区的危害与深远影响。谓"臣惟粤省向无极灾蠲免,官仓赈给之举,惟恃绅民捐办,地方官借以诿卸,且每遇水灾,反严催粮税,为挪补私吞地步,其积弊已非一日"[①]。该报告同时指出了是年五月西、北两江特大水灾带来的危害和惨象,即因洪潦盛涨,高要、四会、三水等"上游各县民堤,多被冲决",田庐被毁,伤亡无算,仅沿岸"捞起尸首不下数百",而"其沿途逃亡者又过万余"[②]。

　　总而言之,自嘉道年间至晚清,广东发生的洪涝灾患日趋频繁而加剧,对各地农田水利设施的破坏,尤其是对珠江三角洲等沿海地区堤围、堤岸的破坏十分惨重,由此而来的抢修基堤的费用与劳役更为繁剧,再加上地方官府往往趁机"严催粮税"与"严限趱筑",这就迫使各地不少处在水深火热中的灾民走向绝境,他们别无选择,唯有背井离乡走上逃亡求生之路,而留下的却是被荒废的家乡田园及水利设施。

---

①　光绪《四会县志》编四《水利志·围基》。
②　光绪《四会县志》编四《水利志·围基》。